颗粒材料宏细观力学的机器学习应用

马　刚　张一博　邹宇雄　梅江洲　著

科　学　出　版　社
北　京

内 容 简 介

颗粒材料在岩土工程、水利工程、道路桥梁工程及化工工程等领域广泛应用。颗粒材料由于具有离散性、多尺度和能量耗散机制，表现出远比传统固体、流体材料更复杂的物理力学特性。从结构决定性能的力学视角出发，寻找解密颗粒材料力学性质的关键信息已成为学界共识。由于颗粒材料属于典型的无序介质，几乎每个颗粒的局部环境都是独一无二的，颗粒材料内部蕴含着海量的结构信息。机器学习在大数据分析、信息分类、复杂系统预测等方面有着天然的优势，为颗粒材料多尺度力学特性研究提供了新方法。本书以机器学习为工具，系统研究决定颗粒材料力学性能的关键指标，建立颗粒结构与性能间的映射关系，为人工智能时代的颗粒材料研究开拓新视野。

本书适合水利、岩土、交通、采矿、地球物理等相关专业的教师、研究生及工程技术人员阅读参考。

图书在版编目（CIP）数据

颗粒材料宏细观力学的机器学习应用 / 马刚等著. -- 北京 : 科学出版社, 2025. 7. -- ISBN 978-7-03-082394-6

I. TB301-39

中国国家版本馆 CIP 数据核字第 2025UU6919 号

责任编辑：孙寓明　刘　畅/责任校对：高　嵘
责任印制：彭　超/封面设计：苏　波

科学出版社 出版
北京东黄城根北街 16 号
邮政编码：100717
http://www.sciencep.com
武汉精一佳印刷有限公司印刷
科学出版社发行　各地新华书店经销
*
开本：787×1092　1/16
2025 年 7 月第　一　版　　印张：12
2025 年 7 月第一次印刷　　字数：285 000
定价：188.00 元
（如有印装质量问题，我社负责调换）

前言

颗粒材料是由大量固体颗粒组成的集合体，在自然界和工业生产中广泛存在，如粉尘、谷物、沙砾、堆石、煤炭等。除水以外，颗粒材料是被加工最多的物质形态，目前在售商品中有50%以上在生产、加工、运输等环节以颗粒形态存在。颗粒材料的粒径通常远大于分子尺度，因此其不会受到分子热运动的影响。广义上来讲，小到微米级的粉末，大到太阳系中的小行星带，都可以归类为颗粒材料。虽然可以根据牛顿经典力学求解出单个颗粒的运动状态，但是由大量颗粒组成的集合体的协同运动异常复杂，表现出比常规固体或液体更丰富的物理力学特性，例如在剪切条件下颗粒材料会表现出屈服、剪胀（缩）、应变软化、应变局部化等特性，因此，建立一个完备的颗粒材料理论框架，是物理、力学及工程领域的交叉学科前沿。近年来，针对颗粒材料的运动规律、内部结构及应用等研究逐渐形成了一门新兴学科——颗粒物质力学。

颗粒材料特有的离散性、非连续性和多尺度特征，使得传统连续介质力学理论面临根本性挑战。纵观学科发展历程，其研究范式发生过多次跃迁。早期工程界为解决路基沉降、土体变形等实际问题，将颗粒材料视为弹性介质，通过侧限压缩试验、直剪试验等简化试验手段总结经验公式来计算颗粒材料变形，这个阶段的研究范式为经验驱动。20世纪60年代初，学者围绕颗粒材料的应力-变形-强度-时间关系（即本构关系）开展了广泛的研究，认识到颗粒材料的强度和应力变形关系是密不可分的，颗粒材料的破坏是变形的一个阶段。以剑桥模型为代表的各类本构模型层出不穷，多达上百种，颗粒材料研究进入模型驱动阶段。20世纪70年代，自Cundall等提出了离散单元法（DEM）后，陆续诞生了非连续变形分析（DDA）方法、连续-离散单元法（FDEM）等数值分析方法。学者在数值工具的帮助下揭示了颗粒体系的力链网络演化、剪切带形成等细观机理，颗粒材料研究跨入计算驱动时代。随着计算资源与人工智能的跃迁式发展，基于数据驱动的颗粒材料宏细观力学特性研究已取得较大进展，颗粒材料研究迈入数据驱动范式。

从结构视角来看，颗粒材料属于典型的无序材料，内部构型高度非均质；从动力学视角来看，颗粒材料在剪切、振动等扰动下发生的颗粒集体运动在时间和空间上呈异质性。因此，无论是内部颗粒与颗粒间接触，还是看似杂乱无章的颗粒运动模式，都蕴含着解密颗粒材料宏细观力学性质的关键线索。机器学习可以很好地利用这些数据进行“训练”，并通过各种算法从数据中挖掘隐藏规律，在解决复杂系统问题上具有显著优势，为颗粒材料宏细观力学特性研究提供新思路。

作者所在的研究团队在国家自然科学基金、国家重点研发计划等项目的连续资助下，围绕颗粒材料细观变形机理、宏观变形预测及颗粒破碎特性等关键技术问题，引入机器学习方法，从复杂无序的颗粒材料中提取有效特征量，开展颗粒材料宏细观力学特性研究，并取得较丰富的研究成果和一定的研究积累。本书采用物理试验与数值模拟相结合，数据挖掘与机器学习相结合，从理想圆球到真实形状颗粒，从单分散颗粒级配到多分散颗粒级配等多层次的研究方法，对颗粒体系细观动力学行为到宏观变形行为开展预测研究，为构建多尺度计算模型提供关键的实验支撑和坚实的理论基础。

本书共 8 章。第 1 章介绍机器学习方法在颗粒材料中的应用，包括常用机器学习方法简介及其在颗粒材料等无序材料中的应用情况；第 2 章论述颗粒材料的物理试验方法及数值仿真方法；第 3 章论述颗粒材料的结晶演化预测研究，包括进行循环剪切数值试验、局部结构与最密堆积演化关系分析和影响机制分析；第 4 章论述颗粒材料微观塑性行为的微观结构“编码”，包括微观结构-塑性行为相关关系分析、摩擦系数对预测效果的影响研究；第 5 章论述颗粒材料塑性演化的微观结构起源，包括微观塑性的表征、结构起源分析和逾渗演化分析；第 6 章论述颗粒形状与破碎强度的关系，并对颗粒碎片形态特征进行统计分析；第 7 章论述颗粒材料的宏观力学行为预测；第 8 章进行总结与展望。

研究团队的博士研究生张大任、冉树浩、王辉、曹万达、汪泾周、张伟、李艳灵、孙明月，硕士研究生梁家坤、谢运楠等提供了部分素材和诸多帮助，并付出了辛勤劳动，在此一并表示衷心感谢。

由于水平和经验有限，本书不足之处在所难免，敬请同行和读者批评指正。

马　刚

2025 年 4 月

目录

第 1 章　机器学习方法在颗粒材料中的应用 …… 1
1.1　机器学习方法简介 …… 2
1.1.1　决策树 …… 3
1.1.2　随机森林 …… 5
1.1.3　梯度提升决策树 …… 6
1.1.4　极端梯度提升 …… 6
1.1.5　k-means …… 7
1.1.6　反向传播神经网络 …… 8
1.1.7　循环神经网络 …… 9
1.1.8　支持向量机 …… 9
1.1.9　超参数优化 …… 11
1.1.10　模型评估方法 …… 12
1.2　机器学习方法在颗粒材料中的应用概述 …… 13
1.2.1　微观结构与力学性能的关联 …… 14
1.2.2　颗粒材料宏观本构建模 …… 15
1.3　本章小结 …… 16
参考文献 …… 16

第 2 章　颗粒材料试验研究方法 …… 19
2.1　颗粒材料物理试验方法 …… 20
2.1.1　浅层探测试验方法 …… 20
2.1.2　内部探测试验方法 …… 25
2.2　颗粒材料数值仿真方法 …… 33
2.2.1　离散单元法（DEM） …… 34
2.2.2　连续-离散单元法（FDEM） …… 41
2.3　本章小结 …… 52
参考文献 …… 53

第 3 章　机器学习预测颗粒材料的结晶演化 …… 57
3.1　循环剪切数值试验 …… 58
3.1.1　结晶演化现象 …… 58
3.1.2　试验方案 …… 59
3.1.3　试样制备 …… 60
3.1.4　摩擦系数的选取 …… 61
3.1.5　宏观演化过程 …… 62
3.2　局部结构与最密堆积演化的关系 …… 65
3.2.1　特征选择 …… 65
3.2.2　模型训练方法 …… 67
3.2.3　模型验证与对比 …… 69
3.2.4　机器学习预测效果 …… 71
3.3　局部结构对最密堆积演化的影响机制 …… 74
3.3.1　特征重要性分析 …… 74
3.3.2　特征依赖性分析 …… 77
3.3.3　结晶相前驱体颗粒的空间分布 …… 80
3.4　本章小结 …… 81
参考文献 …… 82

第 4 章　微观结构“编码”塑性变形倾向 …… 85
4.1　常规三轴数值试验 …… 86
4.1.1　试验方案 …… 86
4.1.2　试样制备 …… 86
4.1.3　宏观力学响应 …… 87
4.1.4　边界效应 …… 88
4.2　微观塑性行为的表征与量化 …… 89
4.3　局部结构-微观塑性行为的关系 …… 92
4.3.1　机器学习模型 …… 92
4.3.2　预测时域的选择 …… 93
4.3.3　“软度”因子的确定 …… 95
4.3.4　局部结构-力学特性关系 …… 97
4.4　摩擦系数对预测效果的影响 …… 101
4.5　本章小结 …… 105
参考文献 …… 105

第 5 章　初始微观结构预测塑性演化 ······ 109
5.1　颗粒材料三轴剪切试验 ······ 110
5.1.1　数值试验 ······ 110
5.1.2　宏观应力变形 ······ 111
5.2　颗粒材料结构表征量化 ······ 111
5.2.1　短程结构指标 ······ 112
5.2.2　中程结构指标 ······ 112
5.2.3　细观组构模型 ······ 113
5.3　微观塑性表征 ······ 116
5.4　微观塑性的结构起源 ······ 117
5.5　微观塑性逾渗演化 ······ 124
5.6　本章小结 ······ 131
参考文献 ······ 132

第 6 章　颗粒形态与颗粒破碎强度的关系 ······ 135
6.1　颗粒三维扫描 ······ 136
6.2　颗粒形状统计分析 ······ 138
6.2.1　形状参数获取 ······ 138
6.2.2　聚类分析 ······ 141
6.3　单颗粒单轴压缩试验数值模拟 ······ 144
6.3.1　数值试样及材料参数 ······ 144
6.3.2　破碎强度 Weibull 分布 ······ 145
6.4　机器学习回归分析 ······ 147
6.4.1　颗粒稳定性分析 ······ 147
6.4.2　机器学习模型训练 ······ 148
6.4.3　机器学习模型解释 ······ 149
6.5　颗粒碎片形态特征统计分析 ······ 152
6.5.1　基于颗粒形态的颗粒分类 ······ 153
6.5.2　FDEM 数值模拟 ······ 156
6.5.3　统计分析 ······ 158
6.6　本章小结 ······ 164
参考文献 ······ 165

第 7 章　颗粒材料宏观力学行为预测 ······ 169
7.1　机器学习预测小应变刚度 ······ 170

7.1.1 建模过程 …… 170
7.1.2 模型预测能力对比 …… 171
7.1.3 机器学习模型解释 …… 173
7.2 局部结构建模的扩展验证 …… 175
7.3 本章小结 …… 179
参考文献 …… 179

第 8 章 总结与展望 …… 181
8.1 总结 …… 182
8.2 展望 …… 183

第 1 章 机器学习方法在颗粒材料中的应用

自 20 世纪 80 年代至今，人工智能（artificial intelligence，AI）快速发展，为生产力的提升提供了变革的动力。机器学习是人工智能的重要分支，是一门研究计算机通过使用数据和算法，模拟人类学习活动，以获取新的知识与技能，不断改善自身性能的学科。近年来，随着数据可用性、算力和算法的快速发展，机器学习已经被应用到生物、化学、材料科学等多个学科并取得突破性进展。颗粒材料等整体具有无序性的材料作为复杂多体相互作用体系，其内部蕴含着海量的可挖掘信息，机器学习可以更好地利用这些信息并为相关研究提供一种崭新的方法。

1.1 机器学习方法简介

机器学习的发展最早可追溯到对人工神经网络的研究。McCulloch 和 Pitts 于 1943 年提出神经网络层次结构模型，确立了神经网络的计算模型理论，为机器学习的发展奠定了基础。1950 年，图灵提出了著名的“图灵测试”，其中提及了机器学习的可能。20 世纪 50 年代到 60 年代中期，一些早期工作提出了机器学习的初步思想，初步建立了机器学习的理论框架。代表工作有 Samuel（1959）的跳棋程序，初步展示了机器学习的能力，在人工智能领域产生了较大影响；Rosenblatt（1958）提出的感知机（perceptron），用算法精确定义了自组织自学习的神经网络数学模型，是第一个计算机神经网络；Cover 和 Hart（1967）提出了最近邻算法，成功将计算机应用于简单的模式识别。20 世纪 60 年代中期到 70 年代末，受理论研究与计算机硬件的限制，机器学习的发展较为缓慢。但在这一时期，仍有部分重要技术得到发展，如专家系统与基于决策理论的学习技术等，代表性工作有 Winston（1970）的结构学习系统，Michalski 等（1983）基于逻辑的归纳学习系统及 Nilsson（1971）的学习机器。20 世纪 80 年代，机器学习迎来了复兴阶段。自第一届机器学习国际研讨会召开及第一本机器学习专业期刊 *Machine Learning*（《机器学习》）创刊，机器学习受到广泛关注并蓬勃发展，各类机器学习方法不断丰富和发展，在不同学科领域得到应用。

对于机器学习方法，依据不同的标准衍生出多种不同的分类方法，其中根据学习方式进行分类是最常用的分类标准（陈海虹 等，2017）。基于学习方法机器学习方法可以分为监督学习、无监督学习、半监督学习和强化学习。

在监督学习中，给定的训练数据集中每个输入都有与之对应的正确或期望输出，即给定的输入与输出之间存在明确的对应关系。监督学习的目标就是使模型通过训练学习到这种关系并泛化至未知输入上。典型的监督学习包括回归和分类两种类别。在无监督学习中，训练数据没有事先给定的输出与标签。无监督学习的目标是模型通过训练发现输入数据之间内在的规律与结构。典型的无监督学习包括聚类、降维、生成等。在半监督学习中，训练数据中只有部分存在标签。半监督学习利用有标签数据及未标记数据的分布信息，使模型更好地学习数据内在结构。在强化学习中，每个输入对应一个环境反馈（奖/惩信号），强化学习以最大化累积奖励为目标，学习如何根据当前状态选择最优行为。

通常情况下机器学习的建模过程主要包括数据处理、模型选择、特征工程、参数寻优及模型分析融合等步骤。数据处理过程需要保留具有实际意义的属性，并且去除相关性较高及偏离较大的属性。将原始数据转化为特征，特征工程就是指利用目标问题所在的特定领域知识或者自动化的方法，通过生成、提取、删减或者组合变化从而得到特征。特征工程主要包括特征选择、特征提取、特征构建及特征学习。特征选择是指选择出对于问题最重要的特征子集的过程；特征提取是指对原始观测数据进行降维，使其特征集合小到可以进行建模的过程；特征构建是将特征进行混合组合或者切分分解以得到新的特征；特征学习是在原始数据中自动识别和使用特征。机器学习过程中数据的质量很大程度上影响了训练的精度，因此特征工程在整个机器学习过程中具有举足轻重的作用。

常用的机器学习模型有线性模型、树形模型、人工神经网络及基于核方法的模型等，线性模型包括线性回归（linear regression）、岭回归（ridge regression）等算法，树形模型包括随机森林（random forest，RF）、梯度提升决策树（gradient boosting decision tree，GBDT）及极端梯度提升（extreme gradient boosting，XGBoost）等算法，基于核方法的模型中最典型的则是支持向量机（support vector machine，SVM）。以下介绍几种广泛应用于颗粒材料宏细观力学特性研究的算法模型。

1.1.1　决策树

决策树（decision tree）算法是一种基本的机器学习分类和回归算法。决策树结构与树状相似，包括一个根结点、若干中间结点和叶结点。决策过程自根结点出发自顶向下递归构建，根结点包含全部数据集，在每一个结点处选取最优特征进行数据划分选择，使子结点包含的数据“纯度”更高，当满足指定条件后停止分裂，由叶结点输出最终决策结果，由图 1.1.1 可以看出从根结点到每一个叶结点之间路径对应一个判断测试的序列。

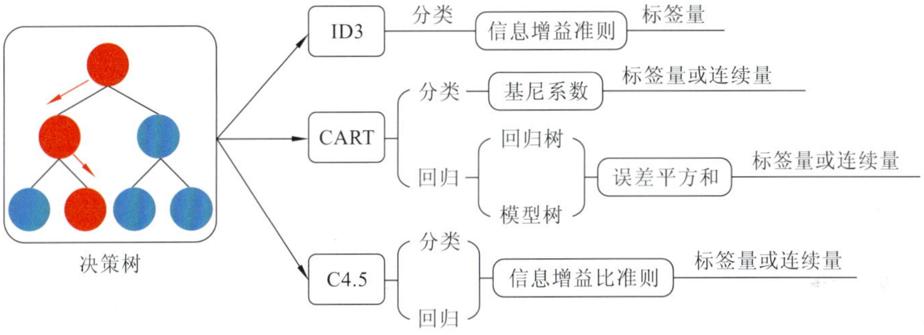

图 1.1.1　决策树示意及分类图

ID3 为迭代二分器 3（iterative dichotomiser 3），CART 为分类与回归树（classification and regression tree）

决策树学习的目的是生成一棵具有高泛化性能的决策树，即利用算法对训练数据生成可读的规则或决策树，然后使用已建立的规则或决策树在新数据上取得良好的分类或回归预测精度（李定启 等，2011）。决策树算法的基本思想如下。

（1）决策树从单个结点开始，结点包含训练样本。

（2）如果样本均为同一类别，那么当前结点成为树叶，并用该类别标记。

（3）否则，算法选择分类能力最强的特征作为决策树的当前结点。

（4）根据当前结点样本特征不同的取值，将样本数据集分成若干子集，为每个取值形成一个分枝；针对上一步得到的子集，重复进行先前步骤，递归形成每个子集的决策树；一旦一个特征出现在一个结点上，则不必在该结点的任何后代考虑它。

（5）当下述任一条件成立时，递归划分步骤停止：①给定结点的所有样本类别相同；②没有剩余特征可用作进一步划分样本，此时，采用多数表决，以样本中所含类别成分较多的作为类别标记；③如果某一分枝没有满足该分枝中已有分类的样本，则以样本的多数类创建一个树叶。

在以上决策树算法运行思路中，最优特征的划分选择对最终结果有着显著的影响。依据不同划分选择方法，决策树算法有 ID3、C4.5、CART 等类型。以下对几种典型的决策树进行简要介绍。

1）ID3

信息熵（information entropy）是衡量样本集纯度的一种常用指标，假定样本集合 D 中 k 类样本所占比例为 p_k，则样本集合的信息熵可表示为

$$E(D) = -\sum_{k=1}^{m} p_k \log_2 p_k \tag{1.1.1}$$

式中：$E(D)$ 的值越小，则表明样本集 D 的纯度越高。

当使用具有 N 个不同取值的离散属性 f 对样本集进行划分时，共会生成 N 个结点，假定第 i 个结点的样本集为 D^i，通过式（1.1.1）计算 D^i，并依据结点样本集数目赋予不同权重，即样本数多的结点有着更大的影响，则信息增益（information gain）可表示为

$$\text{Gain}\,(D,f) = E(D) - \sum_{i=1}^{N} \frac{|D^i|}{|D|} E(D^i) \tag{1.1.2}$$

信息增益越大，表明使用属性 f 划分能获得越大的纯度提升。因此 ID3 决策树算法基于信息增益选择划分的属性可确定为

$$f_* = \text{argmax}\ \ \text{Gain}\,(D,f) \tag{1.1.3}$$

2）C4.5

C4.5 决策树在 ID3 决策树基础上做出了一定的改动。考虑 ID3 决策树方法中信息增益准则偏好与可取值数目较多的特征，C4.5 决策树算法采用信息增益率来减少这种影响：

$$\text{Gain\_ratio}(D,f) = \frac{\text{Gain}\,(D,f)}{\text{IV}(f)} \tag{1.1.4}$$

$$\text{IV}(f) = -\sum_{i=1}^{N} \frac{|D^i|}{|D|} \log_2 \left(\frac{|D^i|}{|D|} \right) \tag{1.1.5}$$

3）CART

CART 决策树使用基尼系数（Gini index）选择划分属性。与信息熵定义类似，基尼系数同样可用于衡量数据集 D 的纯度：

$$\text{Gini}\,(D) = \sum_{k=1}^{m} \sum_{k' \neq k} p_k p'_k = 1 - \sum_{k=1}^{m} p_k^2 \tag{1.1.6}$$

基尼系数值反映了从数据集 D 中随机抽取的两个样本类别不一致的概率。因此 $\text{Gini}\,(D)$ 越小，数据集 D 纯度越高。

与式（1.1.2）符号表示类似，特征 f 的基尼系数可表示为

$$\text{Gini\_index}(D) = \sum_{i=1}^{N} \frac{|D^i|}{|D|} \text{Gini}\,(D^i) \tag{1.1.7}$$

相应用于进行划分的属性为

$$f_* = \operatorname{argmax} \ \mathrm{Gini}(D, f) \tag{1.1.8}$$

决策树算法有分类精度高、生成模式简单、鲁棒性强等优点，且易于理解、可解释性强，被广泛用于颗粒材料宏细观力学特性研究。同时，决策树算法容易出现训练数据过拟合，尤其在高维问题或者小样本条件下。在实际应用过程中，往往会采用剪枝、集成学习（如 Bagging、Boosting）等方法对决策树进行改进。

1.1.2　随机森林

随机森林（RF）算法是一种基于 Bagging 方法和随机子空间（random subspace）法的集成树模型，其基本构成单元为决策树，且各决策树之间并行计算（董师师 等，2013；方匡南 等，2011），具体来说，其在运行过程中包含以下两次随机过程（马骊，2016）。

（1）随机生成训练集：在构建每棵决策树时，通过采用自助法（如 Bootstrap）有放回地随机抽样，产生每棵决策树的训练数据集，使不同决策树训练数据之间存在一定差异，保证模型的多样性。

（2）随机选取特征子集：在基决策树结点分裂时，从该结点的特征集合中选取一个子集，并从子集中选取最优属性进行划分。子集的大小控制随机性的引入程度，由此递归产生每棵基决策树，在输出最终结果时有多种结合策略，如平均法、投票法及 Stacking 方法。随机森林算法如图 1.1.2 所示。

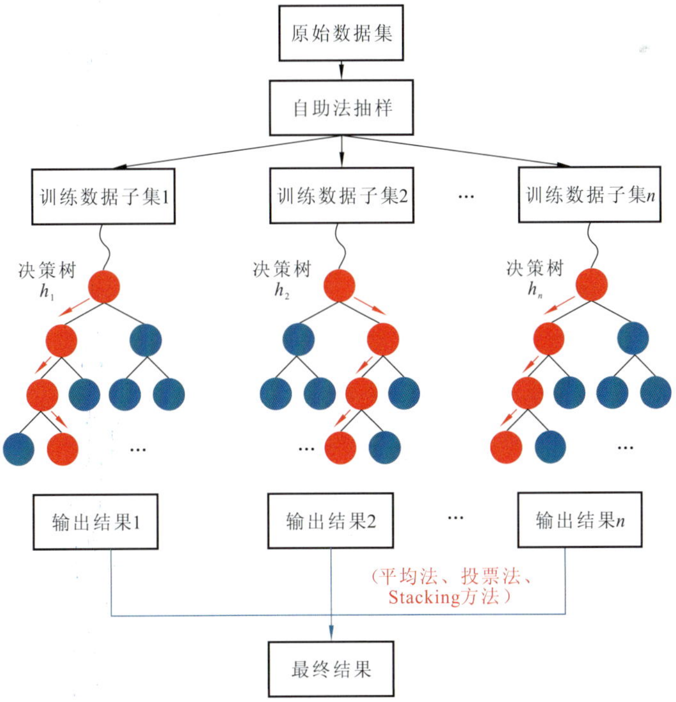

图 1.1.2　随机森林算法示意图

随机森林算法有效降低了决策树之间的相关性，对异常值和噪声的容忍度较高，具有较好的泛化能力与准确性，降低了过拟合的风险（王仁超 等，2020；钟登华 等，2018）。此外，随机森林算法还具有调节参数少、计算开销小、操作方便、易于实现的优点，在目前颗粒材料宏细观力学特性研究中展现出了强大的性能（林威伟 等，2018）。

1.1.3 梯度提升决策树

梯度提升决策树（GBDT）是一种基于 Boosting 方法与 CART 回归树的集成模型，是目前现实场景中表现最稳定的机器学习方法之一，如图 1.1.3 所示。相比于随机森林，GBDT 基于加法模型与向前分步算法逐步提升模型的性能，将多棵弱回归树集成为一棵强回归树。每一次迭代的过程中，GBDT 利用最速下降的近似方法，将损失函数的负梯度作为模型拟合数据的残差近似值，按照一定次序进行优化，从而使模型误差不断减小，获得比单棵决策树更好的预测效果与泛化性能。

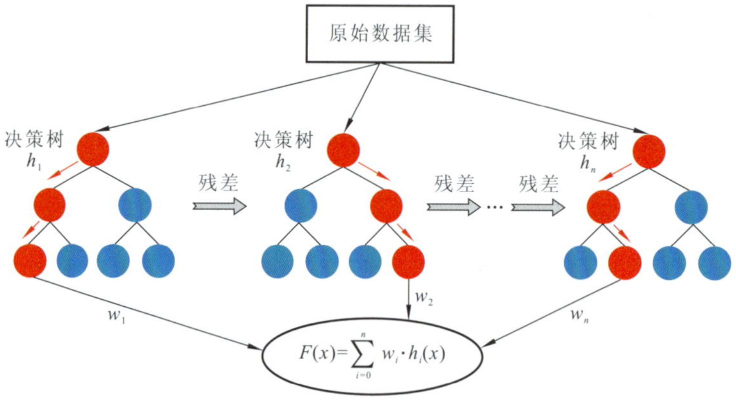

图 1.1.3　GBDT 原理图

w_i 为决策树 h_i 的权重

1.1.4 极端梯度提升

以梯度提升决策树算法的基本思想为基础，Chen 和 Guestrin（2016）开发了极端梯度提升（XGBoost），它是经过并行优化的分布式梯度提升框架，具有高效、灵活和可扩展等特点，被广泛应用于数据挖掘与监督学习等任务中。与 GBDT 类似，XGBoost 也是一种基于 CART 决策树的集成模型。

XGBoost 的模型训练需要定义一个目标函数并优化，式（1.1.9）表示第 t 次迭代的目标函数：

$$\mathrm{Obj}^{(t)} = \sum_{i=1}^{n} l(y_i, \hat{y}_i^{(t-1)} + f_t(x_i)) + \Omega(f_t) + \text{constant} \tag{1.1.9}$$

式中：$\hat{y}_i$ 为模型预测值；y_i 为真实值；l 为损失函数；$\Omega(f_t)$ 为所有树的复杂度求和；

constant 为常数项。

XGBoost 中树的复杂度包含两个部分：一是树的叶子结点个数；二是树上叶子结点得分的 L2 正则化。正则化值越小表示模型复杂度越低，泛化能力越强。该项作为目标函数的正则化项，包括了 L1 正则、L2 正则，能够有效地防止模型过度拟合。

针对目标函数的优化，其核心思想就是不断地添加树并进行特征分裂来生长一棵树，每添加一棵树，就是学习一个新函数 $f(x)$，去拟合上次预测的残差。

1.1.5　k-means

k-means 是解决聚类问题的最流行的无监督学习算法之一。在标准 k-means 算法中，需要将聚类数作为用户参数，并将其用于从数据集中选择任意的聚类中心。然而，k-means 算法具有贪婪性质，它可能会收敛到局部最小值。因此，对于给定的 k 值，需要多次运行不同的初始聚类中心选择，才能得到最优的聚类结果。

k-means 聚类方法原理如图 1.1.4 所示，其本质是一个包含两个步骤的迭代算法：第一步选择各（簇）的中心点并将每一个样本数据归类于最近的类别中；第二步更新每一类的中心点并且重复第一步直至目标函数收敛。

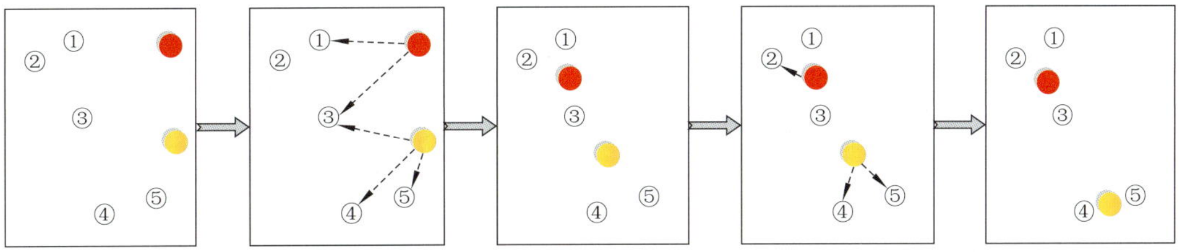

图 1.1.4　k-means 聚类方法原理图

其具体计算过程如下。设 $X=\{x_1,x_2,\cdots,x_n\}$ 是 d 维欧氏空间 R^d 中的数据集，在该数据集内的样本数据点随机选择 c 种类别的中心点 $A=\{a_1,a_2,\cdots,a_c\}$，从而计算各数据与各中心点的距离，取最近的中心点进行分类。k-means 目标函数为损失函数，是样本距离所属簇中心的误差平方和，如下：

$$J(z,A)=\sum_{i=1}^{n}\sum_{k=1}^{c}z_{ik}\|x_i-a_k\|^2 \tag{1.1.10}$$

式中：$z=[z_{ik}]_{n\times c}$，其中 z_{ik} 为隶属度，表示样本数据点 x_1 是否属于第 k 簇的二元变量（即 $z_{ik}\in\{0,1\}$， $k=\{1,\cdots,c\}$）；$\|x_i-a_k\|^2$ 是样本数据与簇中心点的欧氏几何距离。

每进行一次归类，都需要分别更新每一簇的聚类中心 a_k 和已归类样本数据点的隶属度 z_{ik}，再进行下一次归类。具体方程如下：

$$a_k=\frac{\sum_{i=1}^{n}z_{ik}x_i}{\sum_{i=1}^{n}z_{ik}} \tag{1.1.11}$$

$$z_{ik}=\begin{cases}1, & \|x_i-a_k\|^2=\min\limits_{1\leqslant k\leqslant c}\|x_i-a_k\|^2\\ 0, & \|x_i-a_k\|^2\neq\min\limits_{1\leqslant k\leqslant c}\|x_i-a_k\|^2\end{cases} \tag{1.1.12}$$

当目标函数 $J(z,A)$ 达到收敛精度后，完成对每个样本数据点的聚类分析。

1.1.6 反向传播神经网络

反向传播神经网络（back propagation neural network，BPNN）是使用最为广泛的神经网络算法，它是一种按误差反向传播算法训练的多层前馈网络，通过梯度下降法使网格误差最小化。一个典型的 BPNN 结构包含输入层、输出层和一个或多个隐藏层，如图 1.1.5 所示。

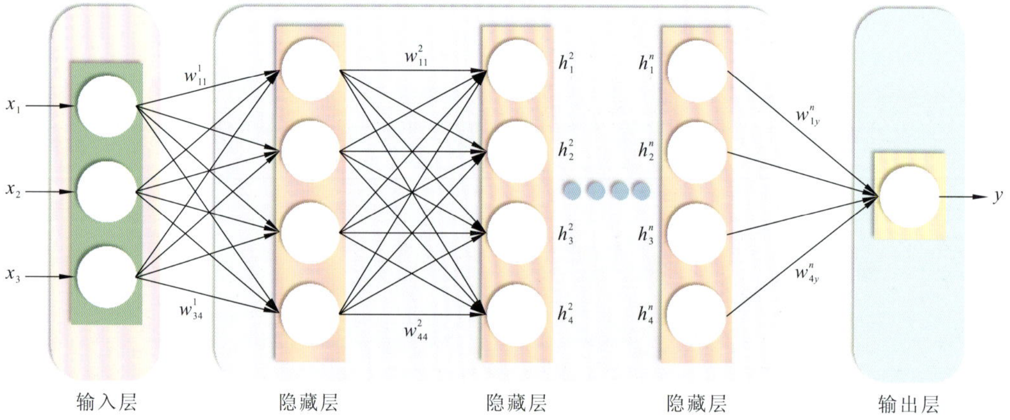

图 1.1.5　反向传播神经网络结构图

1）输入层

输入层是 BPNN 接收外部数据输入的单元，输入层神经元数目与样本特征数目保持一致，输入向量可表示为

$$\boldsymbol{X}=[x_1,x_2,\cdots,x_n] \tag{1.1.13}$$

2）输出层

输出层是 BPNN 输出计算结果的单元，输出层神经元数目通常与样本标签维度保持一致，输出向量可表示为

$$\boldsymbol{Y}=[y_1,y_2,\cdots,y_m] \tag{1.1.14}$$

3）隐藏层

隐藏层是 BPNN 的主要运算单元。隐藏层数目及其神经元数目决定了 BPNN 非线性拟合能力和泛化性能。一般地，1～2 层隐藏层可以用于解决大部分现实生活中的问题。

在 BPNN 信息正向传播过程中，对于每一个神经元，输入数据经加权求和后通过激活函数运算得到神经元的输出。激活函数的选取对神经网络非线性映射能力有一定影响，常用的激活函数包括线性函数、阶跃函数、Tanh 函数及 Sigmoid 函数。

BPNN 误差的反向传播可以具体分为三步。①计算结果误差。需要先算出对应数据的损失函数作为误差，通常将输出结果与实际结果（期望值）之间的差值取平方和，再对样本数量进行平均，得到的结果为损失函数。根据情况不同，BPNN 可以有不同的损失函数定义，比如熵值或交叉熵值。②计算神经元误差。得到输出层的误差后，再将误差从输出层向输入层反向逐层传播，得到隐藏层各层各个神经元的误差。③更新权重。根据引入的学习率参数，从前往后正向更新本层与前一层输入的权重系数。

1.1.7　循环神经网络

BPNN 等传统的神经网络算法的输入输出是单向性、一次性的，在某一次分析计算中得到的结果仅仅取决于该次输入的数据。因此，如果需要使用传统的神经网络对不同时间或不同步骤的结果进行预测，要么需要在模型中连接更多相似的神经元，要么需要依靠人工多次输入，方可得到想要的结果。当时间序列略长或步骤略多时，使用传统神经网络算法较为低效。

为了在模型能够保持简单架构的情况下，完成对上一次计算结果或状态的读取，并将其作为输入的一部分进行下一次的计算，从而达到对时序数据的预测，学者发展出了循环神经网络（recurrent neural network，RNN）。RNN 的循环表现为结构上的循环，如图 1.1.6 所示，这使得在某一时刻输出的结果除了与当前输入层的输入有关，还与来自上一时刻各隐藏层的输出结果有关。因此，RNN 能实现类似人脑的“时间记忆”功能，广泛应用于语音识别等情境检索及其他相关领域。

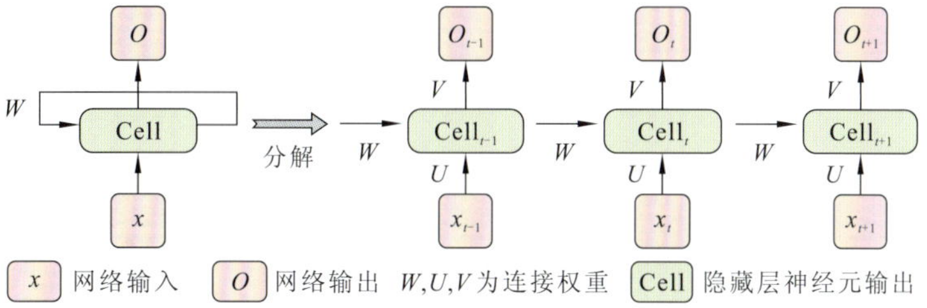

图 1.1.6　RNN 原理图

1.1.8　支持向量机

支持向量机（SVM）算法是一种典型的基于核的算法，主要用于解决模式识别问题和回归分析问题。

SVM 的原理是寻找一个满足分类要求的最优分类超平面，使得在保证分类精度的同时，超平面两侧的空白区域或者分类间隔最大化。SVM 是从线性可分情况下的最优分类面发展而来。因此，SVM 能够实现对线性可分数据的最优分类。

而对于线性不可分的情况，SVM 的主要思想是将输入向量映射到一个高维的特征向量空间，并在该特征空间中构造最优分类面。对于非线性问题，可以通过内积函数定义的非线性变换转化为某个高维空间中的线性问题，再在变换后的高维空间求最优分类面。

具体地，划分超平面可通过如下线性方程表示：

$$\omega^{\mathrm{T}}x+b=0 \tag{1.1.15}$$

式中：ω 为超平面法向量；b 为截距。

样本空间中任意点到该超平面的距离可表示为

$$r=\frac{\left|\omega^{\mathrm{T}}x+b\right|}{\omega} \tag{1.1.16}$$

若超平面 (ω,b) 能正确将样本分类，则对 $(x_i,y_i)\in D$，有

$$\begin{cases}\omega^{\mathrm{T}}x_i+b\geqslant 1, & y_i=1\\ \omega^{\mathrm{T}}x_i+b\geqslant -1, & y_i=-1\end{cases} \tag{1.1.17}$$

如图 1.1.7 所示，距离超平面最近的几个训练样本点使得式（1.1.17）成立，则这些点被称为支持向量，两个异类支持向量到超平面距离之和被称为间隔。SVM 学习的目的是找到具有最大间隔的超平面。因此可转化为约束优化问题：

$$\begin{cases}\max\limits_{\omega,b}\dfrac{2}{\|\omega\|}\\ \text{s.t. } y_i(\omega^{\mathrm{T}}x_i+b)\geqslant 1, \quad i=1,2,\cdots,m\end{cases} \tag{1.1.18}$$

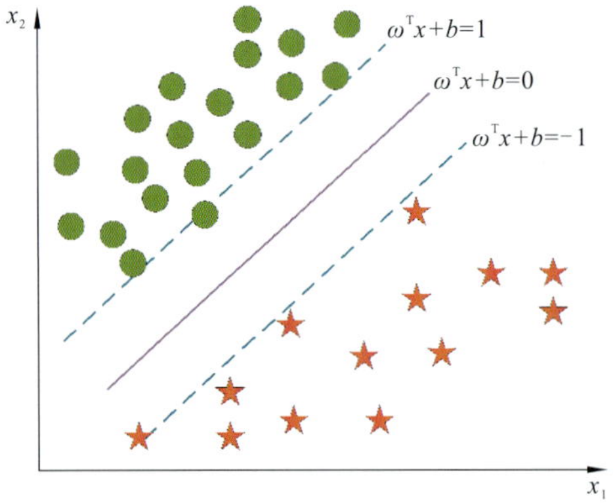

图 1.1.7　SVM 示意图

最大化间隔等价于最小化 $\|\omega\|^2$，式（1.1.18）可进一步表示为

$$\begin{cases}\min\limits_{\omega,b}\dfrac{1}{2}\|\omega\|^2\\ \text{s.t. } y_i(\omega^{\mathrm{T}}x_i+b)\geqslant 1, \quad i=1,2,\cdots,m\end{cases} \tag{1.1.19}$$

式（1.1.19）即为 SVM 的基本型。经过长时间的发展与完善，SVM 算法发展出了多种具有不同特点和优势的变体，例如进一步提升数据泛化性能的粒度支持向量机算法——高斯支持向量机（Gaussian support vector machine，GSVM）算法、能克服噪声影

响的模糊支持向量机（fuzzy support vector machine，FSVM）算法、孪生模型与传统 SVM 相结合的孪生支持向量机（twin support vector machines，TWSVMs）算法和可排序分类的排序支持向量机（ranking support vector machine，RSVM）算法等。

1.1.9　超参数优化

在机器学习模型训练过程中，需要配置最佳超参数组合以实现最佳性能。目前较为常用的超参数优化算法有网格搜索（grid search）、随机搜索（random search）、贝叶斯优化（Bayesian optimization）等。

1）网格搜索

基于遍历的思想，网格搜索方法通过遍历不同的超参数组合，从中选择最优超参数组合，达到模型最优化的效果。网格搜索使用于超参数较少时，一旦超参数较多，其遍历所有超参数组合将会极其耗时。另外，由于网格搜索的过程会遍历所有超参数组合，所以其优化效果得到保证。

2）随机搜索

当超参数较多时，采用遍历的方法寻找最优超参数组合将变得困难。Bergstra 和 Bengio（2012）提出随机搜索方法，从设定的超参数范围中随机采样参数点，并从中选择最优超参数组合。如图 1.1.8 所示，当网格搜索中网格较为稀疏时，在同样的采样点数下，随机搜索更有可能获取到最优超参数组合。

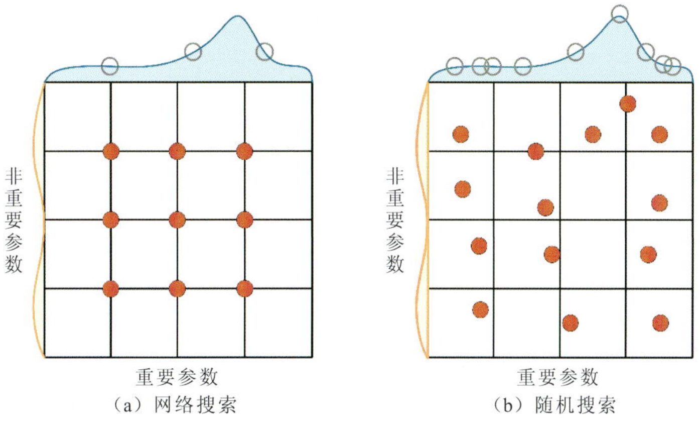

图 1.1.8　网络搜索与随机搜索示意图

3）贝叶斯优化

贝叶斯优化是一种针对目标函数全局优化的顺序设计策略（Pelikan et al.，1999）。在超参数优化问题中，目标函数为黑盒函数，超参数为输入值，模型损失为输出值。贝叶斯优化在每一次使用新的采样来测试目标函数后，使用该信息来更新目标函数的先验分布，通过对目标函数的学习，找到使目标函数向全局最优提升的超参数。

1.1.10 模型评估方法

对于监督学习中的回归问题和分类问题，分别有不同的模型评估指标。

1）回归问题

回归问题的模型评估指标有平均绝对误差（mean absolute error，MAE）、均方误差（mean squared error，MSE）、决定系数（coefficient of determination）等。

平均绝对误差为预测值与真实值差值的绝对值的均值，能反映误差的实际情况，定义为

$$\mathrm{MAE}=\frac{1}{m}\sum_{i=1}^{m}\left|f_i-y_i\right| \tag{1.1.20}$$

均方误差为预测值与真实值差值的均方差，其值越小，表明模型的精度越高，定义为

$$\mathrm{MSE}=\frac{1}{m}\sum_{i=1}^{m}\left(f_i-y_i\right)^2 \tag{1.1.21}$$

决定系数定义为

$$R^2=1-\frac{\sum_{i=1}^{m}(f_i-y_i)^2}{\sum_{i=1}^{m}(y_i-\overline{y})^2} \tag{1.1.22}$$

式中：$\overline{y}$为样本真实值的均值。决定系数越接近 1，表明模型精度越高；经验表明，决定系数大于 0.4，表明模型的预测效果较好。决定系数的缺点是样本数的增大可能会导致 R^2 的增大，因此，不同样本数的模型效果比较会有一定误差。

2）分类问题

分类一直是机器学习的基础，常见的主要是二分类和多分类问题，此处主要介绍二分类问题的模型评估指标。相关评估指标有准确率（accuracy）、精确率（precision）、召回率（recall）、F1_score、受试者工作特征曲线下面积（area under receiver operating characteristic curve，AUC-ROC）等。

对于给定测试样本集，记 N 为负样本数，P 为正样本数，FP 为负样本中被判断为正的数目，TP 为正样本中被判断为正的数目，FN 为负样本中被判断为负的数目，TN 为正样本中被判断为负的数目。

准确率表示所有判断正确的样本数与总样本数的比值，定义为

$$\text{accuracy} = \frac{\text{TP}+\text{TN}}{P+N} \tag{1.1.23}$$

精确率表示模型判断为正的样本中判断正确的比重，定义为

$$\text{precision} = \frac{\text{TP}}{\text{TP}+\text{FP}} \tag{1.1.24}$$

召回率又称灵敏度（sensitivity），表示真实值为正的样本中模型判断正确的比重，定义为

$$\text{recall} = \frac{\text{TP}}{\text{TP}+\text{FN}} \tag{1.1.25}$$

$F1_{\text{score}}$综合了精确率和召回率的结果，定义为

$$F1_{\text{score}} = \frac{2\text{precision}\cdot\text{recall}}{\text{precision}+\text{recall}} \tag{1.1.26}$$

AUC-ROC 定义为受试者工作特征（receiver operating characteristic，ROC）曲线下的面积（Fawcett，2006）。二元分类模型可以由低到高设置不同的阈值，每一个阈值设置都会导致不同的假阳性率（false positive rate，FPR）和真阳性率（true positive rate，TPR）。在 ROC 空间中绘制分类模型各阈值的(FPR, TPR)坐标，成为分类模型的 ROC 曲线。其中，FPR 和 TPR 分别定义为 FPR=FP/N，FPR=TP/P。当测试样本集不平衡时，AUC-ROC 具有较强的鲁棒性。它将真阳性率和假阳性率作为所选阈值的函数来平衡，而不依赖特定的预测阈值（如准确率、精确率、召回率和 F1_score）。

1.2　机器学习方法在颗粒材料中的应用概述

颗粒材料是由大量固体颗粒组成的集合体，在自然界和工业生产中广泛存在，例如粉尘、谷物、沙砾、堆石、煤炭等。颗粒材料的粒径通常远大于分子尺度，因此其不会受到分子热运动的影响。从结构视角来看，颗粒材料属于典型的无序材料，内部构型高度非均质。这种结构特征使得颗粒体系在荷载作用下的运动呈现出空间异质性，在宏观尺度上表现出复杂的变形规律。一方面，颗粒材料能在剪切、振动等扰动下发生结构弛豫而产生“流动”。另一方面，颗粒材料又能通过接触力链逾渗发生堵塞而承载，具备一定的固体刚性。因此，颗粒材料表现出在扰动下会维持固体的“骨架”，同时内部结构又会像流体一样不断演变的性质。这种复杂特性导致描绘颗粒材料的力学规律十分困难，如何理解颗粒材料的宏微观力学性质及预测颗粒材料强度变形特性是困扰学术界与工程界的重大难题。事实上，建立完备的颗粒力学理论框架，是物理、力学和工程领域的交叉学科前沿。随着人工智能的发展，大量机器学习方法如支持向量机、梯度提升算法、神经网络算法等不断发展，已被成功应用于生物、化学、材料科学等多个学科领域（崔雍浩 等，2019）。颗粒材料等无序材料作为复杂多体相互作用体系，其内部蕴含着海量的可挖掘信息。在这一背景下，机器学习方法为研究颗粒材料复杂力学特性提供了一条新途径。

1.2.1 微观结构与力学性能的关联

颗粒材料被认为是典型的无序材料，其微观颗粒排列杂乱无章，几乎所有区域都呈现非对称性。从材料科学的视角来看，无序材料局部结构与力学性能的关联一直是学者的研究热点。无序材料内部结构的复杂性对其物理力学行为产生怎样的影响及如何产生影响等问题一直困扰着学术界与工程界。这些研究的首要任务是建立一个适当的结构指标，以描述微观结构与局部或宏观力学性能的关联特性。当前提出的结构指标主要涉及局部密度、自由体积、局部势能、四面体序、短程序等。此外，还有学者通过测量一些局部响应来反映局部结构的力学稳定性，如局部弹性模量、局部软振动模式及局部屈服应力等。但在缺乏对无序材料复杂力学特性深刻理解的条件下，采用单一的结构指标准确预测材料的力学性能仍十分困难。随着人工智能的发展，不少学者尝试采用机器学习方法融合多个结构指标以建立微观结构与力学性能之间的关系，取得了显著的进展。对于不同的无序材料，输入机器学习模型的结构指标也千差万别，目前主要有径向密度、键角信息、连接性、间隙特征等。

Cubuk 等（2015）首先采用机器学习方法识别无序固体中的结构流动缺陷，通过对称性函数（symmetry functions）描述局部结构环境，采用支持向量机（SVM）算法建立模型，并基于此识别了流动缺陷的显著结构特征。Cubuk 等（2017）进一步将机器学习模型应用于金属玻璃、胶体、颗粒材料等无序体系，验证了该方法的普遍适用性，并通过机器学习模型输出统一的结构指标，分析其与塑性变形的空间相关关系，证实了无序材料中结构与塑性变形的普遍关系。Wang 和 Jain（2019）研究了金属玻璃的塑性变形，使用间隙分布（interstice distributions）表征了金属原子的局部结构环境，采用梯度提升决策树（GBDT）算法从材料初始结构出发，预测了剪切带发生之前的结构缺陷。Fan 和 Ma（2020）通过机器学习建立了局部静态结构与无序材料多重性能（如振动、扩散、弹性和塑性弛豫响应）之间的联系。Peng 等（2021）基于神经网络，以径向分布函数（radial distribution function）表征局部结构环境，实现了对材料原子尺度刚度的预测。

在上述研究的启发下，Xiao 等（2021）同样采用 SVM 等机器学习方法，利用 76 个描述颗粒短程和中程有序结构的特征参数作为输入，较为准确地识别了具有较大非仿射位移的活跃颗粒，并基于模型可解释性方法识别了 24 个对颗粒塑性行为有显著影响的特征参数。研究发现，随着应变的发展，颗粒材料的塑性变形行为从由短程有序结构主导逐渐转变为由中程有序结构主导。张一博（2022）利用 XGBoost 算法，基于颗粒体系内局部结构的近程和中程结构特征，建立了可有效预测颗粒材料塑性变形和最密堆积演化过程的机器学习模型：前者的模型输出值定义为特定的局部结构因子“软度”，以表现在宏观与微观两个方面颗粒材料的局部结构-力学特性关系；后者将识别不同时域情况下的结晶相前驱体颗粒，以此反映颗粒材料的结晶演化过程。王一涵（2022）采用 5 种机器学习方法来揭示颗粒形态对单颗粒抗压强度的影响，使用 24 个全局形状描述符和接触区的局部圆度来表征每个颗粒的形态，并基于层次聚类，选择 8 个描述符作为机器学习模型的输入特征，取单颗粒破碎试验所得的破碎强度为机器学习模型的输出。模型结果表明，XGBoost 具有更突出的预测精度和泛化能力。之后，使用排列特征重要性和 SHapley 加性预测（SHapley additive explanations，SHAP）值分析每个特征对抗压强度的影响：特征重要性排序表明，颗粒不稳定性对抗压强度的影响最为显著；SHAP 分析表明平坦、圆形和凸起的颗粒具有更高的抗压性。同时，接触处的局部圆度也会显著影响抗压强度，较高的局部圆度往往对应较大的单颗粒抗压强度。

虽然机器学习方法暂时无法建立一个适用于所有颗粒材料的微观结构-力学性能映射关系，但是这种研究框架为研究颗粒材料复杂力学特性的微观起源提供了一条可行途径。特别是，近年来随着深度学习算法与计算机技术的快速发展，图神经网络、卷积神经网络等深度学习模型能够摆脱传统机器学习模型中的输入特征定义难题，更为契合颗粒物质等无序材料的建模与研究，为进一步研究材料的复杂力学特性提供了新思路。

1.2.2　颗粒材料宏观本构建模

颗粒材料的本构模型用于描述其应力-变形-强度-时间关系，在传统本构模型的发展历程中，模型的简洁性和准确性的矛盾始终无法避免，模型准确性提升往往伴随着模型复杂程度增大，导致应用受限。越是先进的本构模型，材料参数越多，参数校准工作越难，其在工程中越发难以推广。机器学习方法的发展为颗粒材料的宏观本构建模提供了新思路。事实上，基于机器学习等数据驱动方式建立颗粒材料宏观本构模型是当前水利、岩土、材料科学等领域的研究前沿，大量算法、模型层出不穷，学者希望借助机器学习模型自动挖掘材料数据中隐藏的本构关系，从而避免传统本构模型所包含的各种宏观维象假设。Ghaboussi 等（1991）在 20 世纪开始将神经网络用于有限元法（finite element method，FEM）中的应力计算，以描述在各种外部荷载下积分点的材料响应，证明多层感知机神经网络确实可以用于根据应力、应变数据重建本构模型。Stefanos 等（2015）采用多层神经网络建立应力增量与应变增量之间的映射关系，提出了基于神经网络的本构模型（neural network-based constitutive model）。Stoffel 等（2018）进一步采用单层 MLP 替代 FEM 计算中的本构模型，极大加速了本构模型中的塑性部分计算。

颗粒材料的历史依赖性，是数据驱动本构建模的一大挑战。在传统的弹塑性本构模型中，基于塑性力学方法的内部变量经常被用来描述材料的历史状态。近年来，有学者采用循环神经网络，重现材料历史状态依赖/记忆效应的力学响应。Qu 等（2021）通过整合不断变化的弹性刚度矩阵和不变量，开发了一种基于微观力学信息的应力-应变本构建模方法。Ma 等（2022）提出了一个改进的长短期记忆单元，能够考虑颗粒材料的初始状态；Wang 等（2022）采用时间卷积网络（temporal convolutional networks，TCN）重现了颗粒材料历史依赖的宏观力学响应。Bonatti 和 Mohr（2021）提出了最小状态单元（minimum state cell，MSC）来减少状态变量（记忆单元）的数量，并开发了线性最小状态单元（linear minimum state cell，LMSC）神经网络改善传统循环神经网络对增量长度大小的依赖，通过晶体塑性 FEM 模拟证明了 LMSC 方法确实能够缓解循环神经网络对加载步长的依赖。Logarzo 等（2021）将循环神经网络嵌入 FEM 中完成 FEM-FEM 多尺度计算，能够显著提升模型的计算效率。循环神经网络的记忆效应能够与材料记忆效应吻合良好，然而，循环神经网络训练通常是相当耗时的，因为这个模型固有的迭代性而不适合图形处理单元（graphics processing unit，GPU）并行训练。此外，循环神经网络的步长限制（循环神经网络调用时步长需要与训练时接近），阻碍了循环神经网络在边界值问题（boundary value problem，BVP）计算中的应用。

针对上述问题，Huang 等（2020）采用状态量描述材料历史依赖行为，采用本征正交分解（proper orthogonal decomposition，POD）的降维方法通过多层感知机神经网络重构塑性材料本构关系。Maia 等（2023）在循环神经网络的基础上引入了材料层（material layer），将材料层的输出作为内部变量，用于隐式地标定材料受到历史影响的内部状态。该方法能够有效地考虑材料的历史效应，但由于隐含状态不具有物理意义，该方法无法避免循环结构导致的步长依赖问题。而且由于该方法采用 MLP 搭建网络，无法解决长序列训练中的梯度消失和梯度爆炸问题。Linka 和 Kuhl（2023）研究表明，经典神经网络用于本构建模过程中忽视了以往连续介质力学理论，并通过对网络施加约束，保证网络输出能够同时满足动力、热力和一般物理约束（材料对称性、不可压缩性、外凸性等）。在这些约束和假设条件下，所训练的神经网络能够重现多种非线性弹性模型，并且能够在稀疏数据集上获得通用模型，在一定程度上能够实现模型的外插预测。

综上，基于机器学习的颗粒材料本构建模是当前学术界的研究热点，有望克服传统本构模型的维象假设。然而，如何综合多种来源的训练数据并更好地融合物理知识与数据驱动模型，是未来研究亟须解决的问题。另外，当前大量基于数据驱动的本构模型仅在试样尺度或实验室尺度进行计算与验证，缺乏工程尺度或场地尺度下的效果验证。

1.3 本章小结

机器学习是一门多领域交叉学科，主要是利用大量的数据及以往的经验，从而优化计算机程序的性能标准，得到传统计算程序难以得到的结果。在机器学习蓬勃发展的今天，机器学习在不同的学科中得到应用，本章重点介绍了在颗粒材料的宏细观力学特性研究中的主流机器学习方法，阐述机器学习在颗粒材料等无序材料中的应用。

参考文献

陈海虹, 黄彪, 刘锋, 等, 2017. 机器学习原理及应用. 成都: 电子科技大学出版社.

崔雍浩, 商聪, 陈锶奇, 等, 2019. 人工智能综述: AI 的发展. 无线电通信技术, 45(3): 225-231.

董师师, 黄哲学, 2013. 随机森林理论浅析. 集成技术, 2(1): 1-7.

方匡南, 吴见彬, 朱建平, 等, 2011. 随机森林方法研究综述. 统计与信息论坛, 26(3): 32-38.

李定启, 程远平, 王海峰, 等, 2011. 基于决策树 ID3 改进算法的煤与瓦斯突出预测. 煤炭学报, 36(4): 619-622.

林威伟, 钟登华, 胡炜, 等, 2018. 基于随机森林算法的土石坝压实质量动态评价研究. 水利学报, 49(8): 945-955.

马骊, 2016. 随机森林算法的优化改进研究. 广州: 暨南大学.

王仁超, 朱品光, 2020. 基于随机森林回归方法的爆破块度预测模型研究. 水力发电学报, 39(1): 89-101.

王一涵, 2022. 颗粒形状对颗粒破碎和压缩特性的影响研究. 武汉: 武汉大学.

张一博, 2022. 颗粒材料局部结构对宏细观力学特性的影响机制研究. 武汉: 武汉大学.

钟登华, 田耕, 关涛, 等, 2018. 基于混沌时序-随机森林回归的堆石坝料加水量预测研究. 水力发电学报, 37(8): 1-12.

Bergstra J, Bengio Y, 2012. Random search for hyper-parameter optimization. Journal of Machine Learning Research, 13: 281-305.

Bonatti C, Mohr D, 2021. One for all: Universal material model based on minimal state-space neural networks. Science Advances, 7(26): 1-9.

Chen T, Guestrin C, 2016. XGBoost: A scalable tree boosting system//22nd ACM SIGKDD International Conference on Knowledge Discovery and Data Mining, San Francisco: 785-794.

Chen Y, Ma G, Zhou W, et al., 2021. An enhanced tool for probing the microscopic behavior of granular materials based on X-ray micro-CT and FDEM. Computers and Geotechnics, 132(6): 103974.

Cover T, Hart P, 1967. Nearest neighbor pattern classification. IEEE Transactions on Information Theory, 13(1): 21-27.

Cubuk E D, Ivancic R S, Schoenholz S S, et al., 2017. Structure-property relationships from universal signatures of plasticity in disordered solids. Science, 358(6366): 1033-1037.

Cubuk E D, Schoenholz S S, Rieser J M, et al., 2015. Identifying structural flow defects in disordered solids using machine-learning methods. Physical Review Letters, 114(10): 108001.

Fan Z, Ding J, Ma E, 2020. Machine learning bridges local static structure with multiple properties in metallic glasses. Materials Today, 40: 48-62.

Fawcett T, 2006. An introduction to ROC analysis. Pattern Recognition Letters, 27(8): 861-874.

Ghaboussi J, Garrett J H, Wu X, 1991. Knowledge-based modeling of material behavior with neural networks. Journal of Engineering Mechanics, 117(1): 132-153.

Ghaboussi J, Pecknold D A, Zhang M F, et al., 1998. Autoprogressive training of neural network constitutive models. International Journal for Numerical Methods in Engineering, 42(1): 105-126.

Huang D P, Fuhg J N, WeiBenfels C, et al., 2020. A machine learning based plasticity model using proper orthogonal decomposition. Computer Methods in Applied Mechanics and Engineering, 365: 113008.

Linka K, Kuhl E, 2023. A new family of constitutive artificial neural networks towards automated model discovery. Computer Methods in Applied Mechanics and Engineering, 403: 115731.

Logarzo H J, Capuano G, Rimoli J J, 2021. Smart constitutive laws: Inelastic homogenization through machine learning. Computer Methods in Applied Mechanics and Engineering, 373: 113482.

Ma G, Guan S H, Wang Q, et al., 2022. A predictive deep learning framework for path-dependent mechanical behavior of granular materials. Acta Geotechnica, 17(8): 3463-3478.

Maia M A, Rocha I B C M, Kerfriden P, et al., 2023. Physically recurrent neural networks for path-dependent heterogeneous materials: Embedding constitutive models in a data-driven surrogate. Computer Methods in Applied Mechanics and Engineering, 407: 115934.

McCulloch W S, Pitts W, 1943. A logical calculus of the ideas immanent in nervous activity. The Bulletin of Mathematical Biophysics, 5(4): 115-133.

Mei J Z, Ma G, Tang L W, et al., 2023. Spatial clustering of microscopic dynamics governs the slip avalanche of sheared granular materials. International Journal of Plasticity, 163: 103570.

Mei J Z, Ma G, Wang Q, et al., 2022. Micro- and macroscopic aspects of the intermittent behaviors of granular materials related by graph neural network. International Journal of Solids and Structures, 251: 111763.

Michalski R S, Carbonell J G, Mitchell T M, 1983. A theory and methodology of inductive learning. New York: Springer.

Nilsson N J, 1971. Problem-solving methods in artificial intelligence. New York: McGraw-Hill.

Pelikan M, Goldberg D E, Cantú-Paz E, 1999. The Bayesian Optimization Algorithm//BOA. Illinois: Engineering University of Illinois.

Peng Z H, Yang Z Y, Wang Y J, 2021. Machine learning atomic-scale stiffness in metallic glass. Extreme Mechanics Letters, 48: 101446.

Qu T M, Di S C, Feng Y T, et al., 2021. Towards data-driven constitutive modelling for granular materials via micromechanics-informed deep learning. International Journal of Plasticity, 144: 103046.

Rosenblatt F, 1958. The perceptron: A probabilistic model for information storage and organization in the brain. Psychological Review, 65(6): 386-408.

Samuel A L, 1959. Some studies in machine learning using the game of checkers. IBM Journal of Research and Development, 3(3): 210-229.

Stefanos D, Gyan P, 2015. On Neural Network Constitutive Models for Geomaterials. Journal of Civil Engineering Research(5): 106-113.

Stoffel M, Bamer F, Markert B, 2018. Artificial neural network and intelligent finite elements in non-linear structural mechanics. Thin-walled Structures, 131: 102-106.

Wang M Q, Qu T M, Guan S H, et al., 2022. Data-driven strain-stress modelling of granular materials via temporal convolution neural network. Computers and Geotechnics, 152: 105049.

Wang Q, Jain A, 2019. A transferable machine-learning framework linking interstice distribution and plastic heterogeneity in metallic glasses. Nature Communications, 10(1): 5537.

Winston P, 1970. Learning structural descriptions from examples. Cambridge: Massachusetts Institute of Technology.

Xiao S Q, Liu H, Bao E, et al., 2021. Finding defects in disorder: Strain-dependent structural fingerprint of plasticity in granular materials. Applied Physics Letters, 119(24): 241904.

第2章 颗粒材料试验研究方法

颗粒材料属于典型的无序材料，其内部结构高度非均质。这种结构特征使得颗粒系统在外部荷载作用下呈现出明显的动力学空间异质性，从而在宏观尺度上表现出复杂的变形行为。颗粒运动的典型特征是多相性，表现为在外界激励下颗粒材料同时具备固体和流体的属性：一方面，颗粒材料在剪切、振动等外部扰动下发生结构弛豫，呈现“流动性”；另一方面，通过接触力链的逾渗作用，颗粒材料会发生堵塞而呈现一定的固体刚性。因此，颗粒材料在扰动下既维持固体的“骨架结构”，又像流体一样内部结构持续演化。这种复杂的性质导致描绘颗粒材料的力学行为极具挑战性，迫切需要深入研究和理解颗粒材料的宏微观力学性质。目前，颗粒材料的试验研究包含物理试验和数值模拟两大发展方向。物理试验如数字图像技术、光弹试验、声发射、X射线计算机断层扫描等先进技术提供了捕捉颗粒微观运动和内部力学性质演化的能力。计算机运算性能的快速提升带动了数值模拟技术的发展，涌现出包括离散单元法（discrete element method，DEM）、连续–离散单元法（finite-discrete element method，FDEM）、微观有限元方法、多颗粒有限元方法及水平集–离散元方法（level set-discrete element method，LS-DEM）等多种模拟方法。这些先进的物理试验与数值模拟技术相互补充，为研究颗粒材料复杂的变形和力学演化机制提供相对完整的视角。

2.1 颗粒材料物理试验方法

在颗粒材料研究领域，物理试验方法发挥着至关重要的作用，它们为揭示颗粒动力学特征提供了多维度的视角。这些方法涵盖了从表面观察到内部分析的全方位测试，帮助研究人员探究不同环境条件和受力情况下颗粒材料的行为和响应，包括颗粒间的相互作用、颗粒的变形和破裂等。

2.1.1 浅层探测试验方法

早期的物理试验测试主要通过标定颗粒表面特征点并测量其变形过程来从宏观层面调查颗粒材料的失稳破坏模式（Desrues and Chambon，2002）。在岩土工程试验中，应用数字颗粒图像测速（digital particle image velocimetry，DPIV）技术是早期土壤变形可视化的突破（Willert and Gharib，1991），这是一种基于数字摄影测量土样二维速度和平面应变场的强有力工具。DPIV 通过记录试验过程中不同时间点的颗粒图像，识别颗粒并确定颗粒位置，进而计算颗粒速度。数字颗粒图像测速技术的改进形式包括粒子图像测速（particle image velocimetry，PIV）、粒子跟踪测速（particle tracking velocimetry，PTV）和空间滤波测速（spatial filtering velocimetry，SFV），其中 PIV 和 PTV 在颗粒材料细观力学试验中应用得较为广泛。PIV 技术在流场中加入示踪粒子，通过激光照射产生片光源照亮流场中的粒子，利用高速摄像机连续拍摄流场图像，并通过图像处理算法分析粒子在图像上的位移，从而计算出流场的速度分布。爱丁堡大学 Rix 等（1996）首次利用 PIV 技术测得鼓泡流化床中颗粒随气泡飞出时的速度场分布。Liu 等（2008）提出了一种改进的 PIV 技术，通过在不同的梯度变化率区域使用不同的互相关窗口和帧速率来提高系统的准确性。传统的 PTV 技术与 PIV 技术类似，但 PTV 更专注于跟踪单个流体质点的运动，通过了解该质点速度随时间变化的情况，从而通过流场中所有质点得到整个流场的流动情况。清华大学孙其诚和王光谦（2009）通过 PTV 技术测量了陶颗粒堆积体坍塌过程中的形态和速率分布。Xu 等（2016）测量并确定了颗粒平均速率与体系体积、平均速率与底部压力的关系。尽管 PIV 技术和 PTV 技术可以测得颗粒流速度场、颗粒运动的加速度和方向，并且拥有成熟的商业化仪器，但其仅适用于二维颗粒流或颗粒流表面速度场测量，且主要适用于测量较大的球形颗粒，对于小颗粒或不规则颗粒流，这些技术的时空分辨率较低。

20 世纪初，爱因斯坦首次指出颗粒的无序运动与微观粒子热运动之间的相似性。1978 年，首次提出了“颗粒温度”这一概念来表征颗粒运动速度的无序程度，这一概念为适用于稀疏颗粒流的颗粒动力学理论建立了基础。散斑能见度光谱（speckle visibility spectroscopy，SVS）法是一种通过测量散斑变化的快慢来确定颗粒温度，进而得到颗粒流的速度脉冲信息的方法。SVS 技术主要依赖光的散斑现象和图像处理技术。当激光照射到颗粒流场时，颗粒的散射作用会在观测平面上形成散斑图案。利用高速相机等设备连续拍摄散斑图案，并提取图案的对比度信息，可以得出颗粒的运动速度和其他动力学信息。SVS 技术最早由 Dixon 和 Durian（2003）提出，并用于测量振动流化床表层颗粒的运动，此后 Durian 团队不断完善这项技术并将其应用于泡沫和胶体等的研究。Katsuragi 等（2010）结合 SVS 技术和 PTV 技术，研究了准二维沙堆崩塌过程中颗粒速度和颗粒脉冲速度随深度的变化关系。上海理工大学 Yang 等（2015）将 SVS 技术应用于颗粒流研究，测量滚筒内玻璃珠在崩塌模式下的颗粒温度变化。SVS 技术有较高的时间分辨率和空间分辨率，并且与 DPIV 技术仅能测量颗粒流表层速度不同的是，SVS 技术可以测量一定深度的颗粒温度，适用于各种形状和大小的颗粒。然而，SVS 技术仅适用于透明颗粒，且仅能测量照射区域的平均颗粒温度，商业化仪器尚在开发中。

光弹试验是一种利用光学原理进行应力测试的技术，常被用来识别二维颗粒体系中的力链结构（图 2.1.1）。将具有双折射性的透明材料放置于偏振光场中，当材料受到外力时，其内部各区域会根据局部应力的大小，使光的偏振方向发生旋转，进而在材料表面形成明暗交替的光学条纹。通过测量材料表面产生的干涉条纹可确定其应力分布特征。光弹试验使颗粒物质的应力信息得到可视化，并使颗粒间的接触力可以被精确测量。Majmudar 和 Behringer（2005）利用光弹试验对二维颗粒体系的力链网络进行了深入研究，极大推动了人们对颗粒体系传力特性的理解。Wang 和 Zhang（2015）基于光弹试验研究了颗粒体系的堵塞相变、能量涨落和应变局部化等现象。此外，光弹试验也被用于研究与地震活动密切相关的黏滑运动（Lherminier et al.，2019；Geller et al.，2015；孙其诚和王光谦，2009）。虽然该技术能够较为准确地测量颗粒间的接触力，但是目前仅适用于二维颗粒体系，接触力是由颗粒在偏振光场中的干涉条纹分析得出的，导致颗粒形状往往局限于简单的圆形。虽然后续一些学者将颗粒形状扩展到椭圆、正五边形等简单非圆形状，但是与真实颗粒形状仍有较大差距，这阻碍了很多三维理论模型的发展（Zheng et al.，2019a，2019b，2018）。

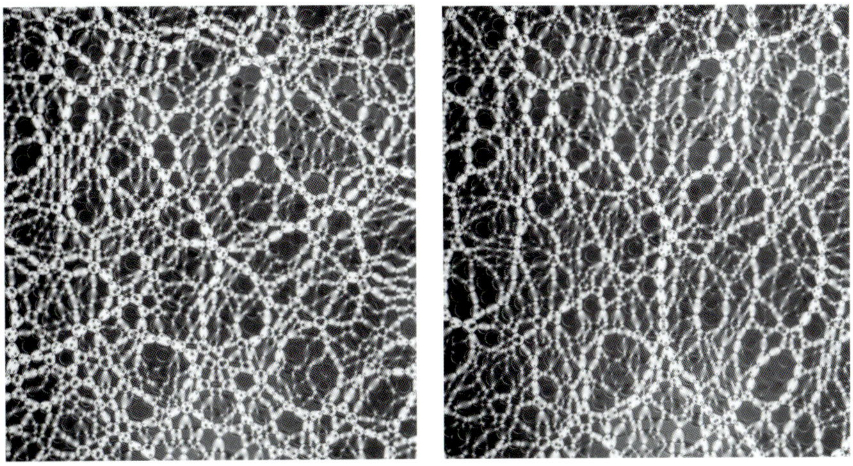

（a）各向同性压缩的试验图像　　（b）剪切作用下的试验图像

图 2.1.1　颗粒材料内部的力链结构

光弹仪的构成如图 2.1.2 所示，从左向右依次是光源、线偏振镜、四分之一波片、光弹试样、四分之一波片、线偏振镜及相机。线偏振镜的作用是将光源产生的光转化为线偏振光，四分之一波片的作用则是把线偏振光转化为圆偏振光，线偏振镜和四分之一波片合称为圆偏振镜。靠近光源一侧的圆偏振镜称为起偏镜，靠近相机一侧的圆偏振镜称为检偏镜，起偏镜和检偏镜共同组成偏振光场。

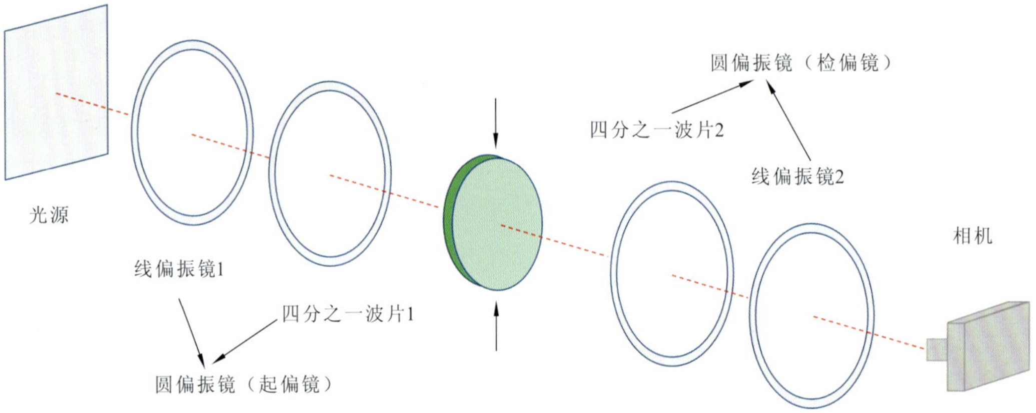

图 2.1.2　光弹仪构成图

光弹试验中使用的材料为具有双折射性的透明材料，常用的光弹性材料包括聚碳酸酯、环氧树脂、聚氨酯、亚克力等。当材料不受外力作用时，没有透射光，结果就是一个黑暗的图像。然而，在材料中任何存在各向异性应力的地方，沿着局部应力张量的两个主轴方向偏振，即产生两道偏振光波。两道偏振光波存在不同的折射率，并以不同的速度传播，其折射率与主应力之间的关系可以用光弹性基本方程表示：

$$n_1 - n_2 = C(\sigma_1 - \sigma_2) \tag{2.1.1}$$

式中：n_1、n_2 为两条折射光线对应的折射率；σ_1、σ_2 分别为试样的大主应力和小主应力；C 为材料的应力-光学系数。这种速度差导致了这两个波分量的相对相位移，将圆偏振光转换为椭圆偏振光，两个波分量的相位差可表示为

$$\alpha = \frac{2\pi Cd}{\lambda}(\sigma_1 - \sigma_2) \tag{2.1.2}$$

式中：d 为材料厚度；λ 为波长。椭圆偏振光通过检偏镜之后，材料表面任意点的光强表示为

$$I = I_0 \sin^2 \frac{\alpha}{2} = I_0 \sin^2 \left[\frac{\pi Cd}{\lambda}(\sigma_1 - \sigma_2) \right] \tag{2.1.3}$$

式（2.1.3）表示材料表面的光弹性响应不仅与材料的应力状态有关，也与所选择的材料性质、材料厚度和光源有关。需要注意的是，式（2.1.3）仅为单色光下的光强，对于复合光（比如白光），其光强可为单波长的光的叠加。

已知颗粒表面任意一点的光强可以用式（2.1.3）表示，对于颗粒表面出现的暗条纹的中心位置，光强 $I = 0$，因此暗条纹中心的应力信息可以表示为

$$\sigma_1-\sigma_2=n\frac{\lambda}{Cd},\quad n=0,1,2,\cdots \tag{2.1.4}$$

而对于亮条纹的中心，光强 $I=I_0$，其应力信息表示为

$$\sigma_1-\sigma_2=\left(n+\frac{1}{2}\right)\frac{\lambda}{Cd},\quad n=0,1,2,\cdots \tag{2.1.5}$$

光弹试验的最终目的是根据光弹图像找到所有的颗粒并确认颗粒之间的矢量接触力。常用的求解方法包括半定量测量和定量测量。在半定量测量中，梯度平方法（gradient square method，G^2 法）是一种用于估计光弹性条纹应力的经验测量方法。对于一个给定的光弹图像，可以计算每个像素点的光强梯度平方来测量颗粒的力，像素点 (i,j) 的梯度平方可以通过以下公式计算：

$$\begin{aligned}|\nabla I_{ij}|^2=\frac{1}{4}[&(I_{i-1,j}-I_{i+1,j})^2/4+(I_{i,j-1}-I_{j,i+1})^2/4\\&+(I_{i-1,j-1}-I_{i+1,j+1})^2/8+(I_{i+1,j-1}-I_{i-1,j+1})^2/8]\end{aligned} \tag{2.1.6}$$

对于一个给定的区域，梯度平方等于该区域内每个像素点的 G^2 的平均值：

$$G^2=\frac{1}{N}\sum_{i,j}|\nabla I_{ij}|^2 \tag{2.1.7}$$

式中：N 为区域内的总像素点数。

关于梯度平方与接触力之间的关系，一些学者通过试验和数值模拟对其进行了研究。在全局尺度上，Howell 等（1999）和 Geng 等（2001）分别对整个系统的 G^2 和边界力之间的关系进行校准，发现 G^2 与边界力之间存在线性相关。在颗粒尺度上，Zhao 等（2019a，2019b）对具有不同接触数的颗粒的 G^2 与其受到的接触力之间的关系进行测试，发现对于圆形颗粒，每个颗粒的 G^2 与作用在颗粒上的接触力大小之和 $\sum_i|F_i|$ 成正比。但是这种关系并不适用于任何形状的颗粒，比如正方形。梯度平方法虽然不能精确测量法向接触力和切向接触力，但是仍具备很多的优势，比如该方法可以同时用来测量全局的应力和单颗粒受到的总接触力。而且，梯度平方法计算速度很快、效率高，并且对图像的分辨率要求不高。

力解析法（force resolving method）基于一种非线性拟合算法，提供了光弹性颗粒材料内部力的定量测量。光弹条纹在每个像素点的具体模式可以根据局部应力来确定。因此，可以使用已知的应力场（由矢量接触力集合 F_i 计算）来预测光强场。而根据已知的光弹条纹推导接触力则需要执行该过程的反过程。但是，式（2.1.3）中 $\sin^2$ 不是单调的函数，无法直接反算，必须通过优化过程对集合 F_i 进行数值估计。具体优化过程如下。

首先确定颗粒的位置和直径，由于光弹性图像中存在明暗相间的条纹，并且每个颗粒表面的条纹都不一样，从光弹性图像中获取颗粒的圆心和半径较为困难。因此，试验中需要两幅图像：一幅在无偏振光下采集，用于确定颗粒的位置和直径；另一幅在偏振光下采集，通过力解析方法计算颗粒受到的接触力。对于无偏光下采集的无偏图像，图

像要求背景亮度均匀，且颗粒与背景之间具有高对比度，以便于区分颗粒和背景；通过高对比度的无偏图像，可以进行颗粒识别。对于圆颗粒，通过霍夫变换（Hough transform）可以很方便地获取颗粒的圆心和半径。这种变换通过边界检测来隔离颗粒，并使用计算效率高的投票过程来识别指定半径的圆的中心。得到每个颗粒的圆心坐标和半径之后，需要获得每个接触点的位置，即确认颗粒之间的接触。对于两个相同位置和半径的颗粒 i 和 j，如果两个颗粒圆心之间的距离在它们半径之和的容差范围内，可以初步判断颗粒之间是否存在几何上的接触，即

$$d_{ij} = r_i + r_j + d_{\text{tol}} \tag{2.1.8}$$

式中：d_{tol} 为容差。需要注意的是，有的颗粒之间虽然在几何上相邻，但是仍无法判断之间是否存在力的接触。因此，需要进行第二步筛选，以确定哪些颗粒间是存在接触力的。使用 G^2 法分别计算两个颗粒在接触点附近的光弹性响应，如果两个颗粒在接触点附近的 G^2 均高于一个预设的阈值，就可以认为两个颗粒之间是存在接触力的。

确认颗粒和接触点的位置之后，接下来的目标就是计算接触力，前文已表明求解接触力需要通过优化过程对集合 F_i 进行数值估计。优化过程需要较好的初始力分布，也就是先对每个颗粒的总接触力和单个接触力有较好的初步估计，因此需要获取一张具有足够高质量的光弹性图像。通过式（2.1.6）获取每个颗粒表面的光强梯度平方 G^2，前文也说明该值与作用在颗粒上的接触力之和成正比，即 $G^2 = k\sum_i |F_i|$。通过该线性关系，初步计算颗粒受到的总接触力之和。然后，在接触点附近选择一个小区域，计算该区域内部的梯度平方值之和，然后根据每个接触点的 G^2 将总接触力按照比例分配给每个接触力，这样就可以初步估计每个接触力。这种方法不仅可以去除一些不传递力的接触，还允许在单个颗粒上执行力的解析。除了接触力的初值估计，对接触力的方向 α 也需要进行合适的估计，如图 2.1.3 所示。在静态或者准静态的加载条件下，接触力角度，选择一个 α，使每个颗粒可以保持力和力矩平衡，对于具有 z 个接触的颗粒，其力和力矩平衡可以表示为

$$\begin{cases} \sum_{n=1}^{z} f_{n,x} = \sum_{n=1}^{z} f_n \sin(\alpha_n + \beta_n) = 0 \\ \sum_{n=1}^{z} f_{n,y} = \sum_{n=1}^{z} f_n \cos(\alpha_n + \beta_n) = 0 \\ \sum_{n=1}^{z} \tau_n = \sum_{n=1}^{z} f_n \sin\alpha_n = 0 \end{cases} \tag{2.1.9}$$

式中：β 为作用点的位置，定义为颗粒圆心与作用点的连线 CO 与 y 轴的夹角；α 为作用力的方向，定义为颗粒圆心与作用点的连线 CO 与接触力之间的夹角。如果 $z=2$，式（2.1.9）可以简化为

$$\begin{cases} f_1 = f_2 \\ \alpha_1 = -\alpha_2 \end{cases} \tag{2.1.10}$$

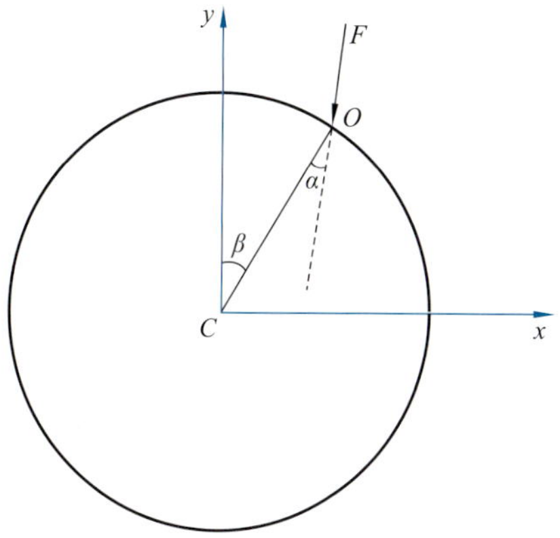

图 2.1.3　单颗粒受力示意图

力的大小为 F，作用点为 O

满足力和力矩平衡约束可以有效提高求解的精度和效率，因为该约束条件可以把未知量(F_n,α_n)从$2z$减小到$2z-3$。但是需要注意的是，该平衡条件仅适用于静态和准静态的情况，对于动态系统，每个颗粒不一定能满足平衡条件，则无须满足力和力矩平衡。

最后是根据上一步的估计值对矢量接触力 F_i 进行优化，以获取与原始图像尽可能接近的光弹响应。优化过程中，输入和输出参数是所有接触力的大小和方向的集合。对于受到任意力的圆柱形颗粒，将其内部的应力场与式（2.1.3）相结合，可以创建出每个颗粒的重构图像，通过残差方程对重构图像 I_n 与原始图像 I 进行对比：

$$e(F,\alpha)=\sum_{x,y}[I(x,y)-I_n(x,y)]^2$$

式中：(x,y)为图像的空间坐标。残差方程适用于通过任何优化过程对矢量接触力 F_i 进行优化，以找到最小的e值。优化过程中需要选取合适的优化算法评估重构图像和原始图像之间的一致性，利文贝格-马夸特（Levenberg-Marquardt）算法就是一种常用的优化算法。该算法计算重构图像与原始图像之间的最小二乘误差，之后对输入的矢量接触力 F_i 进行少量增加，如果误差增大，则矢量接触力 F_i 的增量方向被拒绝。如果误差减小，则用新参数值替换旧参数值并重新计算最小二乘误差，该过程反复进行，直到最小二乘误差小于预设值。该算法确定的拟合参数的最终值即可作为测量的矢量接触力。

2.1.2　内部探测试验方法

数字颗粒图像测速技术和激光散斑技术只能测量颗粒流表层或一定深度内的速度，测量颗粒体系内部的速度需要采用透视测量技术，如正电子发射颗粒跟踪（positron emission particle tracking，PEPT）、磁共振测速（magnetic resonance velocimetry，MRV）和同步辐射 X 射线成像技术（synchrotron raditation X-ray imaging technique）。

PEPT 基于正电子的发射和探测，通过放射性同位素标记示踪粒子来追踪其运动轨迹，这一过程涉及正电子的发射、减速、湮灭，以及伽马光子的探测。PEPT 技术最早由 Hawkesworth 等（1991）提出，能够以 0.5 mm 的空间分辨率和几十毫秒的时间分辨率追踪单个颗粒，支持最高 10 m/s 的速度测量。然而，这项技术限于同时追踪最多三个示踪粒子，不适合用于复杂颗粒流速度场的详细测量。PEPT 主要提供与时间相关的平均速度场数据，因而更适用于稳定流动的测量。Parker 和 Fan（2008）应用 PEPT 技术成功测量了鼓泡流化床的颗粒速度场。尽管 PEPT 适用于多种形状和大小的颗粒，并能全程跟踪颗粒流内部示踪粒子，但其时空分辨率限制了其在复杂速度场全面测量中的应用。

图 2.1.4 展示了 CT 试验装置，该 X 射线 CT 设备为 nano Voxel-4000 开管反射式高穿透 CT 系统。该 CT 系统搭配高电压的微焦点射线源，能够获得比医学 CT 更高的扫描精度，适合高分辨率检测。CT 系统主要由电源控制装置、控制台和扫描腔室组成，扫描腔室内设置射线源、置物台和平板探测器等。扫描过程中，X 射线源向被测物体发射一定强度的锥形光束，穿透试样后由平板探测器接收，旋转置物台以获得不同方向的 X 射线衰减强度图像，经计算机处理即可得到样品的内部结构。X 射线断层扫描技术的发展使观测三维颗粒体系的内部结构及颗粒运动规律成为可能。Hall 等（2010）结合 X 射线断层扫描技术和数字图像相关（digital image correlation，DIC）技术提取了砂粒在三轴剪切过程的位移和旋转，研究了应变局部化现象的演化过程，强调了调查颗粒旋转运动对理解颗粒体系局部变形的重要性。Alshibli 等（2017）基于三维断层扫描技术研究了颗粒形状、密实度等对砂样剪切破坏模式的影响。在颗粒物理领域，Kou 等（2017）基于该技术系统研究了椭球颗粒在循环剪切下的颗粒动力学特性，发现颗粒体系的动力学行为与热玻璃系统不同（不存在“笼效应”），而是与复杂流体更相似。此外，颗粒的平动自由度和转动自由度之间存在耦合关系。Cao 等（2018）研究了剪切颗粒塑性变形过程中的结构演变，认为塑性事件主要是通过不稳定四面体结构的翻转行为而产生的。虽然 X 射线断层扫描技术在测量三维颗粒体系中内部结构方面具备优势，但是在扫描过程中颗粒材料需要保持静止，且扫描耗时较长，这导致颗粒体系运动是一个不连续过程，因此该技术通常仅适用于准静态加载。此外，该技术无法像光弹测试技术一样获取颗粒体系内部的接触力信息。虽然一些学者在提取三维颗粒体系的接触力信息方面做出了一定的尝试，但是目前技术的适用范围仍然非常有限，局限于小规模的圆球试样。

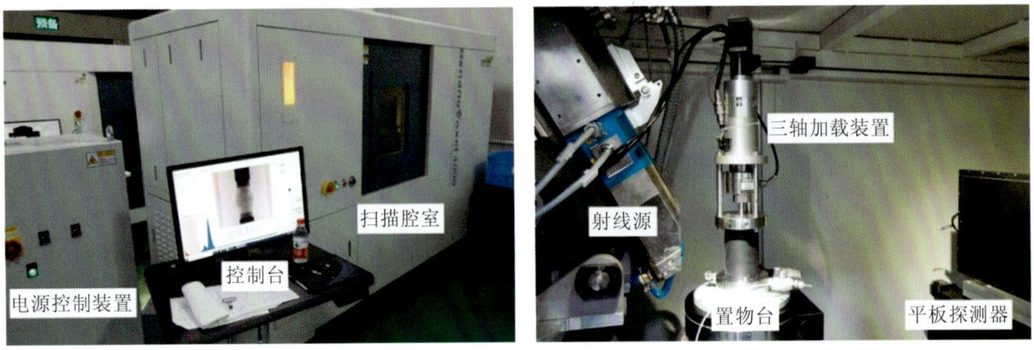

（a）装置主体结构　　（b）扫描腔室内部结构

图 2.1.4　nano Voxel-4000 开管反射式高穿透 CT 系统

有的反投影图像相加，即可得到重建图像。由于物体内部的单点被重建为圆形区域，远离中心的区域强度降低，从而使反投影重构图像[图 2.1.7（b）]是真实物体的一个模糊版本。卷积反投影重构算法则被发展用于减轻简单反投影中遇到的模糊问题。在卷积反投影重构算法中，每个二维衰减剖面在进行反投影之前与滤波函数进行卷积。滤波能够使脉冲顶部变平，并在脉冲两侧引入负峰值[图 2.1.7（c）]，则再进行反向投影时，平顶脉冲在圆形区域内形成一个均匀的信号，而负值区域抵消了模糊。因此卷积反投影算法重建的图像以更高的清晰度捕获扫描物体的几何形状。重建后的图像为三维物体的一个断层切片。在物体的高度上增加其他的断层切片以重塑三维物体。断层切片的厚度和二维剖面上进行反投影的二维像素构成三维正方体体素单元。每个体素单元被赋予一个衰减系数，该衰减系数表示扫描物体在其像素体积内的平均衰减系数，即获得了物体三维灰度图像。

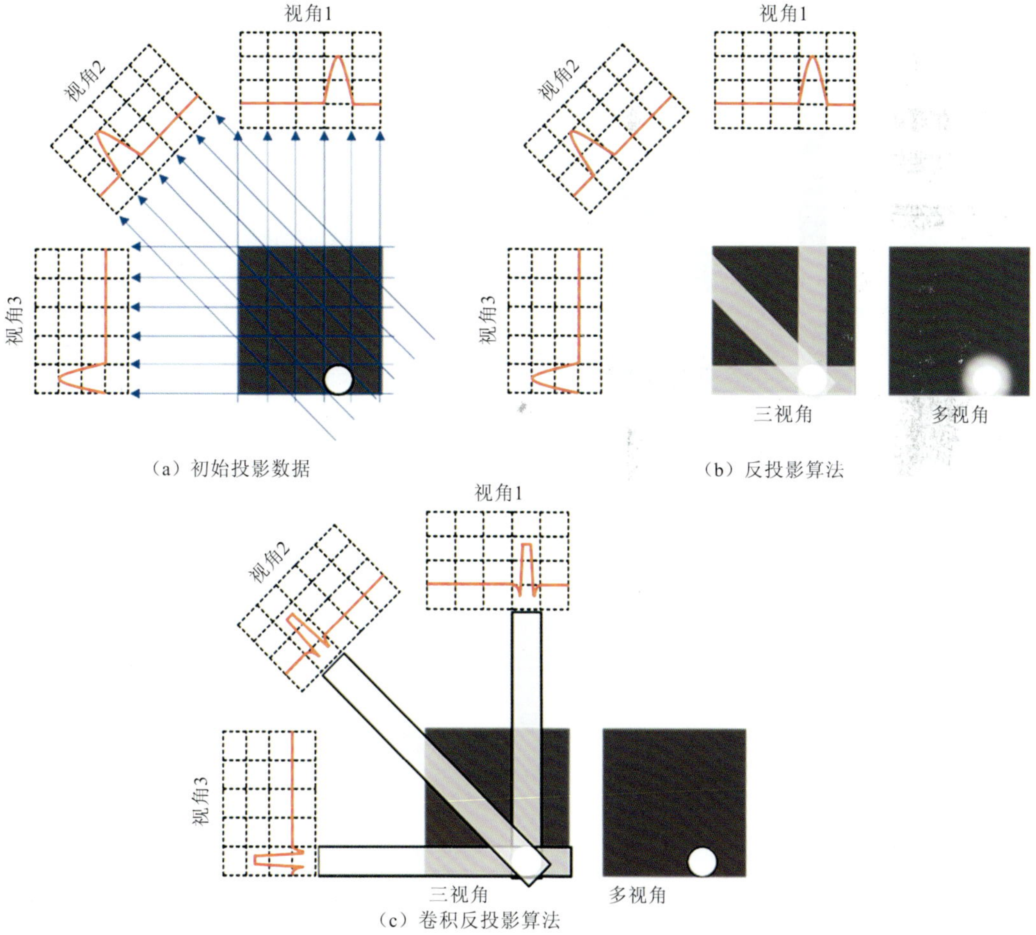

图 2.1.7　反投影算法和卷积反投影算法示意图

以基于 X 射线 CT 的颗粒材料原位三轴剪切试验为例，为从颗粒尺度研究剪切颗粒体系的力学行为，需要获取和测量颗粒体系内的单独颗粒。因此得到重构后的 CT 图像，利用图像处理技术得到每个颗粒的几何信息，包括颗粒的大小、取向、质心和形状等。随后，根据这些几何信息，在不同荷载状态下的 CT 图像中追踪匹配相同颗粒，由此分析基本的颗粒运动及细观动力学。

利用传统的卷积反投影算法对三维 CT 成像进行重建，得到一系列三维结构的剖面图，每个剖面图对应竖直方向的一个像素切片层。在 X 射线成像过程中会产生一定数量的噪声，在三维重构中可能会增加更多的噪声，因此先要对重构后的剖面图进行除噪，通过图像处理软件 imageJ 中的降噪算法去除随机噪点。图 2.1.8（a）所示为 CT 成像经卷积反投影算法重构后得到的横剖面，压力舱内的氮气、橡胶模、渥太华（Ottawa）砂颗粒，颗粒体系内的空气由于对 X 射线吸收系数不同分别呈现不同的灰度值。为计算每个颗粒的几何信息，需要从原始的三维 CT 重建图像将每个颗粒所属的像素单元进行标记。

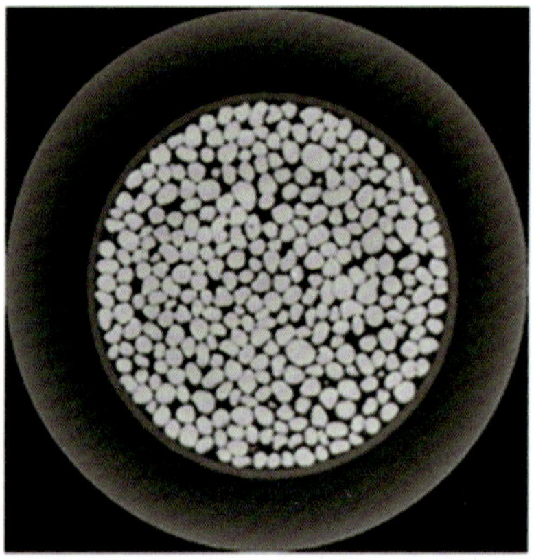

（a）CT成像经卷积反投影算法重构后得到的横剖面

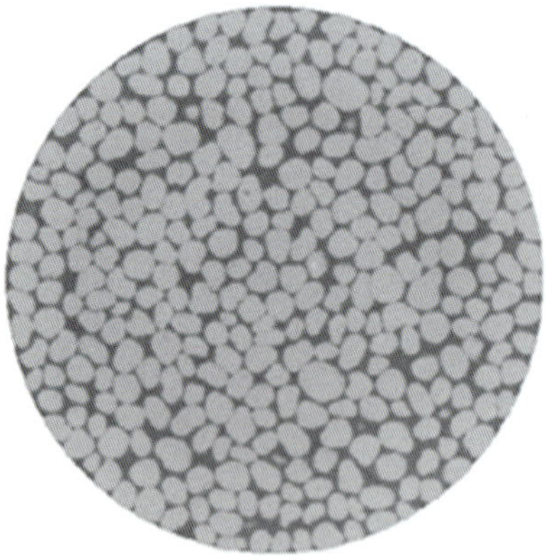

（b）包含所有颗粒的局部灰度图像

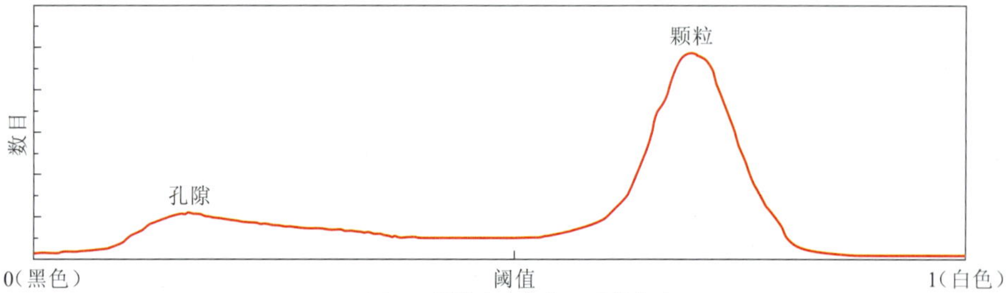

（c）CT图像灰度值归一后的分布

图 2.1.8　CT 重构后的断层切片和灰度值分布

首先需要裁剪掉多余的区域得到如图 2.1.8（b）所示的包含所有颗粒的局域灰度图像以加快图像处理速度。图中每个像素单元有一个灰度值，需要将灰度图像进行二值化处理转化为黑白二值化图像，将灰度值归一到 0～1。CT 图像的灰度值分布如图 2.1.8（c）所示，两个峰值分别对应图像中的 Ottawa 砂颗粒和空气部分，两个峰值之间为一个平坦过渡的波谷，在波谷范围内选取一个灰度阈值将颗粒和空气进行二值化区分。如图 2.1.9（a）所示，将空气所占的像素单元对应的灰度值设置为 0（黑色），颗粒所属的像素单元的灰

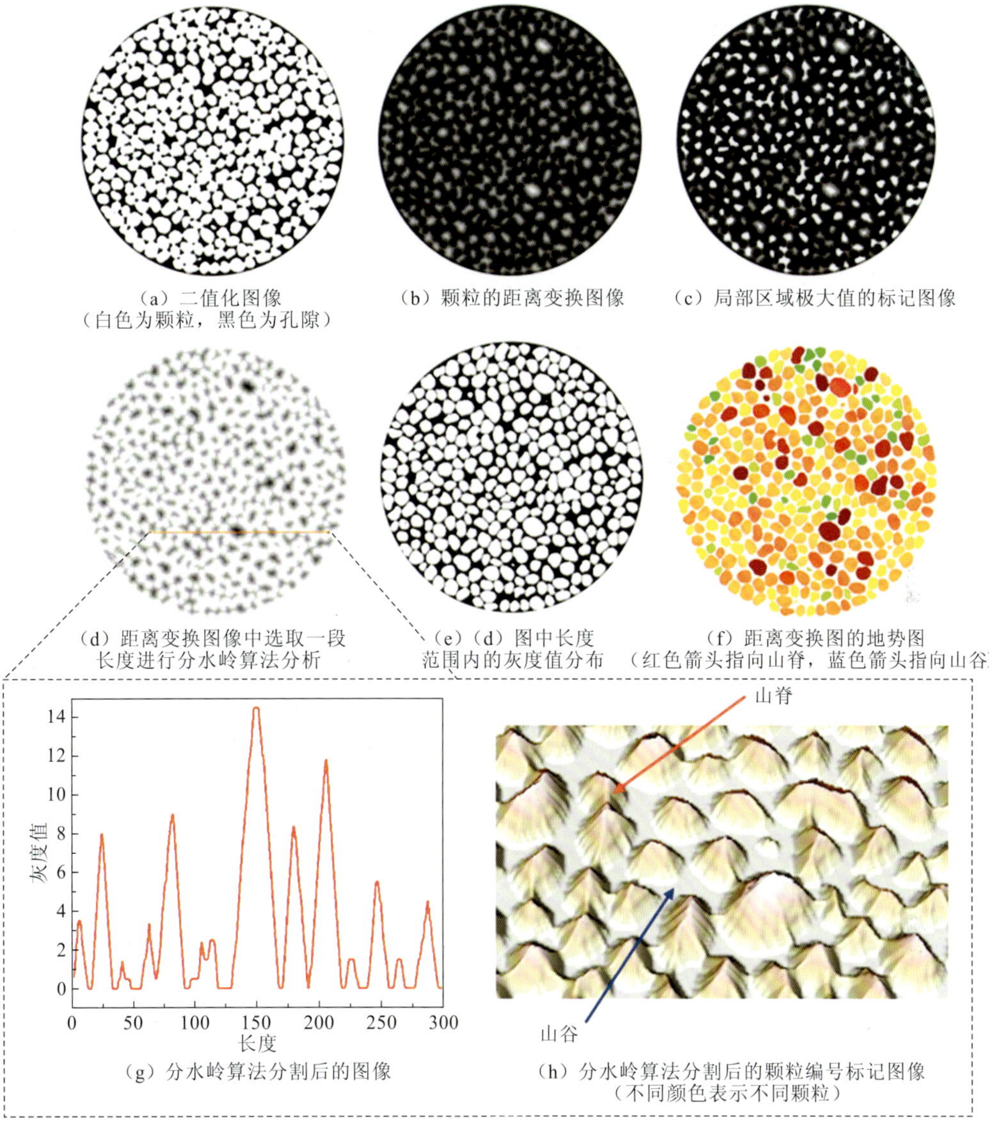

（a）二值化图像
（白色为颗粒，黑色为孔隙）

（b）颗粒的距离变换图像

（c）局部区域极大值的标记图像

（d）距离变换图像中选取一段长度进行分水岭算法分析

（e）（d）图中长度范围内的灰度值分布

（f）距离变换图的地势图
（红色箭头指向山脊，蓝色箭头指向山谷）

（g）分水岭算法分割后的图像

（h）分水岭算法分割后的颗粒编号标记图像
（不同颜色表示不同颗粒）

图 2.1.9　颗粒分离过程示意图

度值设置为 1（白色）。对于每个荷载状态下的 CT 成像均需进行灰度值分布的计算并选取一个合适的灰度阈值。

需要将相互连接的颗粒分离成单个颗粒，颗粒分离至关重要，如果分离的颗粒不符合实际颗粒的物理特性（过度分割或者分割不足），将影响颗粒尺度的运动特性分析。使用基于标记的分水岭算法对二值化图像进行三维分割。首先对二值化图像进行距离变换，即计算每个像素点与最近灰度值为 0 像素点之间的距离，并定义为该像素点的灰度值，从而将黑白二值化图像变换为灰度图像[图 2.1.9（b）]。由于二值化图像中颗粒边缘与孔隙（像素点灰度值为 0）相接，故最近距离均为 0，颗粒中心距孔隙距离较大则灰度值较高，故二值化图像中灰度值为 1 的颗粒像素点根据到颗粒边缘的距离呈现渐变的灰度值，在颗粒中心位置附近出现最大值。在图 2.1.9（d）中选取一段长度进行该切片的分水岭分析，沿长度方向的灰度值分布如图 2.1.9（e）所示。图中每个波峰对应所选线段覆盖颗粒在该长度方向上的最大灰度值，所选线段覆盖的孔隙段的灰度值均为 0。多个波峰明显区分出所选线段长度方向上的颗粒分布。对于二维切片，把灰度值视为高度，可得到如图 2.1.9（f）所示的地势图，每个颗粒的中心为各个山峰的顶点，相邻颗粒的中心之间的连线为山脊，孔隙部分为地势很低的山谷。通过识别和合并距离变换图像中的局部区域极大值，得到标记图像[图 2.1.9（c）]，图中每个山峰顶点被一块区域标记。对体系中的大多数颗粒而言，标记的区域为一个单独的颗粒，从而可以采用分水岭算法将每个颗粒所属的区域分割出来。但由于每个颗粒所属的像素数目及空间分辨率有限，部分颗粒通过距离变换得到的极大值作为区域标记可能出现误差。如一个真实的颗粒包含多个标记，即在主极大值中包含其他局部极大值，则该颗粒必然会被过度分割为多个颗粒。同样地，如果多个相互接触的颗粒组成的局部体系只包含一个标记，则这些颗粒被识别为单个颗粒，导致分割不足问题。此时不能直接采用分水岭算法进行分割，需要对标记进行修正完善，为分水岭算法提供准确的标记图像。

分水岭算法的基本思想是对地势图中局部极小值影响的区域划分为集水盆，集水盆的边界则形成分水岭。分水岭分割采用反向距离变换，即图 2.1.9（f）中的波峰（位于颗粒内部）倒置为波谷，局域极大值标记的周围和颗粒中心为凹槽。因此可采用模拟浸水过程描述分水岭计算过程。图 2.1.10 显示了分水岭算法的一维计算过程。在距离变换图像中选取一段长度，线段跨越 5 个颗粒的中心[图 2.1.10（a）]，故选取线段在其长度方向上的灰度值分布显示 5 个波谷，每个波谷对应一个标记[图 2.1.10（b）]。在图 2.1.10（c）中开始向标记及其周围构成的凹槽内注水，当浸没深度在灰度值为−9 时，标记 2 和标记 3 开始向两侧扩展产生影响。随着水深增加，当浸没深度达到灰度值−4 时[图 2.1.10（d）]，5 个标记均发生扩展产生影响。在浸没深度达到灰度值−1.8 时[图 2.1.10（e）]，标记 2 和标记 3 在点 1 相接，被记录为分水岭，此时标记 1、标记 4、标记 5 继续向两侧扩展。当浸没深度达到灰度值 0 时[图 2.1.10（f）]，标记 2 和标记 3 在分水岭点 1 保持分离，标记 1 和标记 2 在分水岭点 2 分离，标记 3 和标记 4 在分水岭点 3 分离，标记 4 和标记 5 在分水岭点 4 分离，所有标记被分离，计算结束。由于分水岭算法通过去除颗粒间的单位像素厚度分离颗粒，此时所有像素（除孔隙所属像素）要么属于一个标记要么属于一个分水岭。对于三维图像，也是一样的计算过程，分水岭作为区分不同颗粒的分界线，将整个三维图像分割成若干个独立区域，原则上每个独立的区域对应一个颗粒。随后将分水岭算法分割后的图像中属于孔隙部分的像素点灰度值设为 0[图 2.1.9（g）]。然后将每个颗粒设置一个 ID 编号，颗粒所属的像素点灰度值设为编号值，不同颜色代表不同的颗粒。基于上述图像处理技术对每个 CT 扫描图像进行处理，可得不同荷载状态下的颗粒体系编号标记图像。

虽然物理试验能够提供关于颗粒材料的宏微观尺度信息，揭示颗粒间的相互作用和行为模式，但这类试验往往伴随着高昂的成本和获取详细微观信息的难度。特别是在探索颗粒内部结构或实时动态过程时，物理试验可能面临操作复杂性和观测限制。

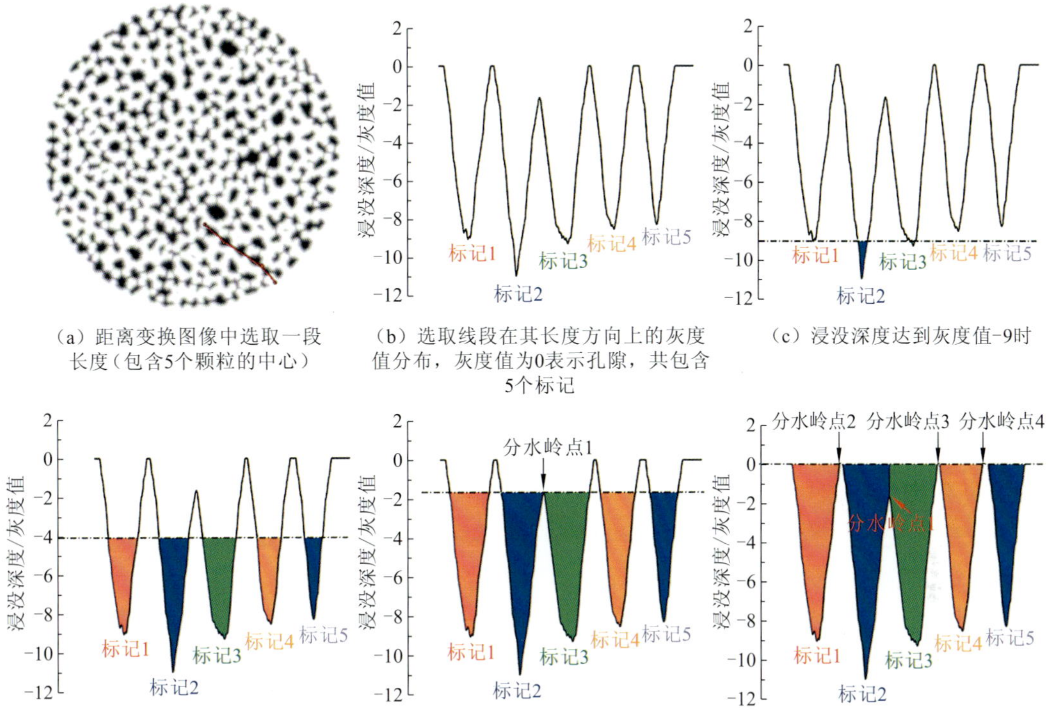

（a）距离变换图像中选取一段长度（包含5个颗粒的中心）　（b）选取线段在其长度方向上的灰度值分布，灰度值为0表示孔隙，共包含5个标记　（c）浸没深度达到灰度值-9时

（d）浸没深度达到灰度值-4时　（e）浸没深度达到灰度值-1.8时　（f）浸没深度达到灰度值0时，所有标记被分离，计算结束

图 2.1.10　分水岭算法的一维计算过程

数值模拟试验，如离散单元法（discrete element method，DEM），提供了一种有效的解决方案，能够克服这些限制。数值模拟允许研究人员在计算机中重建颗粒系统并进行各种条件下的模拟试验，这大大降低了试验成本，提高了效率。更重要的是，数值模拟能够提供颗粒层面的直接和全面信息，包括颗粒的位置、速度、加速度、接触力及颗粒间的相互作用等数据，这些信息对理解颗粒材料的微观机制至关重要。

此外，数值模拟的灵活性和可扩展性使其成为研究颗粒材料行为的有力工具。研究人员可以在模拟环境中方便地改变边界条件、颗粒特性或加载条件，以探索不同因素对颗粒材料行为的影响。这种方法能够揭示颗粒系统在理想化或复杂条件下的行为，为颗粒材料的理论分析和工程应用提供支持。因此，数值模拟试验因其高效性、经济性和提供详细微观信息的能力而受到广泛应用。

2.2　颗粒材料数值仿真方法

计算机技术的发展促进了模拟颗粒物质行为的数值方法的出现。Cundall（1971a，1971b）首创的离散单元法（DEM）被广泛应用于不同荷载条件下的颗粒材料力学特征研究，提供了组构、颗粒运动和接触力等细观信息。在过去的四十年里，众多学者以离散单元法为基础开发了众多离散元程序，如颗粒流程序（particle flow code，PFC）、开放源码离散元模拟软件（lammps improved general granular and granular heat transfer simulations，LIGGGHTS）、离散元动力学引擎（yet another dynamic engine，YADE）软件等。借助这些离散元程序，研究人员对颗粒接触模型、颗粒形状模拟、颗粒破碎模拟和多尺度建模等方面进行了广泛研究。尽管 DEM 的应用十分广泛，但仍存在不足之处：模拟大规模颗粒的计算成本高；缺乏对物理试验的定量验证；对复杂颗粒形状的模拟存在缺陷；未能充分表征颗粒的多尺度形态特征。

为满足对颗粒形状和破碎的精细化模拟需求，Munjiza 等（2010，1995）结合有限单元法和离散单元法的优势提出了连续-离散单元法（FDEM）。FDEM 的应用主要集中在两方面：在岩石和地质力学领域探讨岩石和混凝土的开裂损伤演化，在岩土和水利工程领域调查离散颗粒材料的力学特性。Ma 等（2019）基于 FDEM 系统研究了岩土颗粒材料在不同围压条件下的宏观抗剪强度、剪切带形成、力链结构演化，以及颗粒形状和破碎对应变局部化的影响，证明了 FDEM 在描述颗粒复杂形状和模拟颗粒破碎方面的巨大优势。关于 FDEM 的颗粒形状建模也涌现了大量研究，Ma 等（2014b）采用在椭球上随机布点的方式生成不规则凸颗粒，用于研究堆石颗粒的力学特性。Latham 等（2008）通过激光扫描建立真实堆石料的颗粒形状库。Druckrey 等（2016）借助 X 射线断层扫描获取砂粒集合体的三维空间分布，为 FDEM 数值模型提供了真实砂粒形状和细观结构，并探究了接触力传递特性。Wei 等（2019）基于 X 射线断层扫描和球谐函数重构真实砂粒的网络模型，采用 FDEM 分析颗粒形状对颗粒破碎力学特性的影响。此外，混合式的模拟方法为研究人员提供了更为广泛的选择，如 Nadimi 和 Fonseca（2018）发展的微观有限元方法（μFE）和多颗粒有限元方法（multi-particle finite element method），Zhu 和 Zhao（2019）提出的结合近场动力学（peridynamics，PD）和接触动力学（contact dynamics，CD）的数值分析框架，Kawamoto 等（2018，2016）结合水平级（level set）和离散单元法发展的 LS-DEM 等。

2.2.1 离散单元法（DEM）

DEM 最初由 Cundall（1971a，1971b）提出，旨在研究具有裂隙节理的岩体。该方法将岩体视为由节理切割而成的岩块组合，基于岩块刚性的假定，建立了求解节理岩块大变形的差分方程。在此基础上，开发了二维离散元程序 BALL 和三维离散元程序 TRUBAL 用于研究颗粒介质的力学行为，所得结果与光弹试验结果相吻合，从而提升了 DEM 的知名度（Cundall，1979，1978；Strack and Cundall，1978）。此后，越来越多的学者参与到 DEM 的研究中，包括不同场景下的 DEM、DEM 与其他算法的耦合计算、DEM 接触模型研究、DEM 计算软件开发等。如今，DEM 已成为研究颗粒材料的主要数值模拟方法之一。

球形颗粒材料的离散元数值模拟应用最为广泛，下面主要基于常规球形颗粒材料介绍离散单元法的核心内容，包括基本假定、力-位移关系、接触模型及运动方程、边界条件等。

1. 基本假定

常规 DEM 视每个颗粒为一个独立单元，存在如下假定。

（1）离散单元在三维为圆球，在二维为圆盘，具有较大的弹性模量，因此在受力时单元的变形可以忽略，可视其为刚性体。

（2）程序自动识别颗粒之间或颗粒与墙体间接触的产生和消失。

（3）颗粒之间或颗粒与墙体间的接触重叠量极小，可视为点接触，每个接触仅涉及两个单元。

（4）接触产生后，颗粒间或颗粒与墙体间会有一定的重叠量，接触力与重叠量之间满足力-位移关系。

（5）颗粒受力后的平动和转动等运动学特征服从牛顿第二定律。

DEM 采用动态显式算法，假定每一时间步内单元的速度和加速度保持不变。在每一时间步的计算中，交替使用牛顿第二定律和接触处的力-位移关系，牛顿第二定律描述单元因受力而产生的运动，力-位移关系用于从位移计算接触力。这意味着，在每一时间步中需要遍历每个接触的力-位移方程，求解每个单元的运动方程，并更新单元的位置信息。每个时间步的计算完成后，程序进入下一个时间步的计算，这一过程持续进行直到整个模拟完成。一个时间步内的计算步骤如图 2.2.1 所示。

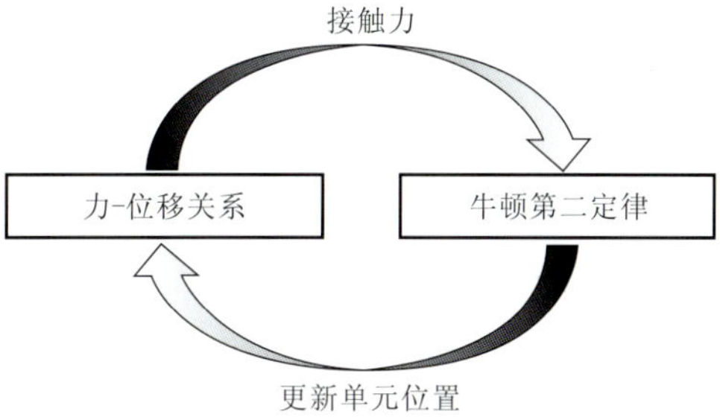

图 2.2.1　循环计算过程示意图

2. 力-位移关系

在 DEM 中，力-位移关系是将两个接触单元的相对位移与施加于单元的接触力联系起来的关键规则。无论是颗粒-颗粒接触还是颗粒-墙体接触，接触力都来自接触点。力-位移关系作用于接触上，接触部位可由接触平面（单位法向量 n_i）上的接触点（$x_i^{[C]}$）来描述。接触点位于两个单元中互相嵌入的部分；在颗粒与颗粒的接触中，接触平面的单位法向量沿两颗粒中心连线的方向；在颗粒与墙体的接触中，该向量沿颗粒中心到墙体的最短距离线方向。接触力由法向分量和切向分量组成：法向分量沿接触平面的单位法向量方向，而切向分量则作用于接触平面内。力-位移关系通过接触部位的法向刚度和剪切刚度将这两个接触力分量与相应的相对位移分量相关联。

本小节描述颗粒-颗粒和颗粒-墙体的力-位移关系，接触示意图如图 2.2.2 所示。接触部位的重叠量 U_n 定义为接触法向相对位移，表示为

$$U_n = \begin{cases} R_A + R_B - d & (\text{颗粒-颗粒接触}) \\ R_B - d' & (\text{颗粒-墙体接触}) \end{cases} \tag{2.2.1}$$

式中：R_A 和 R_B 分别为颗粒 A 和颗粒 B 的半径；d 为颗粒 A 和颗粒 B 中心间的距离（颗粒-颗粒接触）；d'为颗粒 B 中心到墙体的最近距离（颗粒-墙体接触）。

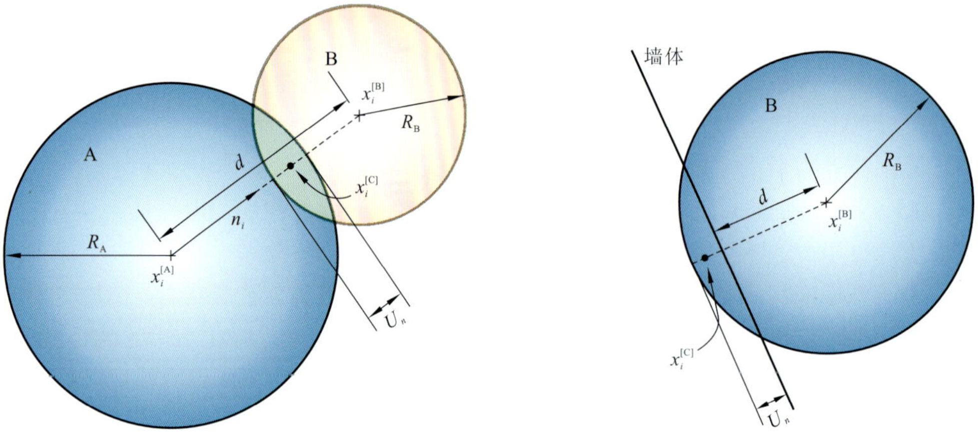

（a）颗粒-颗粒接触　（b）颗粒-墙体接触

图 2.2.2　接触示意图

接触点的坐标表示为

$$x_i^{[C]} = \begin{cases} x_i^{[A]} + \left(R_A - \dfrac{1}{2}U_n\right)n_i & (\text{颗粒-颗粒接触}) \\ x_i^{[B]} + \left(R_B - \dfrac{1}{2}U_n\right)n_i & (\text{颗粒-墙体接触}) \end{cases} \tag{2.2.2}$$

接触点处的力 F_i 表示为

$$F_i = F_i^n + F_i^s \tag{2.2.3}$$

式中：F_i^n 为法向接触力；F_i^s 为切向接触力。

其中，法向接触力定义为

$$F_i^n = k_n U_n n_i \tag{2.2.4}$$

式中：k_n 为接触部位的法向刚度（力/位移），由当前的接触模型决定。

切向接触力 F_i^s 以增量方式计算。当接触形成时，切向接触力为 0，随后的每一个切向相对位移增量都会引起切向接触力的增量，该增量被加到当前值上。对切向接触力 F_i^s 有

$$F_i^s = \{F_i^s\}^{old} + \Delta F_i^s \tag{2.2.5}$$

式中：$\{F_i^s\}^{old}$ 为切向接触力当前值；ΔF_i^s 为切向接触力增量，表示为

$$\Delta F_i^s = -k_s \Delta U_i^s \tag{2.2.6}$$

式中：k_s 为接触部位的切向刚度；ΔU_i^s 为一个计算时步 Δt 内的切向相对位移增量，表示为

$$\Delta U_i^s = V_i^s \Delta t \tag{2.2.7}$$

式中：V_i^s 为一个计算时步 Δt 内的切向相对速度，由于切向相对速度的计算较为复杂，故不在本小节详细描述。

3. 接触模型

在 DEM 中，每个接触均包含一个由接触模型定义的力-位移关系。常用的接触模型包括线性接触模型、赫兹-明德林（Hertz-Mindlin）接触模型及平行黏结模型等。本小节将重点介绍 Hertz-Mindlin 接触模型，以下简称 Hertz 模型。该模型建立在 Mindlin 和 Deresiewicz（1953）近似理论之上，采用非线性公式描述光滑、弹性颗粒间的接触位移和接触力，包括法向力和切向力。在模拟冲击过程中，Hertz 模型可以通过增加黏滞阻尼来进一步模拟能量耗散。Cundall（1988）在 DEM 数值模拟中应用 Hertz 模型描述单元间的接触关系，本小节将深入探讨 Hertz 模型中的法向接触模型、切向接触模型、滑动模型及接触阻尼。

1）法向接触模型与切向接触模型

由剪切模量 G 和泊松比 ν 定义 Hertz 模型相互接触单元接触部位的法向接触刚度：

$$k_n = \left(\frac{2G\sqrt{2\tilde{R}}}{3(1-\nu)} \right) \sqrt{U^n} \tag{2.2.8}$$

切向接触刚度：

$$k_s = \left(\frac{2[G^2 3(1-\nu)\tilde{R}]^{\frac{1}{3}}}{2-\nu} \right) \left| F_i^n \right|^{\frac{1}{3}} \tag{2.2.9}$$

式中：$\tilde{R}$ 为等效半径。

对于颗粒与颗粒间的接触：

$$\tilde{R} = \frac{2R^{[A]}R^{[B]}}{R^{[A]} + R^{[B]}} \tag{2.2.10}$$

$$G = \frac{1}{2}(G^{[A]} + G^{[B]}) \tag{2.2.11}$$

$$\nu = \frac{1}{2}(\nu^{[A]} + \nu^{[B]}) \tag{2.2.12}$$

式中：R 为颗粒半径；上标[A]和[B]表示两个相互接触的颗粒。

对于颗粒与墙体间的接触：

$$\tilde{R} = R^{[\text{ball}]} \tag{2.2.13}$$

$$G = G^{[\text{ball}]} \tag{2.2.14}$$

$$\nu = \nu^{[\text{ball}]} \tag{2.2.15}$$

对于材料的剪切模量 G，有 $G = \dfrac{E}{2(1+\nu)}$，其中 E 为材料的弹性模量。

2）滑动模型

接触单元之间的相对滑动与其接触摩擦相关。单元间发生滑动的条件为 $F_i^{\mathrm{s}} = \mu F_i^{\mathrm{n}}$，$\mu$ 为单元间的滑动摩擦系数。当切向接触力 F_i^{s} 大于 μF_i^{t} 时，两个单元将在下一个计算循环中发生相对滑动，此时两者之间的切向接触力即为最大允许切向接触力。

3）接触阻尼

离散单元法中的阻尼模型有质量阻尼模型、局部阻尼模型等。本小节介绍颗粒间接触的阻尼模型，此时，式（2.2.3）改写为

$$F_i = (F_i^{\mathrm{n}} - \gamma_{\mathrm{n}} v_{\mathrm{n}}) + (F_i^{\mathrm{s}} - \gamma_{\mathrm{n}} v_{\mathrm{t}}) \tag{2.2.16}$$

式中：v_{n}、v_{t} 分别为接触颗粒间的法向和切向相对速度。γ_{n} 和 γ_{t} 分别为法向和切向阻尼系数，其计算公式为

$$\gamma_{\mathrm{n}} = -2\sqrt{\frac{5}{6}}\beta\sqrt{S_{\mathrm{n}} m^*} \geqslant 0 \tag{2.2.17}$$

$$\gamma_{\mathrm{t}} = -2\sqrt{\frac{5}{6}}\beta\sqrt{S_{\mathrm{t}} m^*} \geqslant 0 \tag{2.2.18}$$

式中：S_{n}、S_{t} 分别为法向和切向接触刚度项；β 为阻尼比。

$$S_{\mathrm{n}} = \frac{4(1-v^2)}{E}\sqrt{R^*\delta_{\mathrm{n}}} \tag{2.2.19}$$

$$S_{\mathrm{t}} = \frac{2E}{(2+v)(1-v)}\sqrt{R^*\delta_{\mathrm{n}}} \tag{2.2.20}$$

$$\beta = \frac{\ln e}{\sqrt{\ln^2 e + \pi^2}} \tag{2.2.21}$$

式中：R^* 为等效半径；e 为恢复系数；m^* 为等效质量，公式如下。

$$\frac{1}{m^*} = \frac{1}{m_{\mathrm{A}}} + \frac{1}{m_{\mathrm{B}}} \tag{2.2.22}$$

式中：m_{A}、m_{B} 分别为颗粒 A 和颗粒 B 的质量。

4. 运动方程

在 DEM 中，颗粒的运动状态取决于颗粒的初始速度和作用在该颗粒上的不平衡力和不平衡力矩。颗粒的运动可分为平动和转动：平动为颗粒形心位置的变化，转动为颗粒本身的自转。对于圆球颗粒，其形心即为颗粒的质心，平动可通过形心的位移来描述（x_i 为形心位置，$\dot{x}_i$ 为平动速度，$\ddot{x}_i$ 为平动加速度），转动可由角速度来描述（ω_i 为角速度，$\dot{\omega}_i$ 为角加速度）。

根据牛顿第二定律，在不考虑黏滞阻尼的情况下，颗粒平动的运动方程为

$$F_i = m\ddot{x}_i \tag{2.2.23}$$

式中：F_i 为作用在颗粒上外力的合力的大小，即不平衡力；m 为颗粒质量。颗粒转动的运动方程为

$$M_i = \dot{H}_i \tag{2.2.24}$$

式中：M_i 为作用在颗粒上的不平衡力矩；$\dot{H}_i$ 为颗粒的角动量。在局部坐标系与颗粒的惯性主轴重合的情况下，通过欧拉运动方程式将式（2.2.24）简化为

$$\begin{cases} M_1 = I_1\dot{w}_1 + (I_3 - I_2)w_3w_2 \\ M_2 = I_2\dot{w}_2 + (I_1 - I_3)w_1w_3 \\ M_3 = I_3\dot{w}_3 + (I_2 - I_1)w_2w_1 \end{cases} \tag{2.2.25}$$

式中：I_1、I_2 和 I_3 分别为颗粒绕三个主坐标轴的转动惯量；$\dot{\omega}_1$、$\dot{\omega}_2$ 和 $\dot{\omega}_3$ 分别为颗粒绕三个主坐标轴的转动角加速度；M_1、M_2 和 M_3 分别为颗粒绕三个主坐标轴的不平衡力矩。在离散单元法中，对于圆球颗粒，当局部坐标系原点与颗粒质心重合时，颗粒有相等的三个主转动惯量，有 $I_1 = I_2 = I_3 = I$；由上，式（2.2.25）可简化为

$$M_i = I\dot{w}_i = \frac{2}{5}mR^2\dot{w}_i \tag{2.2.26}$$

式（2.2.25）和式（2.2.26）中各物理量由计算一个计算时间步 Δt 内的中心差分法积分得到，颗粒的加速度和角加速度表示为

$$\begin{cases} \ddot{x}_i^{(t)} = \dfrac{1}{\Delta t}\left[\dot{x}_i^{\left(t+\frac{\Delta t}{2}\right)} - \dot{x}_i^{\left(t-\frac{\Delta t}{2}\right)}\right] \\ \dot{\omega}_i^{(t)} = \dfrac{1}{\Delta t}\left[\omega_i^{\left(t+\frac{\Delta t}{2}\right)} - \omega_i^{\left(t-\frac{\Delta t}{2}\right)}\right] \end{cases} \tag{2.2.27}$$

则 $t+\Delta t/2$ 时刻颗粒的速度和角速度可表示为

$$\begin{cases} \dot{x}_i^{\left(t+\frac{\Delta t}{2}\right)} = \dot{x}_i^{\left(t-\frac{\Delta t}{2}\right)} + \dfrac{F_i}{m}\Delta t \\ \omega_i^{\left(t+\frac{\Delta t}{2}\right)} = \omega_i^{\left(t-\frac{\Delta t}{2}\right)} + \dfrac{M_i}{I}\Delta t \end{cases} \tag{2.2.28}$$

由此，$t+\Delta t$ 时刻颗粒的形心位置与旋转角度为

$$\begin{cases} x_i^{(t+\Delta t)} = x_i^{(t)} + \dot{x}_i^{\left(t+\frac{\Delta t}{2}\right)}\Delta t \\ \theta_i^{(t+\Delta t)} = \theta_i^{(t)} + \omega_i^{\left(t+\frac{\Delta t}{2}\right)}\Delta t \end{cases} \tag{2.2.29}$$

5. 边界条件

在进行 DEM 模拟时，不同的边界条件往往会对试验结果产生不同程度的影响，不同的试验往往需要使用不同的边界条件。较为常用的边界条件有刚性墙边界、颗粒边界和周期性边界。

1）刚性墙边界

刚性墙边界直接由墙体构成，当采用刚性墙体作为边界时，边界条件可以通过墙体坐标原点的两个平移速度和一个转动速度来定义，也可以采用伺服控制条件来精确控制墙面的运动。

2）颗粒边界

由相互黏结的颗粒构成，模拟具有一定自由度和弹性的边界。通过控制这些边界颗粒的受力或速度，可以设定边界条件。颗粒边界可以作为柔性边界使用，模拟更自然的界面条件，或作为粗糙边界，增加界面的摩擦和相互作用。

3）周期性边界

周期性边界允许颗粒穿越边界并出现在对称的位置上，这些颗粒的速度将随对称边界的相对速度产生变化。进行三轴加载试验时，采用周期性边界进行数值模拟，能够减少试样在加载过程中的边界效应，使试样中保持较为均匀的应变场（Huang，2014；Thornton，2000）。周期性边界的控制条件可采用位移控制或应力控制。其中，采用伺服机制进行应力控制时需要对颗粒体系内部的接触力和枝向量进行统计平均：

$$\sigma_{ij}=\frac{1}{V}\sum_{i,j=1}^{N_\mathrm{p}}\sigma_{ij}^{p}V^{p}=-\frac{1}{V}\sum_{i,j=1}^{N_\mathrm{c}}d_i^{\mathrm{c}}f_i^{\mathrm{c}} \tag{2.2.30}$$

式中：σ_{ij} 为宏观应力张量；V 为颗粒体系总体积；N_p 为颗粒总数；σ_{ij}^{p} 为颗粒 p 的应力张量；N_c 为接触总数；d_i^{c} 为枝向量在 i 方向的分量；f_i^{c} 为接触点处接触力矢量在 i 方向的分量。

通过控制加载过程中应变率对周期性边界进行应力控制，使颗粒试样的应力状态达到预定值。如 Huang（2014）的算法所述，周期性边界加载过程中各个方向的应变率采用如下方法控制：

$$\dot{\varepsilon}=-g(\sigma^{*}-\sigma) \tag{2.2.31}$$

$$g=\frac{2\dot{\varepsilon}_{\max}}{\sigma^{*}} \tag{2.2.32}$$

式中：$\dot{\varepsilon}$ 为试样加载过程中的应变率；σ^{*} 为试样在某方向需要达到的应力值；σ 为试样在某方向当前的应力值。g 为增益参数，$\dot{\varepsilon}_{\max}$ 为试样加载过程中允许的最大应变率。通过试算得到合适的 $\dot{\varepsilon}_{\max}$，可使应变率在加载过程中合理变化。

6. 时间步长

在离散单元法的计算中，较小的时间步长将导致需要更多的循环计算步数，较大的时间步长往往导致计算出现较大偏差，因此需要选取合适的时间步长。对合适的时间步长 Δt 的估算通常有三种算法，包括瑞利波法、接触时间法和简谐振动法。

瑞利波法计算公式为

$$\Delta t_{\mathrm{raleigh}}=\frac{\pi r_{\mathrm{sphere}}}{0.163\,1\nu+0.876\,6}\sqrt{\frac{\rho}{\frac{E}{2(1+\nu)}}} \tag{2.2.33}$$

式中：r_{sphere} 为颗粒体系内的最小颗粒半径；ρ 为颗粒密度；E 和 ν 分别为颗粒材料的弹性模量和泊松比。瑞利波法适用于颗粒体系处于静止或者颗粒间相对速度较小的情况，例如准静态加载过程。

接触时间法（又称 Hertz 法）计算公式为

$$\Delta t_{\text{hertz}} = 2.87\left[\frac{(\rho\pi r_{\text{sphere}}^{3})^{2}}{r_{\text{sphere}}\,E^{2}\,V_{\max}^{0.2}}\right] \tag{2.2.34}$$

式中：$V_{\max}$ 为数值模拟中的最大颗粒速度。

简谐振动法计算公式为

$$\Delta t = 2\sqrt{\frac{m_{\min}}{k_{\text{n}}}} \tag{2.2.35}$$

式中：$m_{\min}$ 为颗粒体系内的最小颗粒质量。

使用上述计算方法所得的时间步长数值往往偏大，因而在实际的数值模拟中需采取相对上述计算结果小的值，以保证数值模拟结果的稳定性。

2.2.2　连续-离散单元法（FDEM）

连续-离散单元法的发展是充分融合有限元和离散元方法的优势，发挥 FEM 求解连续介质的形变、应力和 DEM 的接触检索、显式动力学求解的优势，对于求解可变形散粒体的准静态问题提供了技术手段。

连续-离散单元法是一种结合有限元和离散元的方法，由 Munjiza 等（1995）首次提出，一经提出便被国内外的众多学者广泛应用于各种研究课题及工程实际当中。

Latham 等（2008）首次在考虑颗粒真实形状的基础上对真实颗粒进行了建模，并对模型进行连续-离散单元法的数值模拟。Xiang 等（2009）将物理试验与连续-离散单元法数值模拟得到的结果进行对比分析，较好地验证了连续-离散单元法的准确性。同时 Xiang 等（2009）还发现二阶四面体单元可以有效地改善常规四阶四面体单元出现的应力自锁现象。

Mahabadi 等（2012）利用 Y-Code 程序进行了巴西圆盘劈裂试验的连续-离散单元法的数值模拟，并通过霍普金森（Hopkinson）杆物理试验对该模拟结果进行了验证。之后在原有程序的基础上将 Y-Code 程序改进为 Y-Geo 程序，增加了莫尔-库仑强度准则、岩石剪切强度准则等适用于非均质岩体的不同算法，从而使该算法程序得到更加广泛的应用。

Ma 等（2014b）综合了前述学者对连续-离散单元法的研究，将该方法进一步扩展，引入了基于内聚力模型的界面单元，通过界面单元的失效模拟颗粒的断裂和破碎。为了更加真实地模拟颗粒的破碎。马刚（2014）通过三维激光扫描仪获取颗粒的真实形态，对岩石颗粒进行了单颗粒破碎试验及侧限压缩试验等的连续-离散单元法数值模拟，从而对颗粒材料的破碎模式、破碎强度、粒径演化、形状特征及分散性失稳等方面进行了微观尺度上系统性的研究。

当用连续-离散单元法模拟岩石颗粒时，颗粒是由离散的实体单元与具有一定抗拉强度的无厚度界面单元所组成，如图 2.2.3 所示。当颗粒没有受到荷载作用时，实体单元和界面单元为一个完整连续体，此时模型采用有限元的方法进行收敛分析，模拟颗粒在稳定状态下的连续变形过程。当颗粒受到了荷载的作用，岩石颗粒会发生断裂破碎。颗

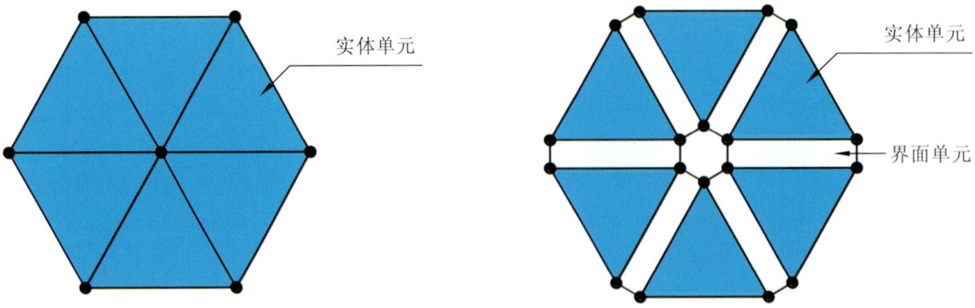

（a）插入界面单元前　　（b）插入界面单元后

图 2.2.3　单元网格拓扑图

粒的断裂是通过界面单元的失效进行模拟。此时离散的实体单元组成了不同的破碎碎片，模型演化成非连续体，该步骤可通过离散元的方法进行研究分析。

1. 接触模型

散粒体的接触问题是离散体系数值分析的重要问题。在 FDEM 中，借助有限元网格对颗粒表面进行离散化处理，由此颗粒表面的网格节点即可描述颗粒的几何特征。采用全局-局部接触检索算法进行接触检索（Hallquist et al.，1985），首先通过全局检索找到颗粒接触对（图 2.2.4），然后采用局部接触检索追踪整个过程的接触状态，对发生接触的颗粒计算接触力。

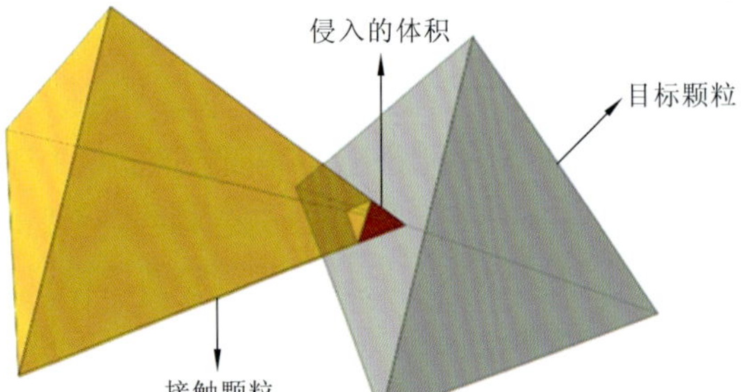

图 2.2.4　颗粒接触示意图

罚函数法被用于散粒体间的接触分析，基于接触的两个颗粒间的相互侵入量计算接触力，分为集中式接触力和分布式接触力。本小节采用分布式的接触力定义，为了保持数值稳定性和模拟准静态平衡现象，引入黏滞阻尼。因此，结合弹性贡献和黏滞贡献，分布式的法向接触力可表示为

$$F_{\mathrm{n}} = k_{\mathrm{n}}\delta_{\mathrm{n}} - 2\beta_{\mathrm{n}}\sqrt{mk_{\mathrm{n}}}v_{r\mathrm{n}} \tag{2.2.36}$$

采用库仑摩擦定律计算切向摩擦力：

$$F_{\mathrm{t}} = \min\left\{\left|\sum k_{\mathrm{s}}\dot{\gamma}\Delta t - 2\beta_{\mathrm{t}}\sqrt{mk_{\mathrm{t}}}v_{r\mathrm{t}}\right|, \mu F_{\mathrm{n}}\right\} \tag{2.2.37}$$

式中：k_{n}、k_{s} 分别为节点处的法向接触刚度和切向接触刚度，$k_{\mathrm{n}} = p_{\mathrm{n}}A_{\mathrm{node}}$，$k_{\mathrm{s}} = p_{\mathrm{s}}A_{\mathrm{node}}$，

p_n、p_s 分别为法向罚刚度和切向罚刚度，A_{node} 为接触面上的节点控制区的面积；δ_n 为法向侵入量；$\dot{\gamma}$ 为滑移率；Δt 为时间增量；β_n、β_t 分别为法向和切向临界阻尼，表示为恢复系数 ξ 的表达式 $\beta = -\ln\xi / \sqrt{\pi^2 + \ln^2\xi}$；$m$ 为节点质量；v_{rn}、v_{rt} 分别为两个接触颗粒在法向和切向上的相对速度。由于库仑摩擦定律的限制，总的切向力依赖材料的摩擦系数。

2. 颗粒变形

FDEM 数值分析方法的优势之一是可以考虑离散体的变形特性。本小节涉及的所有 FDEM 数值模拟均采用高阶四面体单元对颗粒进行离散化处理，通过跟踪颗粒网格节点的位置获取颗粒变形（图 2.2.5）。在有限单元分析的框架下，采用形函数方式表示量化单元任意点的位置矢量 $\boldsymbol{x}$ 和位移矢量 $\boldsymbol{u}$：

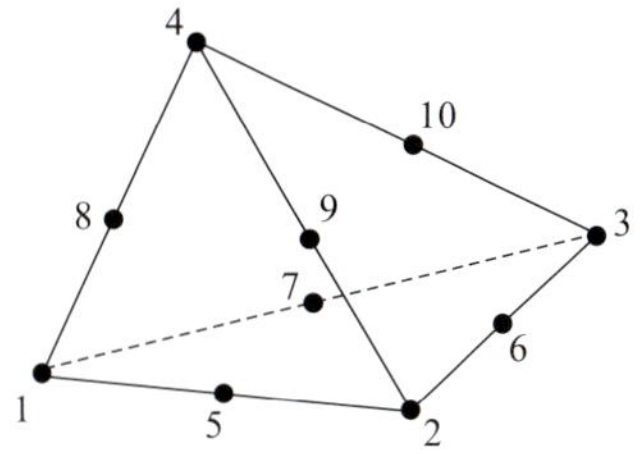

图 2.2.5　二阶四面体单元

$$\boldsymbol{x} = \begin{bmatrix} x \\ y \\ z \end{bmatrix} = \begin{bmatrix} x_1 & x_2 & \cdots & x_{10} \\ y_1 & y_2 & \cdots & y_{10} \\ z_1 & z_2 & \cdots & z_{10} \end{bmatrix} \begin{bmatrix} N_1 \\ N_2 \\ \vdots \\ N_{10} \end{bmatrix} \tag{2.2.38}$$

$$\boldsymbol{u} = \begin{bmatrix} u \\ v \\ w \end{bmatrix} = \begin{bmatrix} u_1 & u_2 & \cdots & u_{10} \\ v_1 & v_2 & \cdots & v_{10} \\ w_1 & w_2 & \cdots & w_{10} \end{bmatrix} \begin{bmatrix} N_1 \\ N_2 \\ \vdots \\ N_{10} \end{bmatrix} \tag{2.2.39}$$

在全局坐标下，x_i、y_i、z_i 为第 i 个节点坐标；u_i、v_i、w_i 为第 i 个节点位移。

二阶四面体单元的形函数表示为

$$\begin{cases} N_1 = \xi_1(2\xi_1 - 1) \\ N_2 = \xi_2(2\xi_2 - 1) \\ N_3 = \xi_3(2\xi_3 - 1) \\ N_4 = \xi_4(2\xi_4 - 1) \\ \quad = 2(\xi_1^2 + \xi_2^2 + \xi_3^2) - 3(\xi_1 + \xi_2 + \xi_3) + 4(\xi_1\xi_2 + \xi_2\xi_3 + \xi_1\xi_3) + 1 \\ N_5 = 4\xi_1\xi_2 \\ N_6 = 4\xi_1\xi_3 \\ N_7 = 4\xi_3\xi_1 \\ N_8 = 4\xi_1\xi_4 = 4\xi_1(1 - \xi_1 - \xi_2 - \xi_3) \\ N_9 = 4\xi_2\xi_4 = 4\xi_2(1 - \xi_1 - \xi_2 - \xi_3) \\ N_{10} = 4\xi_3\xi_4 = 4\xi_3(1 - \xi_1 - \xi_2 - \xi_3) \end{cases} \tag{2.2.40}$$

式中：$\xi_1 + \xi_2 + \xi_3 + \xi_4 = 1$。

二阶四面体单元的形函数满足：

$$\sum_{m=1}^{10} N_m = 1 \tag{2.2.41}$$

定义四面体单元中任一点在全局坐标系中的初始位置矢量 $\boldsymbol{x}_i$：

$$\boldsymbol{x}_\text{i} = \begin{bmatrix} x_i \\ y_i \\ z_i \end{bmatrix} = \boldsymbol{x}_\text{initial} \boldsymbol{N} \tag{2.2.42}$$

式中：$\boldsymbol{x}_\text{initial}$ 为单元节点的初始位置矩阵；$\boldsymbol{N}$ 为形函数矩阵。

$$\boldsymbol{x}_\text{initial} = \begin{bmatrix} x_{i,1} & x_{i,2} & \cdots & x_{i,10} \\ y_{i,1} & y_{i,2} & \cdots & y_{i,10} \\ z_{i,1} & z_{i,2} & \cdots & z_{i,10} \end{bmatrix} \tag{2.2.43}$$

$$\boldsymbol{N} = \begin{bmatrix} N_1 \\ N_2 \\ \vdots \\ N_{10} \end{bmatrix} \tag{2.2.44}$$

单元中任一点在全局坐标系中的当前位置矢量 $\boldsymbol{x}_\text{c}$：

$$\boldsymbol{x}_\text{c} = \begin{bmatrix} x_\text{c} \\ y_\text{c} \\ z_\text{c} \end{bmatrix} = \boldsymbol{x}_\text{current} \boldsymbol{N} \tag{2.2.45}$$

式中：$\boldsymbol{x}_\text{current}$ 为单元节点的当前位置矩阵。

$$\boldsymbol{x}_\text{current} = \begin{bmatrix} x_{\text{c},1} & x_{\text{c},2} & \cdots & x_{\text{c},10} \\ y_{\text{c},1} & y_{\text{c},2} & \cdots & y_{\text{c},10} \\ z_{\text{c},1} & z_{\text{c},2} & \cdots & z_{\text{c},10} \end{bmatrix} \tag{2.2.46}$$

变形梯度张量 $\boldsymbol{F}$ 可由初始位置矢量和当前位置矢量的偏张量表示为

$$\boldsymbol{F} = \frac{\partial \boldsymbol{x}_\text{c}}{\partial \boldsymbol{x}_i} = \boldsymbol{x}_\text{current} \frac{\partial \boldsymbol{N}}{\partial \xi} \left(\frac{\partial \boldsymbol{x}_i}{\partial \xi} \right)^{-1} \tag{2.2.47}$$

由式（2.2.40）可得

$$\frac{\partial \boldsymbol{N}}{\partial \xi} = \begin{bmatrix} 4\xi_1 - 1 & 0 & 0 \\ 0 & 4\xi_2 - 1 & 0 \\ 0 & 0 & 4\xi_3 - 1 \\ 4(\xi_1 + \xi_2 + \xi_3) - 3 & 4(\xi_1 + \xi_2 + \xi_3) - 3 & 4(\xi_1 + \xi_2 + \xi_3) - 3 \\ 4\xi_2 & 4\xi_1 & 0 \\ 0 & 4\xi_3 & 4\xi_2 \\ 4\xi_3 & 0 & 4\xi_1 \\ 4(1 - 2\xi_1 - \xi_2 - \xi_3) & -4\xi_1 & -4\xi_1 \\ -4\xi_2 & 4(1 - 2\xi_1 - \xi_2 - \xi_3) & -4\xi_2 \\ -4\xi_3 & -4\xi_3 & 4(1 - 2\xi_3 - \xi_1 - \xi_2) \end{bmatrix} \tag{2.2.48}$$

$$\frac{\partial \boldsymbol{x}_i}{\partial \xi}=\begin{bmatrix} \dfrac{\partial x_i}{\partial \xi_1} & \dfrac{\partial x_i}{\partial \xi_2} & \dfrac{\partial x_i}{\partial \xi_3} \\ \dfrac{\partial y_i}{\partial \xi_1} & \dfrac{\partial y_i}{\partial \xi_2} & \dfrac{\partial y_i}{\partial \xi_3} \\ \dfrac{\partial z_i}{\partial \xi_1} & \dfrac{\partial z_i}{\partial \xi_2} & \dfrac{\partial z_i}{\partial \xi_3} \end{bmatrix} \tag{2.2.49}$$

由式（2.2.42）可得

$$\frac{\partial \boldsymbol{x}_i}{\partial \xi}=\boldsymbol{x}_{\text{initial}}\frac{\partial \boldsymbol{N}}{\partial \xi}$$

$$=\begin{bmatrix} x_{i,1} & x_{i,2} & \cdots & x_{i,10} \\ y_{i,1} & y_{i,2} & \cdots & y_{i,10} \\ z_{i,1} & z_{i,2} & \cdots & z_{i,10} \end{bmatrix}\begin{bmatrix} 4\xi_1-1 & 0 & 0 \\ 0 & 4\xi_2-1 & 0 \\ 0 & 0 & 4\xi_3-1 \\ 4(\xi_1+\xi_2+\xi_3)-3 & 4(\xi_1+\xi_2+\xi_3)-3 & 4(\xi_1+\xi_2+\xi_3)-3 \\ 4\xi_2 & 4\xi_1 & 0 \\ 0 & 4\xi_3 & 4\xi_2 \\ 4\xi_3 & 0 & 4\xi_1 \\ 4(1-2\xi_1-\xi_2-\xi_3) & -4\xi_1 & -4\xi_1 \\ -4\xi_2 & 4(1-2\xi_1-\xi_2-\xi_3) & -4\xi_2 \\ -4\xi_3 & -4\xi_3 & 4(1-2\xi_3-\xi_1-\xi_2) \end{bmatrix} \tag{2.2.50}$$

变形梯度张量 $\boldsymbol{F}$ 的行列式可通过雅可比（Jacobian）行列式获得：

$$J=\det(\boldsymbol{F}) \tag{2.2.51}$$

变形梯度张量 $\boldsymbol{F}$ 用于定义柯西-格林（Cauchy-Green）张量：

$$\boldsymbol{B}=\boldsymbol{F}\boldsymbol{F}^{\mathrm{T}} \tag{2.2.52}$$

通过对当前位置矢量 $\boldsymbol{x}_{\mathrm{c}}$ 求导，得到当前速度矢量 $\boldsymbol{v}_{\mathrm{c}}$：

$$\boldsymbol{v}_{\mathrm{c}}=\begin{bmatrix} v_x \\ v_y \\ v_z \end{bmatrix}=\boldsymbol{v}_{\text{current}}\boldsymbol{N} \tag{2.2.53}$$

式中：$\boldsymbol{v}_{\text{current}}$ 为单元节点的当前速度矩阵。

$$\boldsymbol{v}_{\text{current}}=\begin{bmatrix} v_{x,1} & v_{x,2} & \cdots & v_{x,10} \\ v_{y,1} & v_{y,2} & \cdots & v_{y,10} \\ v_{z,1} & v_{z,1} & \cdots & v_{z,10} \end{bmatrix} \tag{2.2.54}$$

速度梯度张量 $\boldsymbol{L}$ 可定义为

$$\boldsymbol{L}=\frac{\partial \boldsymbol{v}_{\mathrm{c}}}{\partial \boldsymbol{x}_{\mathrm{c}}}=\boldsymbol{v}_{\text{current}}\frac{\partial \boldsymbol{N}}{\partial \boldsymbol{x}_{\mathrm{c}}} \tag{2.2.55}$$

类比变形梯度张量的计算，式（2.2.55）中的 $\partial \boldsymbol{N}/\partial \boldsymbol{x}_{\mathrm{c}}$ 可表示为

$$\frac{\partial \boldsymbol{N}}{\partial \boldsymbol{x}_{\mathrm{c}}}=\frac{\partial \boldsymbol{N}}{\partial \xi}\left(\frac{\partial \boldsymbol{x}_{\mathrm{c}}}{\partial \xi}\right)^{-1} \tag{2.2.56}$$

$$\frac{\partial \boldsymbol{x}_{\mathrm{c}}}{\partial \xi}=\begin{bmatrix} \dfrac{\partial x_{\mathrm{c}}}{\partial \xi_1} & \dfrac{\partial x_{\mathrm{c}}}{\partial \xi_2} & \dfrac{\partial x_{\mathrm{c}}}{\partial \xi_3} \\ \dfrac{\partial y_{\mathrm{c}}}{\partial \xi_1} & \dfrac{\partial y_{\mathrm{c}}}{\partial \xi_2} & \dfrac{\partial y_{\mathrm{c}}}{\partial \xi_3} \\ \dfrac{\partial z_{\mathrm{c}}}{\partial \xi_1} & \dfrac{\partial z_{\mathrm{c}}}{\partial \xi_2} & \dfrac{\partial z_{\mathrm{c}}}{\partial \xi_3} \end{bmatrix} \tag{2.2.57}$$

由式（2.2.45）可得

$$\frac{\partial \boldsymbol{x}_{\mathrm{c}}}{\partial \xi}=\boldsymbol{x}_{\text{current}}\frac{\partial \boldsymbol{N}}{\partial \xi}$$

$$=\begin{bmatrix} x_{\mathrm{c},1} & x_{\mathrm{c},2} & \cdots & x_{\mathrm{c},10} \\ y_{\mathrm{c},1} & y_{\mathrm{c},2} & \cdots & y_{\mathrm{c},10} \\ z_{\mathrm{c},1} & z_{\mathrm{c},2} & \cdots & z_{\mathrm{c},10} \end{bmatrix}\begin{bmatrix} 4\xi_1-1 & 0 & 0 \\ 0 & 4\xi_2-1 & 0 \\ 0 & 0 & 4\xi_3-1 \\ 4(\xi_1+\xi_2+\xi_3)-3 & 4(\xi_1+\xi_2+\xi_3)-3 & 4(\xi_1+\xi_2+\xi_3)-3 \\ 4\xi_2 & 4\xi_1 & 0 \\ 0 & 4\xi_3 & 4\xi_2 \\ 4\xi_3 & 0 & 4\xi_1 \\ 4(1-2\xi_1-\xi_2-\xi_3) & -4\xi_1 & -4\xi_1 \\ -4\xi_2 & 4(1-2\xi_2-\xi_1-\xi_3) & -4\xi_2 \\ -4\xi_3 & -4\xi_3 & 4(1-2\xi_3-\xi_1-\xi_2) \end{bmatrix} \tag{2.2.58}$$

同样地，速度梯度张量 $\boldsymbol{L}$ 可用于定义变形速率张量 $\boldsymbol{D}$:

$$\boldsymbol{D}=\frac{1}{2}(\boldsymbol{L}+\boldsymbol{L}^{\mathrm{T}}) \tag{2.2.59}$$

基于 Neo-Hookean 模型，柯西应力矢量 $\boldsymbol{T}$ 可表示为

$$\boldsymbol{T}=\frac{1}{J}[\mu(\boldsymbol{B}-\boldsymbol{I})+\lambda(\ln J)\boldsymbol{I}] \tag{2.2.60}$$

式中：μ 和 λ 为拉梅常数，表示为弹性模量 E 和泊松比 ν 的表达式如下：

$$\mu=\frac{E}{2(1+\nu)}$$
$$\lambda=\frac{\nu E}{(1+\nu)(1-2\nu)} \tag{2.2.61}$$

黏性耗散部分的应力张量 $\boldsymbol{T}_{\mathrm{D}}$ 为

$$\boldsymbol{T}_{\mathrm{D}}=2\eta\boldsymbol{D}=\eta(\boldsymbol{L}+\boldsymbol{L}^{\mathrm{T}}) \tag{2.2.62}$$

式中：η 为材料的黏滞系数。

总的柯西应力矢量 $\boldsymbol{T}$ 为

$$\boldsymbol{T}=\frac{1}{J}(\mu(\boldsymbol{B}-\boldsymbol{I})+\lambda(\ln J)\boldsymbol{I})+2\eta\boldsymbol{D} \tag{2.2.63}$$

3. 运动方程

连续-离散单元法（FDEM）融合了有限元法和离散元法的优点，形成了一个统一的框架。严格地说，FDEM 在使用有限元法评估单个颗粒水平的变形和应力与使用 DEM 概念检测接触和确定离散颗粒的运动及相互作用之间交替进行。在显式有限分析中，通过对运动方程的数值积分实现粒子的可变形性：

$$\boldsymbol{M}\ddot{\boldsymbol{u}}+\boldsymbol{C}\dot{\boldsymbol{u}}=\boldsymbol{F}_{\mathrm{ext}}+\boldsymbol{F}_{\mathrm{con}}-\boldsymbol{F}_{\mathrm{int}} \tag{2.2.64}$$

式中：$\dot{\boldsymbol{u}}$ 和 $\ddot{\boldsymbol{u}}$ 分别为节点的速度和加速度矢量；$\boldsymbol{M}$ 和 $\boldsymbol{C}$ 分别为质量和阻尼矩阵；$\boldsymbol{F}_{\mathrm{int}}$ 、$\boldsymbol{F}_{\mathrm{ext}}$ 和 $\boldsymbol{F}_{\mathrm{con}}$ 分别为内力、外力和接触力。

颗粒的加速度矢量 $\boldsymbol{a}$ 可由颗粒位移对时间求导获得：

$$\boldsymbol{a}=\ddot{\boldsymbol{u}}=\begin{bmatrix} a_x \\ a_y \\ a_z \end{bmatrix} \tag{2.2.65}$$

由于颗粒被离散为二阶四面体单元，颗粒的集中质量矩阵 $\boldsymbol{M}$ 可表示为

$$\boldsymbol{M}=\begin{bmatrix} m_1 & & & \\ & m_1 & & \\ & & \ddots & \\ & & & m_{10} \end{bmatrix} \tag{2.2.66}$$

作用于二阶四面体单元节点上的外力矢量 $\boldsymbol{F}_{\mathrm{ext}}$ 为

$$\boldsymbol{F}_{\mathrm{ext}}=\begin{bmatrix} F_{x,1}^{\mathrm{ext}} & F_{y,1}^{\mathrm{ext}} & F_{z,1}^{\mathrm{ext}} \\ F_{x,2}^{\mathrm{ext}} & F_{y,2}^{\mathrm{ext}} & F_{z,2}^{\mathrm{ext}} \\ \vdots & \vdots & \vdots \\ F_{x,10}^{\mathrm{ext}} & F_{y,10}^{\mathrm{ext}} & F_{z,10}^{\mathrm{ext}} \end{bmatrix} \tag{2.2.67}$$

作用于二阶四面体单元节点上的内力矢量 $\boldsymbol{F}_{\mathrm{int}}$ 为

$$\boldsymbol{F}_{\mathrm{int}}=\begin{bmatrix} F_{x,1}^{\mathrm{int}} & F_{y,1}^{\mathrm{int}} & F_{z,1}^{\mathrm{int}} \\ F_{x,2}^{\mathrm{int}} & F_{y,2}^{\mathrm{int}} & F_{z,2}^{\mathrm{int}} \\ \vdots & \vdots & \vdots \\ F_{x,10}^{\mathrm{int}} & F_{y,10}^{\mathrm{int}} & F_{z,10}^{\mathrm{int}} \end{bmatrix} \tag{2.2.68}$$

作用于二阶四面体单元节点上的接触力矢量 $\boldsymbol{F}_{\mathrm{con}}$ 为

$$\boldsymbol{F}_{\mathrm{con}}=\begin{bmatrix} F_{x,1}^{\mathrm{con}} & F_{y,1}^{\mathrm{con}} & F_{z,1}^{\mathrm{con}} \\ F_{x,2}^{\mathrm{con}} & F_{y,2}^{\mathrm{con}} & F_{z,2}^{\mathrm{con}} \\ \vdots & \vdots & \vdots \\ F_{x,10}^{\mathrm{con}} & F_{y,10}^{\mathrm{con}} & F_{z,10}^{\mathrm{con}} \end{bmatrix} \tag{2.2.69}$$

在单元域内对柯西应力张量 $\boldsymbol{T}$ 积分即可得到内力矢量 $\boldsymbol{F}_{\mathrm{int}}$ ：

$$\boldsymbol{F}_{\text{int}} = \int_{\Omega} \frac{\partial \boldsymbol{N}}{\partial \boldsymbol{x}_{\text{c}}} \boldsymbol{T} \, \mathrm{d}\Omega \tag{2.2.70}$$

外力矢量 $\boldsymbol{F}_{\text{ext}}$ 可由单元上的体积力和面力求得：

$$\boldsymbol{F}_{\text{ext}} = \int_{\Omega} \boldsymbol{N}\boldsymbol{b} \, \mathrm{d}\Omega + \int_{\Gamma} \boldsymbol{N}\boldsymbol{t} \, \mathrm{d}\Gamma \tag{2.2.71}$$

式中：$\boldsymbol{b}=[b_x,b_y,b_z]$ 为体积力；$\boldsymbol{t}$ 为面力；Γ 为面力的作用边界。

颗粒变形前后满足质量守恒，单元节点的集中质量矩阵 $\boldsymbol{M}$ 可表示为在单元初始构型上的积分：

$$\boldsymbol{M} = \int_{\Omega_0} \rho \boldsymbol{N}\boldsymbol{N}^{\mathrm{T}} \, \mathrm{d}\Omega_0 \tag{2.2.72}$$

式中：ρ 为密度。

高斯积分法被用于求解单元作用力，即式（2.2.70）～式（2.2.72）。分别定义二阶四面体单元的 4 个高斯积分点 $(\alpha,\beta,\beta,\beta)$ 、$(\beta,\alpha,\beta,\beta)$ 、$(\beta,\beta,\alpha,\beta)$ 和 $(\beta,\beta,\beta,\alpha)$ ，式中 $\alpha=(5+3\sqrt{5})/20\approx 0.585\,410\,2$ 、$\beta=(5-\sqrt{5})/20\approx 0.138\,196\,6$ ，由此在单元域内的积分可表示为

$$\begin{aligned}\int_{\Omega} F(\xi_1,\xi_2,\xi_3,\xi_4)\,\mathrm{d}\Omega \approx \frac{1}{4}[&J(\alpha,\beta,\beta,\beta)F(\alpha,\beta,\beta,\beta)\\ &+J(\beta,\alpha,\beta,\beta)F(\beta,\alpha,\beta,\beta)\\ &+J(\beta,\beta,\alpha,\beta)F(\beta,\beta,\alpha,\beta)\\ &+J(\beta,\beta,\beta,\alpha)F(\beta,\beta,\beta,\alpha)]\end{aligned} \tag{2.2.73}$$

式中：J 为雅可比行列式。

根据式 $\xi_4=1-\xi_1-\xi_2-\xi_3$ ，式（2.2.73）可简化为

$$\begin{aligned}\int_{\Omega} F(\xi_1,\xi_2,\xi_3,\xi_4)\mathrm{d}\Omega \approx &\frac{1}{4}J(\alpha,\beta,\beta)F(\alpha,\beta,\beta)+\frac{1}{4}J(\beta,\alpha,\beta)F(\beta,\alpha,\beta)\\ &+\frac{1}{4}J(\beta,\beta,\alpha)F(\beta,\beta,\alpha)+\frac{1}{4}J(\beta,\beta,\beta)F(\beta,\beta,\beta)\end{aligned} \tag{2.2.74}$$

根据高斯积分法，单元节点上的内力矢量 $\boldsymbol{F}_{\text{int}}$ 可表示为

$$\begin{aligned}\boldsymbol{F}_{\text{int}} &= \int_{\Omega} \frac{\partial \boldsymbol{N}}{\partial \boldsymbol{x}_{\text{c}}} \boldsymbol{T} \, \mathrm{d}\Omega\\ &=\frac{1}{4}J(\alpha,\beta,\beta)\frac{\partial \boldsymbol{N}(\alpha,\beta,\beta)}{\partial \boldsymbol{x}_{\text{c}}}\boldsymbol{T}(\alpha,\beta,\beta)+\frac{1}{4}J(\beta,\alpha,\beta)\frac{\partial \boldsymbol{N}(\beta,\alpha,\beta)}{\partial \boldsymbol{x}_{\text{c}}}\boldsymbol{T}(\beta,\alpha,\beta)\\ &\quad+\frac{1}{4}J(\beta,\beta,\alpha)\frac{\partial \boldsymbol{N}(\beta,\beta,\alpha)}{\partial \boldsymbol{x}_{\text{c}}}\boldsymbol{T}(\beta,\beta,\alpha)+\frac{1}{4}J(\beta,\beta,\beta)\frac{\partial \boldsymbol{N}(\beta,\beta,\beta)}{\partial \boldsymbol{x}_{\text{c}}}\boldsymbol{T}(\beta,\beta,\beta)\end{aligned} \tag{2.2.75}$$

式中：$\boldsymbol{T}$ 为柯西应力张量，由式（2.2.63）计算。

变形梯度张量 $\boldsymbol{F}$ 的逆矩阵表示为

$$\boldsymbol{F}^{-1} = \frac{\partial \boldsymbol{x}_i}{\partial \boldsymbol{x}_{\text{c}}} = \boldsymbol{x}_{\text{initial}} \frac{\partial \boldsymbol{N}}{\partial \boldsymbol{x}_{\text{c}}} = \boldsymbol{x}_{\text{initial}} \frac{\partial \boldsymbol{N}}{\partial \zeta}\left(\frac{\partial \boldsymbol{x}_{\text{c}}}{\partial \zeta}\right)^{-1} \tag{2.2.76}$$

二阶四面体单元的集中质量矩阵 $\boldsymbol{M}$ 表示为

$$\boldsymbol{M}=\rho V_0\begin{bmatrix}0.028 &&&&&&&&& \\ & 0.028 &&&&&&&& \\ && 0.028 &&&&&&& \\ &&& 0.028 &&&&&& \\ &&&& 0.148 &&&&& \\ &&&&& 0.148 &&&& \\ &&&&&& 0.148 &&& \\ &&&&&&& 0.148 && \\ &&&&&&&& 0.148 & \\ &&&&&&&&& 0.148\end{bmatrix} \tag{2.2.77}$$

式中：V_0 为初始单元体积，可由高斯积分得

$$V_0=\int_{\Omega_0}\mathrm{d}\Omega_0=\frac{1}{4}[J_0(\alpha,\beta,\beta)+J_0(\beta,\alpha,\beta)+J_0(\beta,\beta,\alpha)+J_0(\beta,\beta,\beta)] \tag{2.2.78}$$

若只考虑重力作用，体积力矢量 $\boldsymbol{b}$ 可表示为

$$\boldsymbol{b}=[b_x,b_y,b_z]=[\boldsymbol{gN}]^{\mathrm{T}}=\boldsymbol{N}^{\mathrm{T}}\boldsymbol{g}^{\mathrm{T}} \tag{2.2.79}$$

式中：$\boldsymbol{g}$ 为重力加速度矩阵。

$$\boldsymbol{g}=\begin{bmatrix}g_{x,1} & g_{x,2} & \cdots & g_{x,10}\\ g_{y,1} & g_{y,2} & \cdots & g_{y,10}\\ g_{z,1} & g_{z,1} & \cdots & g_{z,10}\end{bmatrix} \tag{2.2.80}$$

若单元边界没有面力作用时，单元节点的外力矢量 $\boldsymbol{F}_{\mathrm{ext}}$ 可表示为

$$\boldsymbol{F}_{\mathrm{ext}}=\int_{\Omega}\boldsymbol{Nb}\,\mathrm{d}\Omega+\int_{\Gamma}\boldsymbol{Nt}\,\mathrm{d}\Gamma=\int_{\Omega}\boldsymbol{NN}^{\mathrm{T}}\boldsymbol{g}^{\mathrm{T}}\,\mathrm{d}\Omega=\boldsymbol{Mg}^{\mathrm{T}} \tag{2.2.81}$$

变形梯度矩阵 $\boldsymbol{F}$ 分为体积变形和剪切变形两部分：

$$\boldsymbol{F}=\boldsymbol{F}_{\mathrm{dev}}\boldsymbol{F}_{\mathrm{vol}} \tag{2.2.82}$$

其中

$$\begin{cases}\boldsymbol{F}_{\mathrm{dev}}=(\det(\boldsymbol{F}))^{-1/3}\boldsymbol{F}\\ \boldsymbol{F}_{\mathrm{vol}}=(\det(\boldsymbol{F}))^{1/3}\boldsymbol{I}\end{cases} \tag{2.2.83}$$

该方法的基本思想就是保持单元变形梯度张量的体积变形部分 $\boldsymbol{F}_{\mathrm{vol}}$ 在单元内为常数，调整之后的变形梯度张量 $\overline{\boldsymbol{F}}$ 表示为

$$\overline{\boldsymbol{F}}=\left[\frac{\det(\boldsymbol{F}_0)}{\det(\boldsymbol{F})}\right]^{1/3}\boldsymbol{F} \tag{2.2.84}$$

式中：$\boldsymbol{F}_0$ 为单元中心的变形梯度。

变形梯度张量 $\overline{\boldsymbol{F}}$ 代入式（2.2.63）即可计算单元的柯西应力张量。

4. 显式时域积分

离散颗粒单元节点的运动方程可采用中心差分法来求解：

$$\dot{u}\left(t+\frac{1}{2}\Delta t\right)=\dot{u}\left(t-\frac{1}{2}\Delta t\right)+\ddot{u}(t)\Delta t$$
$$u(t+\Delta t)=u(t)+\dot{u}\left(t+\frac{1}{2}\Delta t\right)\Delta t \tag{2.2.85}$$

通过减小时间步步长 Δt 即可控制数值积分的稳定性和计算精度，表示为

$$\Delta t=\sqrt{\frac{\rho}{E}}L_{\min} \tag{2.2.86}$$

式中：ρ 为颗粒的密度；E 为弹性模量；$L_{\min}$ 为有限元网格的最小尺寸，为了在计算效率和计算精度之间取得平衡，需进行有限元网格敏感性分析。

t 时刻的加速度 $a(t)$ 为

$$a(t)=\frac{f(t)}{m} \tag{2.2.87}$$

式中：$f(t)$ 为单元节点力在某一自由度上的分量，包括外力、内力、接触力和阻尼力；m 为单元节点上的集中质量。

5. 损伤开裂准则

FDEM 的本质是将离散单元法的算法优势和有限单元法的算法优势相融合，从而可以处理材料从连续体向不连续体的过渡过程。FDEM 的实现主要由以下几个部分组成：接触检测、实体间相互作用、变形、连续体到不连续体的过渡及时间集成方案。

岩石颗粒破碎过程中从连续体向非连续体的转变是岩石颗粒破碎建模中最关键的步骤，通常利用非线性弹性断裂力学（nonlinear elastic fracture mechanics，NLEFM）的原理来模拟显式裂纹的萌生和扩展。根据这一理论，脆性材料的裂纹尖端存在一段断裂过程区（fracture process zone，FPZ），该区域具有非线性的特征，并且能够在断裂面上传递拉力。FDEM 利用无厚度的凝聚力界面单元（cohesive interface elements，CIEs）来模拟断裂过程区，将模型离散成四面体单元组成的有限元网格，并在所有相邻的四面体单元之间插入界面单元。这样以来，任意的裂纹轨迹都可以在网格的约束下自由发展。

开裂模型可以模拟材料真实的断裂行为，包括张拉开裂、剪切断裂、混合模式的裂纹萌生和扩展、离散断裂面相互作用等。三维的情况下，模型的应力矢量 $\boldsymbol{t}$ 包括三个部分：法向应力 $\boldsymbol{t}_{\mathrm{n}}$ 及两部分切向应力 $\boldsymbol{t}_{\mathrm{s1}}$、$\boldsymbol{t}_{\mathrm{s2}}$。相对应的应变分别为 δ_{n}、δ_{s1} 和 δ_{s2}。由于受力的差异，界面单元会以不同的模式发生屈服断裂，通常情况下有三种断裂模式：断裂模式 I、断裂模式 II 及混合断裂模式 I/II。当界面单元所受法向应力 t_{n} 达到了材料的抗拉强度 f_{t}，界面单元通常会发生断裂模式 I。随着界面单元破坏的进行，法向应力 t_{n} 逐渐减小趋向于 0，这时会形成一个无法向应力的表面。根据滑移弱化模型，当单元所受切向应力 $t_{\mathrm{shear}}=\sqrt{t_{\mathrm{s1}}^2+t_{\mathrm{s2}}^2}$ 达到了材料的抗剪强度 f_{s}，单元会发生断裂模式 II。在断裂过程中，材料的抗拉强度 f_{t} 视为不变，而抗剪强度 f_{s} 是通过带拉断的莫尔-库仑强度准则进行计算：

$$f_{\mathrm{s}}=c-t_{\mathrm{n}}\tan\varphi_i,\quad t_{\mathrm{n}}\leqslant f_{\mathrm{t}} \tag{2.2.88}$$

式中：c 为材料的黏聚力；φ_i 为材料的内摩擦角；t_n 为作用于界面单元的法向应力。此处根据工程力学的要求，定义拉应力为正值，压应力为负值。在满足抗剪断准则后，t_s 逐渐减小到只剩下摩擦阻力 $f_r = -t_n \tan\varphi_f$ ，其中 φ_f 为界面单元断裂后材料的内摩擦角。

除了单纯的断裂模式 I 和断裂模式 II，界面单元通常同时发生两种断裂模式。尽管界面单元的法向应力和切向应力小于相应的应力阈值，但是两者共同作用产生的应力同样会导致界面单元的开裂。在这种情况下，当界面单元受力满足如下抗拉强度和抗剪强度的耦合准则时，断裂将会发生：

$$\left\{\frac{\langle t_n \rangle}{f_t}\right\}^2 + \left\{\frac{t_{shear}}{f_s}\right\}^2 \geqslant 1 \tag{2.2.89}$$

式中：$\langle\rangle$ 为麦考莱（Macaulay）括号，代表法向压缩应力不影响损伤的初始化。

6. 损伤演化模型

从能量的角度，在裂纹扩展的过程中需要克服应力的作用，因此断裂的过程是一个能量耗散的过程。如图 2.2.6 所示，在单一断裂模式情况下，应力-应变曲线下所包围的面积即为相应断裂模式的临界能量释放率。而对于混合断裂模式，则需要一个单元裂纹表面完全发生破坏才能计算相应的临界能量释放率 G_C ，这种情况是通过能量释放率与临界值的相互作用来进行确定的。通常情况下通过下式来预测混合断裂模式下单元的损伤演化：

$$\left(\frac{G_I}{G_{IC}}\right)^2 + \left(\frac{G_{II}}{G_{IIC}}\right)^2 = 1 \tag{2.2.90}$$

式中：G_I 和 G_{II} 分别为断裂模式 I 和断裂模式 II 的能量；G_{IC} 和 G_{IIC} 分别为纯张拉模式和纯剪切模式下临界能量释放率。当满足式（2.2.90）时，界面单元将发生断裂并从实体单元之间移除，从而模拟材料的断裂和破坏。

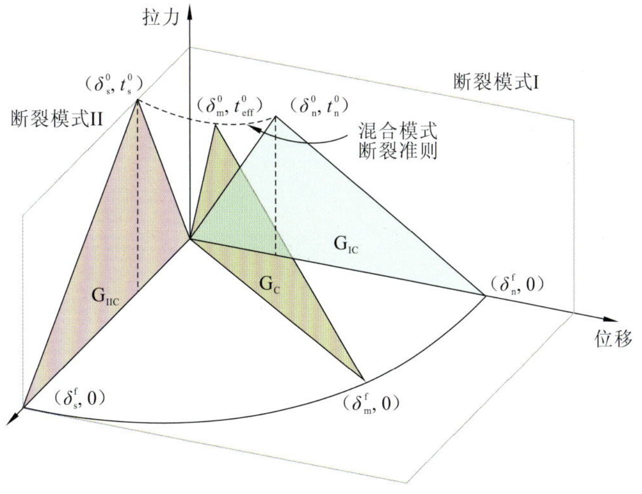

图 2.2.6　基于断裂能的损伤演化模型

断裂模式 I 和断裂模式 II 的能量比为 $G_{\mathrm{I}}/G_{\mathrm{II}}$，裂纹扩展阶段临界能量释放率 $G_{\mathrm{C}}=G_{\mathrm{I}}+G_{\mathrm{II}}$。如图 2.2.6 所示，作用于界面单元的应力在峰值后下降的规律主要受能量的线性软化规律所控制。在损伤演化阶段，作用在界面单元上的应力表达式如下：

$$t_{\mathrm{n}}=\begin{cases}(1-D)k_{\mathrm{n}}\delta_{\mathrm{n}}, & \delta_{\mathrm{n}}\geqslant 0\ (\text{张拉})\\ k_{\mathrm{n}}\delta_{\mathrm{n}}, & \delta_{\mathrm{n}}<0\ (\text{压缩})\end{cases} \tag{2.2.91}$$

$$t_{\mathrm{s}1}=(1-D)k_{\mathrm{s}}\delta_{\mathrm{s}1} \tag{2.2.92}$$

$$t_{\mathrm{s}2}=(1-D)k_{\mathrm{s}}\delta_{\mathrm{s}2} \tag{2.2.93}$$

式中：k_{n} 和 k_{s} 分别为界面单元在法向和切向的惩罚参数；D 为一种量纲为 1 的损伤因子，其值定义如下：

$$D=\frac{\delta_{\mathrm{m}}^{\mathrm{f}}(\delta_{\mathrm{m}}^{\max}-\delta_{\mathrm{m}}^{0})}{\delta_{\mathrm{m}}^{\max}(\delta_{\mathrm{m}}^{\mathrm{f}}-\delta_{\mathrm{m}}^{0})} \tag{2.2.94}$$

$$\delta_{\mathrm{m}}^{\mathrm{f}}=2G_{\mathrm{C}}/t_{\mathrm{eff}}^{0} \tag{2.2.95}$$

式中：$\delta_{\mathrm{m}}^{\max}$ 为单元在加载过程中所有达到的最大有效位移；δ_{m}^{0} 和 $\delta_{\mathrm{m}}^{\mathrm{f}}$ 分别为单元在损伤初始时刻及完全破坏时刻发生的有效位移；t_{eff}^{0} 为损伤初始时刻所受的有效应力。有效位移 δ_{m} 和有效应力 t_{eff} 计算公式为

$$\delta_{\mathrm{m}}=\sqrt{\langle\delta_{\mathrm{n}}\rangle^{2}+\delta_{\mathrm{shear}}^{2}}=\sqrt{\langle\delta_{\mathrm{n}}\rangle^{2}+\delta_{\mathrm{s}1}^{2}+\delta_{\mathrm{s}2}^{2}} \tag{2.2.96}$$

$$t_{\mathrm{eff}}=\sqrt{\langle t_{\mathrm{n}}\rangle^{2}+t_{\mathrm{shear}}^{2}}=\sqrt{\langle t_{\mathrm{n}}\rangle^{2}+t_{\mathrm{s}1}^{2}+t_{\mathrm{s}2}^{2}} \tag{2.2.97}$$

模型单元遵循断裂准则，破碎的界面单元将从实体单元之间去除，此时连续体将演化成非连续体，随后离散单元法中常用的接触检测及接触交互算法将被用于模拟非连续体之间的接触作用，如新形成的断裂面之间的压缩和滑动摩擦，都将通过离散单元法的算法进行模拟。

2.3 本章小结

本章综合探讨了颗粒材料的物理试验与数值模拟方法，揭示了这些方法在颗粒材料研究中的重要性和应用。

在物理试验部分，首先介绍了浅层测试方法，包括数字颗粒图像测速（DPIV）技术、散斑能见度光谱法（SVS）和光弹试验。这些方法能够从不同角度提供颗粒运动和应力分布的外部观测，为理解颗粒系统的行为提供直观和精确的数据。随后，探讨了观测颗粒材料内部的物理试验方法，包括正电子发射颗粒跟踪（PEPT）技术和 X 射线计算机断层扫描（X-ray CT），这些内部测试技术能够洞察颗粒材料的内部结构和颗粒间的相互作用。

在数值模拟部分，详细讲解了离散单元法（DEM）和连续-离散单元法（FDEM）的基本原理，介绍了如何通过接触模型、运动方程、显式时域积分、损伤开裂准则与损伤演化模型等要素来模拟颗粒材料的行为。DEM 和 FDEM 在模拟颗粒材料的微观力学行为方

面提供了强大的工具，允许研究人员分析不同加载状态下颗粒的动态行为和力学响应。

总而言之，物理试验和数值模拟方法为颗粒材料的研究提供了互补的视角，从宏观到微观层面深入理解材料的复杂性。物理试验提供了直接观察，而数值模拟则提供了灵活和全面的分析工具，使研究人员能够在不同条件下模拟和预测颗粒材料的行为，这些方法的结合使用为颗粒材料的科学研究和工程应用提供了坚实的基础。

参 考 文 献

马刚, 2014. 堆石体的连续-离散耦合分析方法与宏细观力学特性. 武汉: 武汉大学.

孙其诚, 王光谦, 2009. 颗粒物质力学导论. 北京: 科学出版社.

Alshibli K A, Jarrar M F, Druckrey A M, et al., 2017. Influence of particle morphology on 3D kinematic behavior and strain localization of sheared sand. Journal of Geotechnical and Geoenvironmental Engineering, 143(2): 4016097.

Cao Y X, Li J D, Kou B Q, et al., 2018. Structural and topological nature of plasticity in sheared granular materials. Nature Communications, 9(1): 2911.

Cundall P A, 1971a. The measurement and analysis of acceleration in rock slopes. London, Imperial College of Science and Technology.

Cundall P A, 1971b. A computer model for simulating progressive large-scale movements in blocky rock systems. Proceedings of Symposium of International Rock Mechanics. Nancy, France.

Cundall P A, 1978. Ball-a program to model granular media using the distinct element method. London: Dames&Moore Advanced Technology Group.

Cundall P A, 1988. Computer simulations of dense sphere assemblies. Studies in Applied Mechanics, 20: 113-123.

Cundall P A, Strack O D L, 1979. A discrete numerical model for granular assemblies. Géotechnique, 29(1): 47-65.

Desrues J, Chambon R, 2002. Shear band analysis and shear moduli calibration. International Journal of Solids and Structures, 39(13/14): 3757-3776.

Dixon P K, Durian D J, 2003. Speckle visibility spectroscopy and variable granular fluidization. Physical Review Letters, 90(18): 184302.

Druckrey A M, Alshibli K A, AI-Raoush R I, 2016. 3D characterization of sand particle-to-particle contact and morphology. Computers and Geotechnics, 74: 26-35.

Geller D A, Ecke R E, Dahmen K A, et al., 2015. Stick-slip behavior in a continuum-granular experiment. Physical Review E, Statistical, Nonlinear, and Soft Matter Physics, 92(6): 060201.

Geng J, Howell D, Longhi E, et al., 2001. Footprints in sand: The response of a granular material to local perturbations. Physical Review Letters, 87(3): 035506.

Hall S A, Bornert M, Desrues J, et al., 2010. Discrete and continuum analysis of localised deformation in sand using X-ray μCT and volumetric digital image correlation. Géotechnique, 60(5): 315-322.

Hallquist J O, Goudreau G L, Benson D J, 1985. Sliding interfaces with contact-impact in large-scale Lagrangian computations. Computer Methods in Applied Mechanics and Engineering, 51(1/2/3): 107-137.

Hawkesworth M R, Parker D J, Fowles P, et al., 1991. Nonmedical applications of a positron camera. Nuclear Instruments and Methods in Physics Research, 310(1/2): 423-434.

Howell D, Behringer R P, Veje C, 1999. Stress fluctuations in a 2D granular couette experiment: A continuous transition. Physical Review Letters, 82(26): 5241-5244.

Hsieh J, 2003. Computed tomography: Principles, design, artifacts, and recent advances. Washington: SPIE Press.

Huang X, 2014. Exploring critical-state behaviour using DEM. Hong Kong: The University of Hong Kong.

Katsuragi H, Abate A R, Durian D J, 2010. Jamming and growth of dynamical heterogeneities versus depth for granular heap flow. Soft Matter, 6(13): 3023-3029.

Kawamoto R, Andò E, Viggiani G, et al., 2016. Level set discrete element method for three-dimensional computations with triaxial case study. Journal of the Mechanics and Physics of Solids, 91: 1-13.

Kawamoto R, Andò E, Viggiani G, et al., 2018. All you need is shape: Predicting shear banding in sand with LS-DEM. Journal of the Mechanics and Physics of Solids, 111: 375-392.

Kou B Q, Cao Y X, Li J D, et al., 2017. Granular materials flow like complex fluids. Nature, 551(7680): 360-363.

Kou B Q, Cao Y X, Li J D, et al., 2018. Translational and rotational dynamical heterogeneities in granular systems. Physical Review Letters, 121(1): 018002.

Latham J P, Munjiza A, Garcia X, et al., 2008. Three-dimensional particle shape acquisition and use of shape library for DEM and FEM/DEM simulation. Minerals Engineering, 21(11): 797-805.

Lherminier S, Planet R, Levy dit Vehel V, et al., 2019. Continuously sheared granular matter reproduces in detail seismicity laws. Physical Review Letters, 122: 218501.

Liu G Q, Li S Q, Zhao X L, et al., 2008. Experimental studies of particle flow dynamics in a two-dimensional spouted bed. Chemical Engineering Science, 63(4): 1131-1141.

Love A G E, 1927. A treatise on the mathematical theory of elasticity. Cambridge: Cambridge University Press, 305(1): 1385.

Ma G, Chen Y, Yao F H, et al., 2019. Evolution of particle size and shape towards a steady state: Insights from FDEM simulations of crushable granular materials. Computers and Geotechnics, 112: 147-158.

Ma G, Zhou W, Chang X L, 2014a. Modeling the particle breakage of rockfill materials with the cohesive crack model. Computers and Geotechnics, 61: 132-143.

Ma G, Zhou W, Chang X L, et al., 2014b. Combined FEM/DEM modeling of triaxial compression tests for rockfills with polyhedral particles. International Journal of Geomechanics, 14(4): 04014014.

Ma G, Zhou W, Chang X L, et al., 2016. A hybrid approach for modeling of breakable granular materials using combined finite-discrete element method. Granular Matter, 18(1): 7.

Ma G, Zhou W, Ng T T, et al., 2015. Microscopic modeling of the creep behavior of rockfills with a delayed particle breakage model. Acta Géotechnica, 10(4): 481-496.

Ma G, Zhou W, Regueiro R A, et al., 2017. Modeling the fragmentation of rock grains using computed tomography and combined FDEM. Powder Technology, 308: 388-397.

Ma G, Zhou W, Zhang Y D, et al., 2018. Fractal behavior and shape characteristics of fragments produced by the impact of quasi-brittle spheres. Powder Technology, 325: 498-509.

Ma G, Zou Y X, Gao K, et al., 2020. Size polydispersity tunes slip avalanches of granular gouge. Geophysical Research Letters, 47(23): e2020GL090458.

Mahabadi O K, Lisjak A, Munjiza A, et al., 2012. Y-geo: New combined finite-discrete element numerical code for geomechanical applications. International Journal of Geomechanics, 12(6): 676-688.

Majmudar T S, Behringer R P, 2005. Contact force measurements and stress-induced anisotropy in granular materials. Nature, 435(7045): 1079-1082.

Mehrabadi M M, Nemat-Nasser S, Oda M, 1982. On statistical description of stress and fabric in granular materials. International Journal for Numerical and Analytical Methods in Geomechanics, 6(1): 95-108.

Mihailidis D, 2009. Computed tomography from photon statistics to modern cone-beam CT. Medical Physics, 36(8): 3858.

Mindlin R D, Deresiewicz H, 1953. Elastic spheres in contact under varying oblique forces. Journal of Applied Mechanics, 20(3): 327-344.

Munjiza A, Owen D R J, Bicanic N, 1995. A combined finite-discrete element method in transient dynamics of fracturing solids. Engineering Computations, 12(2): 145-174.

Munjiza A, Xiang J, Garcia X, et al., 2010. The virtual geoscience workbench, VGW: Open source tools for discontinuous systems. Particuology, 8(2): 100-105.

Nadimi S, Fonseca J, 2018. A micro finite-element model for soil behaviour. Géotechnique, 68(4): 290-302.

Nicot F, Hadda N, Guessasma M, et al., 2013. On the definition of the stress tensor in granular media. International Journal of Solids and Structures, 50(14-15): 2508-2517.

Parker D J, Fan X F, 2008. Positron emission particle tracking: Application and labelling techniques. Particuology, 6(1): 16-23.

Radon J, 1917. Uber die bestimmung von funktionen durch ihre integralwerte langs gewisser mannigfaltigkeiten. Bertichte sachsischeder wissenchaften, Leipzig, Mathematische-physikalische Klasse(69): 262-267.

Rix S J L, Glass D H, Greated C A, 1996. Preliminary studies of elutriation from gas-fluidised beds using particle image velocimetry. Chemical Engineering Science, 51(13): 3479-3489.

Stock S R, 2019. Microcomputed tomography: Methodology and applications. Boca Rato: CRC Press.

Strack O D L, Cundall P A, 1978. The distinct element method as a tool for research in granular media, Part I. Minneapolis: University of Minnesota.

Thornton C, 2000. Numerical simulations of deviatoric shear deformation of granular media. Géotechnique, 50(1): 43-53.

Wang Z W, Zhang J, 2015. Fluctuations of particle motion in granular avalanches from the microscopic to the macroscopic scales. Soft Matter, 11(27): 5408-5416.

Wei D H, Zhao B D, Dias-da-Costa D, et al., 2019. An FDEM study of particle breakage under rotational point loading. Engineering Fracture Mechanics, 212: 221-237.

Willert C E, Gharib M, 1991. Digital particle image velocimetry. Experiments in Fluids, 10(4): 181-193.

Xiang J, Munjiza A, Latham J P, 2009. Finite strain, finite rotation quadratic tetrahedral element for the combined finite-discrete element method. Numerical Methods in Engineering, 79(8): 946-978.

Xu X R, Sun Q C, Jin F, et al., 2016. Measurements of velocity and pressure of a collapsing granular pile. Powder Technology, 303: 147-155.

Yang H, Li R, Kong P, et al., 2015. Avalanche dynamics of granular materials under the slumping regime in a rotating drum as revealed by speckle visibility spectroscopy. Physical Review E, Statistical, Nonlinear, and Soft Matter Physics, 91(4): 042206.

Zhao Y Q, Barés J, Zheng H, et al., 2019a. Jamming transition in non-spherical particle systems: Pentagons versus disks. Granular Matter, 21(4): 90.

Zhao Y Q, Zheng H, Wang D, et al., 2019b. Particle scale force sensor based on intensity gradient method in granular photoelastic experiments. New Journal of Physics, 21(2): 023009.

Zheng H, Wang D, Behringer R P, 2019. Experimental study on granular biaxial test based on photoelastic technique. Engineering Geology, 260: 105208.

Zheng H, Wang D, Tong X M, et al., 2019. Granular scale responses in the shear band region. Granular Matter, 21(4): 107.

Zheng J, Sun A L, Wang Y J, et al., 2018. Energy fluctuations in slowly sheared granular materials. Physical Review Letters, 121(24): 248001.

Zhou W, Ji X, Ma G, et al., 2020. FDEM simulation of rocks with microstructure generated by voronoi grain-based model with particle growth. Rock Mechanics and Rock Engineering, 53(4): 1909-1921.

Zhu F, Zhao J, 2019. A peridynamic investigation on crushing of sand particles. Géotechnique, 69(6): 526-540.

第3章 机器学习预测颗粒材料的结晶演化

当单分散球形颗粒材料受到持续不断的机械扰动时，可以观察到最密堆积演化现象，又称结晶演化现象。由于颗粒间相互作用的复杂性和演化历程的长期性，颗粒材料的最密堆积演化过程仍然难以被捕捉和预测。本章旨在建立一类机器学习模型以有效识别颗粒材料最密堆积演化过程中的前驱体颗粒，采用离散单元法（DEM）模拟了单分散球形颗粒材料的循环剪切试验，使用极端梯度提升机（XGBoost）算法，从颗粒的局部结构信息出发，建立一类可用于预测颗粒材料最密堆积演化的机器学习模型。本章提出的机器学习模型的预测能力表现出显著的时域依赖性。此外，局部体积分数被识别为预测最密堆积演化过程中最重要的局部结构特征之一。本章提出一类通用的以数据为中心的机器学习框架，可用于预测单分散颗粒材料的最密堆积演化过程。

3.1 循环剪切数值试验

3.1.1 结晶演化现象

颗粒材料的结晶演化过程在微观上表现为越来越多的颗粒由无序状态转向有序状态，即结晶状态。因此，首先需要对结晶颗粒进行识别。如果一个颗粒与其邻域颗粒共同形成局部晶体结构，则该颗粒被识别为结晶颗粒。使用沃罗诺伊（Voronoi）剖分法来确定颗粒间的邻域关系。值得注意的是，为了消除由 Voronoi 剖分引起的距离较远的邻域颗粒的影响，采用修正的 Voronoi 剖分法（Wang and Jain，2019）。在原始的 Voronoi 剖分中，每个颗粒有其对应的 Voronoi 胞元，其中，该 Voronoi 胞元的表面与邻域颗粒存在一一对应关系，使用修正的 Voronoi 剖分法即删除对应 Voronoi 胞元表面面积小于 5% 的 Voronoi 胞元表面平均面积的邻域颗粒。除特别强调外，本章中所涉及的颗粒邻域计算均按上述方法进行。

引入两个局部结构指标以识别结晶颗粒，即局部体积分数 ϕ_{local} 和键取向序参数 $q_{6,\text{ local}}$。以上述两个局部结构指标为判定依据的结晶颗粒识别方法已被证实是有效的，并与其他方法展现出良好的一致性（Rietz et al.，2018）。ϕ_{local} 定义为颗粒体积与对应 Voronoi 胞元体积的比值。键取向序参数是一类常用的测量离散无序材料有序度的参数，可用于识别不同的晶相（Steinhardt et al.，1983）。键取向序参数定义为

$$q_l = \sqrt{\frac{4\pi}{2l+1}\sum_{m=-l}^{l}\left|\left\langle Y_{lm}(\boldsymbol{\theta}(\boldsymbol{r}),\phi(\boldsymbol{r}))\right\rangle\right|^2} \tag{3.1.1}$$

其中：$Y_{lm}(\theta_{ij},\theta_{ij})$ 为球谐函数；$l \geqslant 0$ 表示对称阶数；$-l \leqslant m \leqslant l$；$\boldsymbol{\theta}(\boldsymbol{r})$ 为目标颗粒至其某一邻域颗粒的位置矢量；$\boldsymbol{\theta}(\boldsymbol{r})$ 和 $\phi(\boldsymbol{r})$ 分别为矢量 $\boldsymbol{\theta}(\boldsymbol{r})$ 的极角和方位角；计算过程中，对目标颗粒的所有邻域颗粒进行平均。$q_{6,\text{ local}}$ 为 $l=6$ 时的局部键取向序系数。$q_{6,\text{ global}}$ 为 $l=6$ 时的全局键取向序系数，通过对颗粒体系内的所有颗粒对进行平均计算可得。此外，键取向序系数的三阶不变量定义为

$$w_l = \sum_{m_1+m_2+m_3=0}\begin{pmatrix} l & l & l \\ m_1 & m_2 & m_3 \end{pmatrix} Q_{lm_1}Q_{lm_2}Q_{lm_3} \Bigg/ \left(\sum_{m=-l}^{l}\left|Q_{lm}\right|^2\right)^{3/2} \tag{3.1.2}$$

式中：$\begin{pmatrix} l & l & l \\ m_1 & m_2 & m_3 \end{pmatrix}$ 为维格纳（Wigner）3j 符号；$Q_{lm} = \frac{1}{N_i}\sum_{i=1}^{N_i} Y_{lm}(\theta_{ij},\phi_{ij})$；$N_i$ 为目标颗粒 i 的邻域颗粒个数。

在之前的研究中，单分散颗粒材料已被证明以六方最密堆积（hexagonal close packed，HCP）或面心立方堆积（face-centered cubic，FCC）的局部有序结构结晶，如图 3.1.1 所示。在图 3.1.1 中，绿色颗粒为中心颗粒，被红色颗粒所包围，红色颗粒均为其邻域颗粒，根

据红色颗粒排列形式的不同，将这种局部有序结构区分为 HCP 或 FCC 结构。其中，绿色颗粒，即中心颗粒被视为结晶颗粒。当颗粒的局部结构满足以下条件时，则该颗粒被识别为结晶颗粒：$\phi_{\text{local}} \geqslant 0.72$ 且 $q_{6,\text{local}} = 0.485 \pm 0.020$（对于 HCP）或 $q_{6,\text{local}} = 0.575 \pm 0.020$（对于 FCC）(Rietz et al.，2018)。在以前的研究中，一些其他晶体结构识别方法也被用来识别非晶固体中的晶体结构（Kapfer et al.，2012；Panaitescu et al.，2012；Honeycutt and Andersen，1987），但本章的研究结果在定性上并不依赖识别方法或阈值选择。

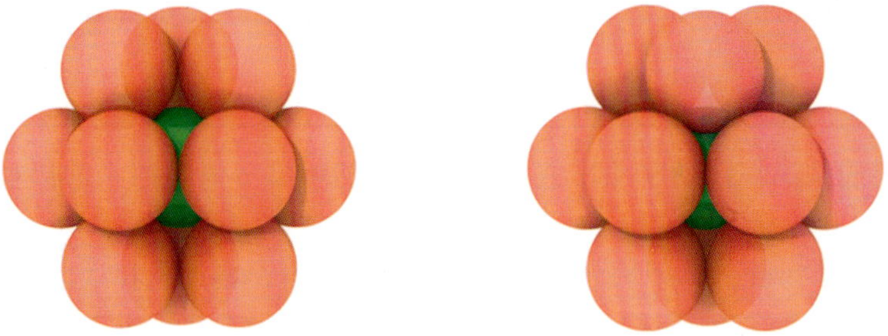

（a）面心立方堆积　　（b）六方最密堆积

图 3.1.1　单分散颗粒材料内的晶体结构

3.1.2　试验方案

采用离散单元法（DEM）进行循环剪切数值试验。其中，DEM 被广泛应用于颗粒材料的数值模拟研究。如图 3.1.2 所示，数值试验所采用的试样包含 16 000 个均一粒径颗粒。颗粒直径 $d = 0.02$ m，试样尺寸约为 0.49 m×0.49 m×0.49 m。在 DEM 中，颗粒被模拟为通过 Hertz-Mindlin 模型相互作用的刚体。颗粒间切向接触的上限由库仑摩擦定律确定。循环剪切数值试验的参数如表 3.1.1 所示。为了方便表示，本章中摩擦系数均指代颗粒间滑动摩擦系数。

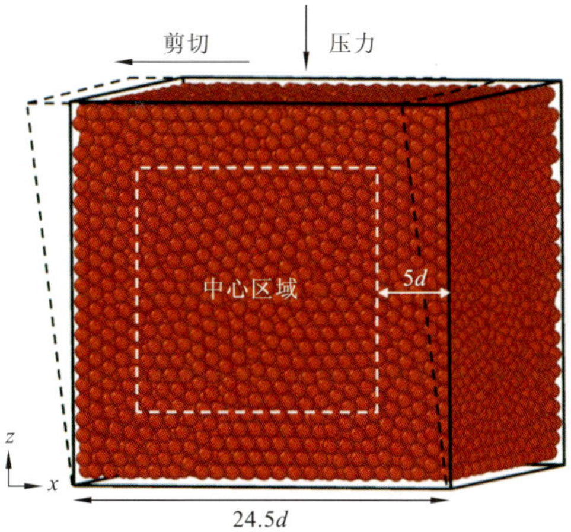

图 3.1.2　循环剪切数值试验示意图

表 3.1.1　循环剪切数值试验参数

参数	符号	值	单位
弹性模量	E	2.6	GPa
泊松比	ν	0.22	—
恢复系数	r_e	0.8	—
时间步	Δt	1×10^{-6}	s
摩擦系数	μ	0.02	—
颗粒密度	ρ	2 500	kg/m^3

颗粒材料的结晶演化受摩擦系数、围压及剪切幅度等诸多因素的影响（Royer and Chaikin，2015）。选择固定的围压及剪切幅度，此时，摩擦系数成为影响颗粒材料结晶演化的关键因素。因此，为了得到合适的结晶演化过程，必须选择适当的摩擦系数。将摩擦系数设置为 0.02，如表 3.1.1 所示。这是对不同摩擦系数情况下的演化过程做了对比分析后得出的结果。结果表明，摩擦系数为 0.02 时，可以得到合适的结晶演化过程。需要说明的是，所选取的摩擦系数 0.02 仅适用于本章的试验条件，并不具备扩展意义。此外，将固结和循环剪切阶段施加在上边墙的法向压力设置为 $P=50\text{ kPa}$ 。根据材料参数及施加的法向压力，可以对颗粒可能产生的变形做如下估计（Kou et al.，2017）：

$$\Delta d=\left[\frac{9F^2}{16(d/4)E^2}\right]^{1/3}=18.816\ \mu\text{m}=9.37\times10^{-4}d \tag{3.1.3}$$

式中：$F=20\text{ N}$，表示颗粒的平均受力，通过每个颗粒所受到的平均压力来计算，即 $P\cdot d^2=50\text{ kPa}\times0.02\text{ m}\times0.02\text{ m}=20\text{ N}$ 。因此，可以得出结论，在当前试验条件下，颗粒可以保持其形状，将其视作硬球体。

采用刚性无摩擦墙壁作为颗粒试样的边界，开展循环剪切数值试验，如图 3.1.2 所示。在固结阶段，顶壁受到正应力的作用，并可沿竖直方向自由移动。当试样达到静力平衡状态时，固结阶段结束。通过旋转左右边墙来剪切试样，最大应变 $\gamma=\Delta x/h=0.05$ 。其中，Δx 为顶壁在 x 方向的位移，h 为试样高度。在每个剪切周期中，首先，沿指定的剪切方向对颗粒试样进行剪切，达到最大应变；然后，沿相反方向对试样进行剪切，达到相同的负应变；最后，整个试样回到原始位置，完成一次剪切循环。将剪切速率设置 $\dot{\gamma}=0.1$ 为满足准静态剪切条件（Lopera Perez et al.，2016），对颗粒试样进行 5 000 次剪切循环。

3.1.3　试样制备

采用落雨法制备试样。图 3.1.3 展示了试样制备过程中初始状态和固结状态的正视图，其中，颜色表示颗粒的高度，颜色柱中数字的单位为 m。如图 3.1.3（a）所示，首先在指定空间内随机生成目标数量且无重叠的颗粒，其中，指定空间的边界为刚性墙。在固结阶段，在试样的顶壁施加 50 kPa 的正应力，上壁可以垂直自由移动，试样的边界墙和下壁固定。当试样达到静力平衡状态时，固结阶段结束，如图 3.1.3（b）所示。试样的初始全局体积分数为 0.616。

（a）初始状态　　（b）固结状态

图 3.1.3　试样制备过程

3.1.4　摩擦系数的选取

选择固定的围压及剪切幅度，此时，颗粒材料的结晶演化过程取决于其摩擦系数。图 3.1.4 展示了不同摩擦系数颗粒体系的全局体积分数和结晶颗粒分数随循环剪切次数的演化过程。如 3.1.2 小节所述，单分散颗粒材料在随机最密堆积状态全局体积分数最高可达到 0.64，利用此临界值对结果进行分析。如图 3.1.4（a）所示，当摩擦系数为 0 时，颗粒体系的全局体积分数在循环剪切的开始阶段迅速上升，在循环剪切 1 000 次之后逐渐稳定到约 0.675，证明颗粒体系在较短循环剪切次数内快速达到部分结晶状态；当摩擦系数为 0.1 和 0.5 时，颗粒体系的全局体积分数在循环剪切的开始阶段上升至 0.63 左右，并在循环剪切 1 000 次之后逐渐稳定，证明颗粒体系内部没有发生结晶演化；当摩擦系数为 0.02 时，颗粒体系的全局体积分数随着循环剪切的深入不断上升，并在循环剪切 3 000 次之后逐渐稳定至约 0.66，证明此时颗粒体系内存在逐步发展的结晶演化过程。如图 3.1.4（b）所示，颗粒体系结晶颗粒分数的演化也表现出显著的摩擦系数依赖性，当摩擦系数较高时，颗粒体系内未产生结晶颗粒；当摩擦系数为 0 时，颗粒体系内迅速产生大量的结晶颗粒；当摩擦系数为 0.02 时，颗粒体系内结晶颗粒逐渐增多。结果表明，当摩擦系数取 0.02 时，可以得到合适的颗粒材料结晶演化过程。

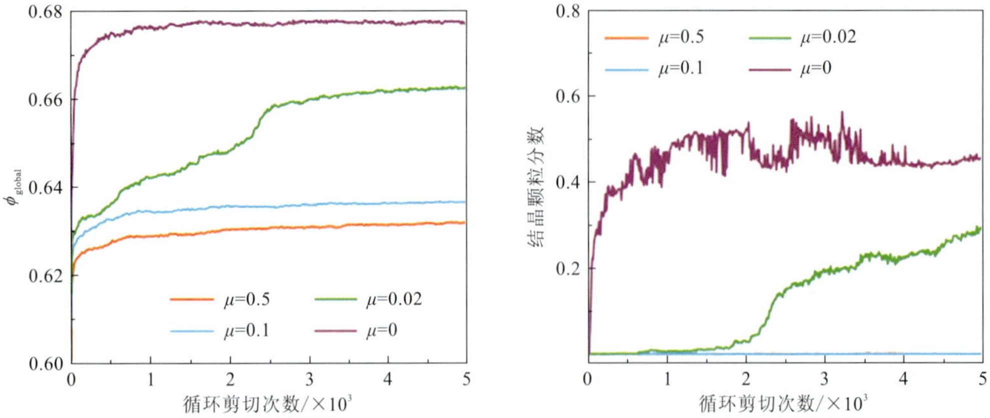

（a）全局体积分数　（b）结晶颗粒分数

图 3.1.4　不同摩擦系数颗粒体系演化过程

3.1.5　宏观演化过程

使用平面墙壁作为试样的边界，此平面墙壁对结晶有诱导作用，正如 Panaitescu 等（2012）观察到的那样。结晶现象首先沿平面墙壁出现，并延伸到试样的中心区域。可以说，平面墙壁加速了颗粒体系的结晶过程，这类似于经典成核理论中的异质结晶过程。为了避免直接的边界效应，在接下来的分析中，只考虑那些位于中心区域的颗粒，这些颗粒距离试样边界至少有 $5d$ 的距离，其中，d 为颗粒直径。

图 3.1.5(a)展示了局部体积分数 ϕ_{local} 随循环剪切次数的增加而不断增加。其中，ϕ_{global} 为颗粒体系内所有颗粒的局部体积分数 ϕ_{local} 的调和平均数，此处颗粒体系内所有颗粒指位于中心区域的所有颗粒。如上文所述，局部体积分数计算为 $\phi_{local} = V_p / V_{voro}$，其中，$V_p$ 为颗粒体积，V_{voro} 为 Voronoi 胞元体积。循环剪切开始前颗粒试样的初始全局体积分数约为 0.616；循环剪切的初始阶段，ϕ_{global} 快速增加至约 0.64，然后其增长速度急剧放缓；经历了约 3 000 次循环剪切之后，ϕ_{global} 增加至约 0.66 并几乎停止增加。此外，本节引入了全局键取向序参数 $q_{6,global}$ 来描述循环剪切引起的颗粒体系内的结构转变。如图 3.1.5（b）所示，$q_{6,global}$ 在前 2 000 个剪切循环时缓慢增加，此后迅速增加至 0.22 左右；最后，缓慢增加至 0.27 左右。$q_{6,global}$ 值在循环剪切约 2 200 次时的急剧上升表明此时颗粒试样内存在相变。

可见，尽管颗粒试样经过了 5 000 次循环剪切，其全局体积分数 ϕ_{global} 和全局键取向序参数 $q_{6,global}$ 均小于完全有序状态时的相应值，这表明颗粒试样依然处于部分有序状态。如图 3.1.5（b）所示，此结论也可从结晶颗粒分数 CS_f 的演化中得到证实，其中，结晶颗粒分数指颗粒试样中结晶颗粒所占的比例：$CS_f = N_{crystalline}/N_{whole}$，其中，$N_{crystalline}$ 为结晶颗粒数，N_{whole} 为试样颗粒数。CS_f 的演化过程类似于 $q_{6,global}$。最终，颗粒试样的中心区域有 30%以上的颗粒处于结晶状态。

为了验证试验的可重复性，使用相同的参数进行另外两组循环剪切试验。在平行试验中，在相应的离散单元法计算程序中使用不同的随机种子生成颗粒以获得不同的初始

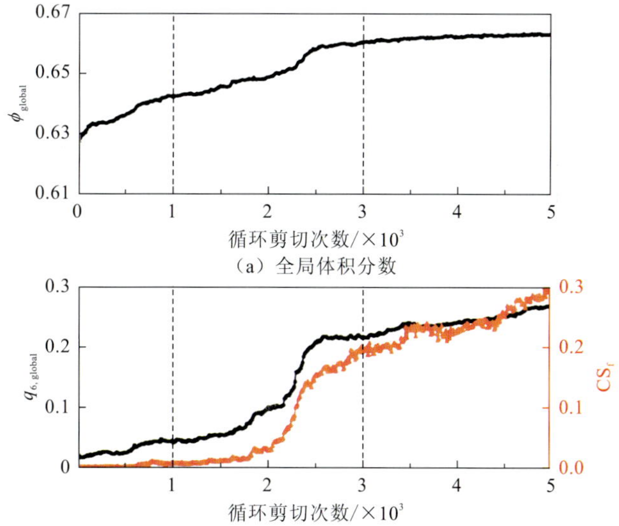

图 3.1.5　结晶演化过程

颗粒结构。平行试验验证了的颗粒体系结晶演化的可重复性。如图 3.1.6 所示，三组独立实现的循环剪切试验的结晶演化过程略有不同，表现出对初始颗粒结构的依赖性。不同循环剪切试验颗粒试样的中心区域均存在 20%以上的颗粒处于结晶状态。

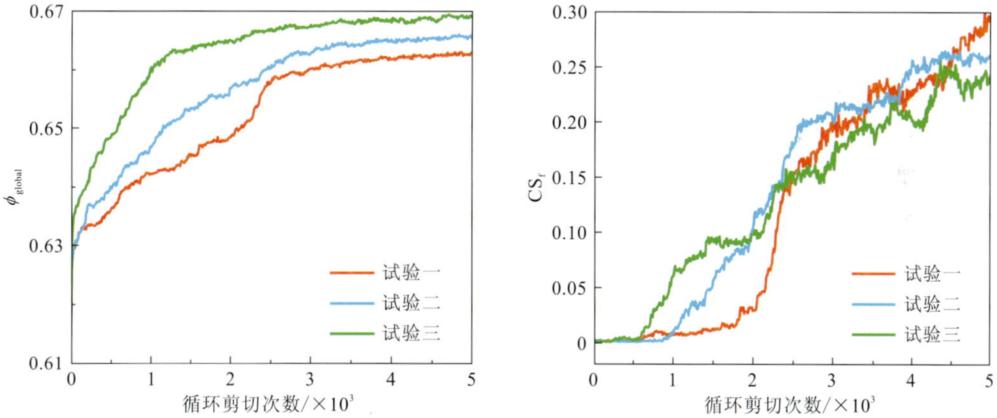

图 3.1.6　不同平行试验的颗粒材料结晶演化过程

图 3.1.7（a）分别展示了循环剪切 1 000 次、2 000 次和 3 000 次时 $q_{6,\mathrm{local}}\sim\phi_{\mathrm{local}}$ 平面上由密度着色的散点图。图中的每一个点代表一个颗粒。图中虚线的交点分别代表 HCP 点（$\phi_{\mathrm{local}}=0.74$，$q_{6,\mathrm{local}}=0.485$）和 FCC 点（$\phi_{\mathrm{local}}=0.74$，$q_{6,\mathrm{local}}=0.575$）在此平面上的位置。当循环剪切次数为 1 000 时，颗粒点广泛分布在远离 HCP 点或 FCC 点的区域；但随着循环剪切逐渐聚集在这两个预期点周围。图 3.1.7（b）中，红色球体代表被识别为结晶状态的颗粒，为了清晰起见，处于无序状态的颗粒用缩小半径的蓝色球体来表示。其中没有发现颗粒体系中形成其他类型的晶体结构。结晶颗粒更容易从样品的边界处出

现并逐渐生长，如图 3.1.7（b）所示。当孤立的结晶颗粒结合形成多晶核时，它们更容易维持和生长；当结晶颗粒以孤立形式存在时，它们更有可能从演化过程中消失（Rietz et al.，2018；Panaitescu et al.，2012；Gasser et al.，2001）。

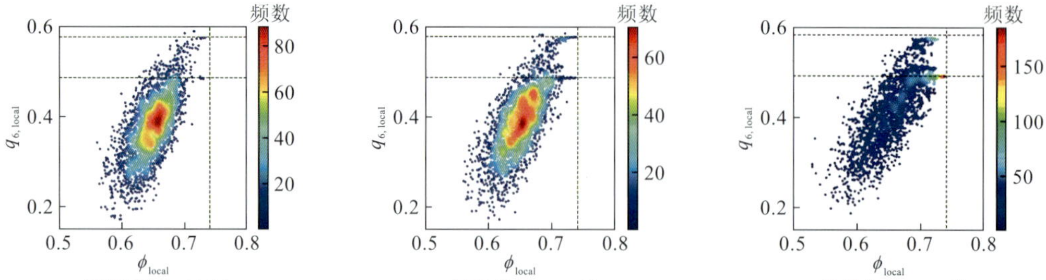

循环剪切1 000次　　循环剪切2 000次　　循环剪切3 000次

（a）平面密度着色散点图

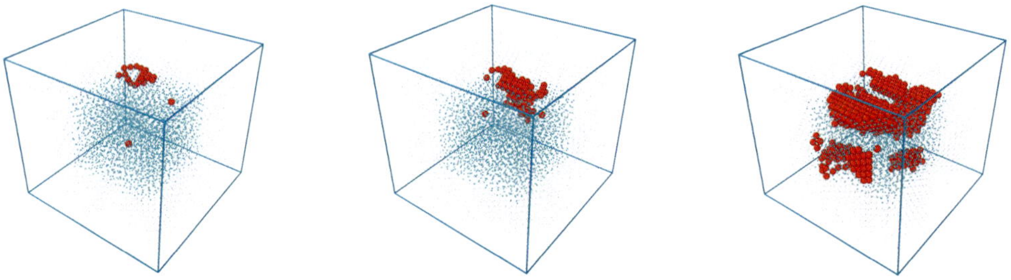

循环剪切1 000次　　循环剪切2 000次　　循环剪切3 000次

（b）结晶演化三维视图

图 3.1.7　颗粒材料结晶演化过程

图 3.1.8 展示了三组平行试验中颗粒材料结晶演化的三维视图。图中，（a）展示了试验一中循环剪切次数分别为 1 000 次、2 000 次和 3 000 次时颗粒体系的三维视图；（b）和（c）分别展示了试验二和试验三的三维视图。其中，红色球体为处于结晶状态的颗粒，蓝色球体为处于无序状态的颗粒，以缩小半径表示。图中所展示的范围为整个试样。由图可知，对于不同的颗粒体系，结晶颗粒总是更容易从样品的边界处出现并逐渐生长；不同的初始结构对结晶演化过程有一定的影响，表现出对初始颗粒结构的依赖性；但是，颗粒体系的整体结晶演化过程表现出相似性，这表明在相同条件下，颗粒体系结晶演化是可重复的。

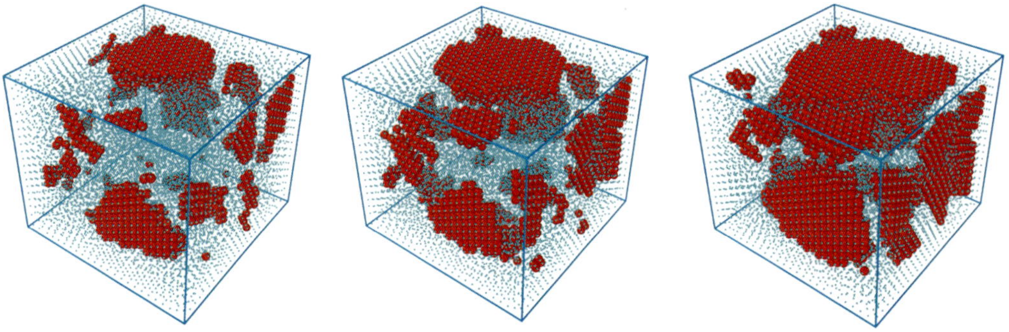

循环剪切1 000次　　循环剪切2 000次　　循环剪切3 000次

（a）试验一

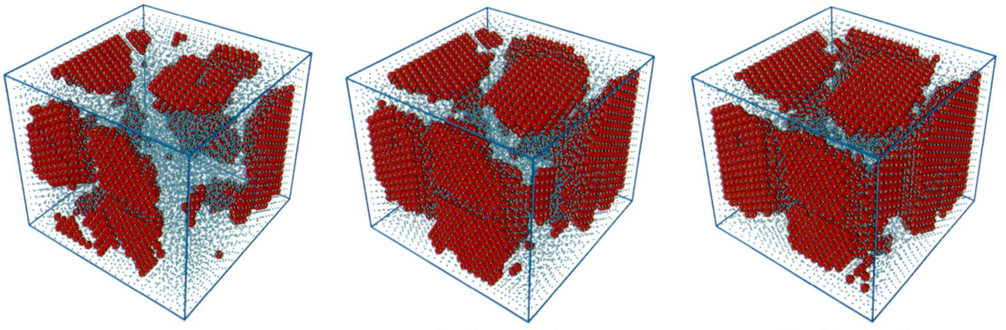

循环剪切1 000次　　循环剪切2 000次　　循环剪切3 000次

（b）试验二

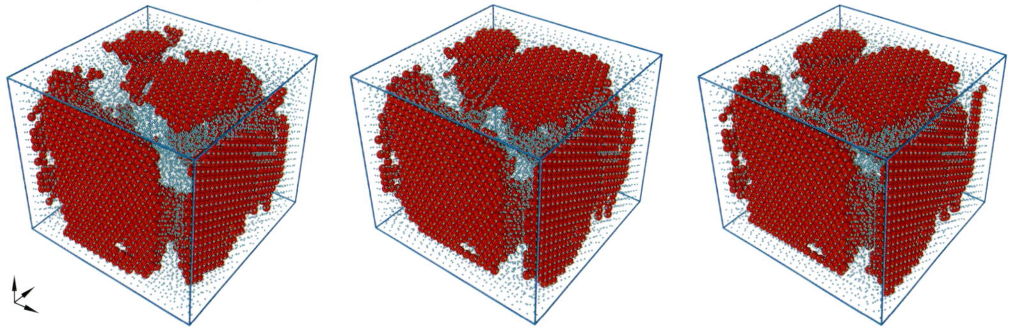

循环剪切1 000次　　循环剪切2 000次　　循环剪切3 000次

（c）试验三

图 3.1.8　三组平行试验中颗粒材料结晶演化过程的三维视图

总之，循环剪切试验可以模拟单分散颗粒材料的结晶演化过程。结晶颗粒的出现和消失是复杂且模糊的，因此需要采用更先进的技术方法来研究颗粒材料结晶演化过程。本章选择利用机器学习方法预测单分散颗粒材料的结晶演化，这有助于更加深入地了解颗粒材料的结晶演化过程。

3.2　局部结构与最密堆积演化的关系

3.2.1　特征选择

为了建立颗粒局部结构与连续剪切循环过程中颗粒是否结晶之间的机器学习联系，首先需要将颗粒的局部结构编码成特征向量。为了捕捉非晶态固体的局部结构非均匀性，学者们已提出许多表征方法，如对称性函数（Cubuk et al.，2017，2015）、局部键取向序参数（Boattini et al.，2020，2019）、间隙分布（Wang and Jain，2019），以及一些常规的局部结构指标（如局部体积分数、配位数和 Voronoi 指数等）（Peng et al.，2011）。研究发现，不同的局部结构指标在机器学习模型预测能力上确实存在显著差异（Wang and Jain，2019）。在前人研究的基础上，选取 7 个已被证明能有效表征颗粒局部结构的指标。

（1）配位数：CN。其中，通过修正的 Voronoi 剖分来定义配位数。

（2）局部体积分数：$\phi_{\text{local}} = V_{\text{p}} / V_{\text{voro}}$。它被定义为颗粒体积与其对应的 Voronoi 胞元的体积之比。

（3）局部各向异性系数：$\beta_1^{0,2}$。它被定义为闵可夫斯基张量 $\boldsymbol{W}_1^{0,2}$ 的最小特征值与最大特征值之比。其中，$\boldsymbol{W}_1^{0,2} = \int \boldsymbol{n} \otimes \boldsymbol{n}^{\circ} \mathrm{d}A$，定义为 Voronoi 胞元边界曲面法向张量 $\boldsymbol{n}$ 积的表面积分。

（4）局部键取向序参数：$q_{4,\text{local}}$、$q_{6,\text{local}}$、$W_{4,\text{local}}$ 和 $W_{6,\text{local}}$。为了简洁起见，本节分别使用 q_4、q_6、W_4 和 W_6 指代 $q_{4,\text{local}}$、$q_{6,\text{local}}$、$W_{4,\text{local}}$ 和 $W_{6,\text{local}}$。键取向分布定义为 $q_l = \sqrt{\frac{4\pi}{2l+1}\sum_{m=-l}^{l}|q_{lm}|^2}$ 和 $W_l = \sum_{m_1+m_2+m_3=0}\begin{pmatrix} l & l & l \\ m_1 & m_2 & m_3 \end{pmatrix} q_{lm_1} q_{lm_2} q_{lm_3}$，其中 $q_{lm} = \frac{1}{N_i}\sum_{0}^{N_i} Y_{lm}(\theta_{ij}, \phi_{ij})$。其中，$\theta_{ij}$ 和 ϕ_{ij} 分别为颗粒 i 与其任一邻域颗粒相对位置向量 $\boldsymbol{r}_{ij}$ 的极角和方位角，Y_{lm} 为球谐函数，$\begin{pmatrix} l & l & l \\ m_1 & m_2 & m_3 \end{pmatrix}$ 为 Wigner 3j 符号。

迭代上述计算过程，可以得到每个颗粒的近程结构特征向量（short-range order structural features，SRO）。向量中每个指标都是循环剪切试验中的每个颗粒的近程结构的度量。单凭近程结构特征指标，例如局部键取向序参数，已成功被用于非晶态固体中的晶体结构识别。但是在结晶演化过程预测方面，由于结晶动力学涉及颗粒本身及其邻域颗粒的重排，单凭近程结构特征可能不足以对其进行准确预测。在以往的研究中，学者们利用至少两个邻域内的结构信息，如对称性函数来建立预测塑性行为的机器学习模型（Cubuk et al.，2017，2015）。因此，仍需将颗粒的第二层邻域的结构信息编码到特征向量中。采用粗粒度公式进行编码，也就是说，对于中心颗粒 c，将其邻域颗粒的近程结构特征向量编码为中程结构特征向量：

$$F_c^{\text{MRO}} = \text{Stats}(F_i^{\text{SRO}}, F_j^{\text{SRO}}, F_k^{\text{SRO}}, \cdots, F_n^{\text{SRO}}) \tag{3.2.1}$$

式中：下标 $i, j, \cdots, n$ 表示中心颗粒 c 的邻域颗粒；Stats 为平均值、最小值、最大值、标准差的汇总统计；上标 MRO 表示中程结构特征向量（medium-range order structural features）。

如图 3.2.1 所示，将近程结构特征向量（SRO）和中程结构特征向量（MRO）合并，作为每个颗粒局部结构的表征。总的来说，每个颗粒的局部结构特征向量将包含 35 个特征（7 个 SRO 特征和 28 个 MRO 特征），作为机器学习模型输入。后续研究结果证明了 MRO 特征可以增强机器学习模型的预测能力，特别是当预测时域较长时。

图 3.2.2 为上述 35 个特征的皮尔逊相关系数热力图。例如，热力图的上面 5 行分别代表 CN、CN_{min}、CN_{max}、CN_{mean}、CN_{std} 和其他特征之间的皮尔逊相关系数。此处，选取 5 000 个样本（不同时刻不同颗粒的特征）进行相关性分析。整体而言，它们之间的相关性很低。因此，从特征工程的角度而言，所选择的局部结构特征具有较低的重复率。与后面讨论的其他类型的局部结构特征向量相比，它们也足以确保机器学习模型的预测能力。

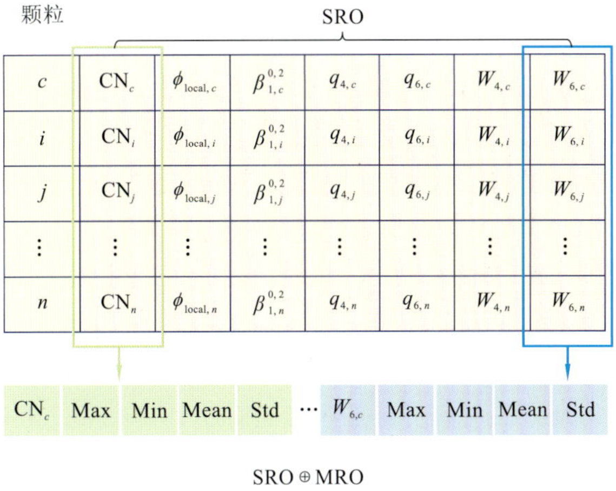

图 3.2.1　颗粒局部结构特征向量

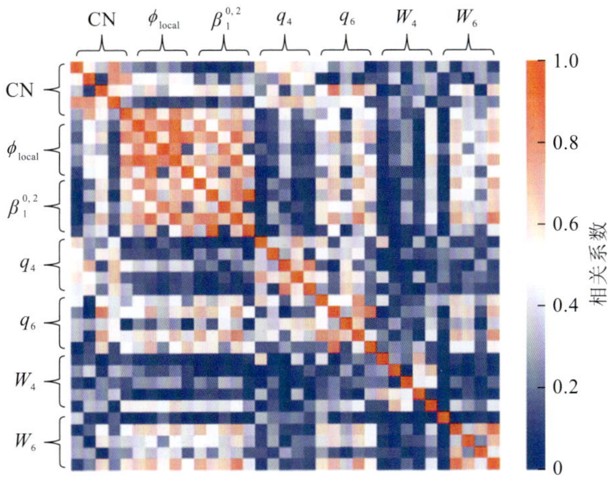

图 3.2.2　不同局部结构特征的皮尔逊相关系数热力图

3.2.2　模型训练方法

本小节旨在建立一类可以从颗粒局部结构预测结晶颗粒生成的机器学习模型。极端梯度提升机（XGBoost）算法是一种流行的监督机器学习算法，可用于研究材料科学中的局部结构-力学特性关系。XGBoost 本质上是一种决策树集成方法，相较于梯度增强决策树（GBDT）有一些算法上的改进（Chen and Guestrin，2016）。它依赖特征的连续输入和“弱”决策树的连续叠加，从而取得快速和优秀的学习效果。在特征提取之后，开始训练机器学习模型，将特征映射到需进行学习的特定属性，即颗粒经过几个循环剪切后是否可以结晶。之后，可以使用训练好的机器学习模型来检测结晶相前驱体，即目前处于无序状态但在不久的将来会转变为结晶态的颗粒。

迭代上述过程，对于每个颗粒，可以得到长度为 35 的局部结构特征向量。根据颗粒的当前状态和一定预测时域 T_{cyc} 之后的状态，将颗粒标记为前驱体或非前驱体。其中，T_{cyc} 为循环剪切次数。具体而言，如果一个颗粒从无序状态转变为结晶状态，它就被归类为前驱体，反之，它被归类为非前驱体。除分类之外，机器学习模型还可评估每个颗粒经历若干次循环剪切后的结晶概率，这可被视为结晶敏感度指标。此概念与前人在预测金属玻璃塑性变形中提出的塑性倾向度相似（Wang and Jain，2019）。例如，机器学习模型输出值为 0.5 表示结晶概率为 0.5，即模型预测目标颗粒在经历若干次循环剪切后结晶或不结晶的概率相等；结晶概率越大，颗粒结晶的可能性就越大。

值得注意的是，为了减少多晶核吸附效应的影响，不考虑颗粒吸附在大于临界核大小的多晶核的情况，这意味着只预测结晶核的产生，而非它的增长。如图 3.2.3 所示，使用不同的结晶颗粒识别方法对临界核的尺寸进行估计。图 3.2.3 的纵坐标表示多晶核即将增大和缩小的概率之差，当两个概率相等时，即可认为达到了临界核尺寸。在这里，一个多晶核是一组互相连接的结晶颗粒簇，其中，每个颗粒与多晶核中的其他颗粒共享至少三个 Voronoi 面。如图 3.2.3 所示，临界核的尺寸为 10～60 个颗粒，这与 Panaitescu 等（2012）研究结论类似。因此，为得到鲁棒性更强的结果，选择临界核大小分别为 20、30 和 40 以剔除吸附于多晶核的结晶颗粒。结果表明，机器学习结果在定性上并不依赖临界核大小的选择。本小节主要对采用临界核大小为 30 时的结果加以分析。

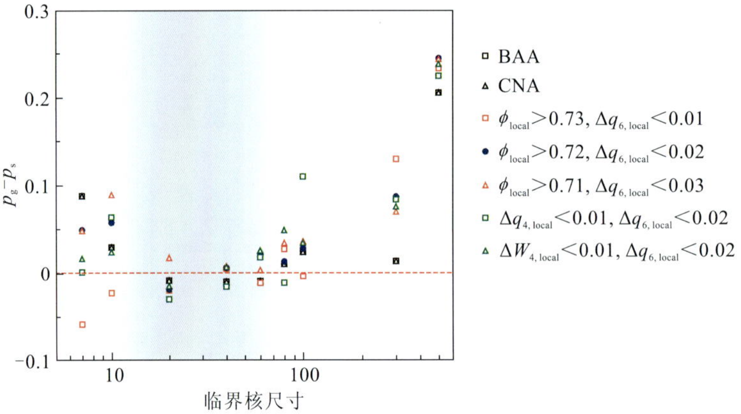

图 3.2.3 临界核尺寸估计

BAA 为黏结角分析（bond angle analysis），CNA 为共同近邻分析（common neighbor analysis）

图 3.2.4 为机器学习过程中构建数据集的流程示意图。如图所示，提取初始状态至最终状态的所有数据构成数据集。对于某一时刻 T，若该时刻目标颗粒处于无序状态，在经历 T_{cyc} 次循环剪切后，若该颗粒依然处于无序状态，则将该颗粒分类为非前驱体；若该颗粒转化为结晶状态，并且被判定为非多晶核吸附作用下的转化，则将该颗粒分类为前驱体。为分类好的颗粒分配其对应的特征集合，并将不同时刻的数据集合并，即构成了整体的数据集。

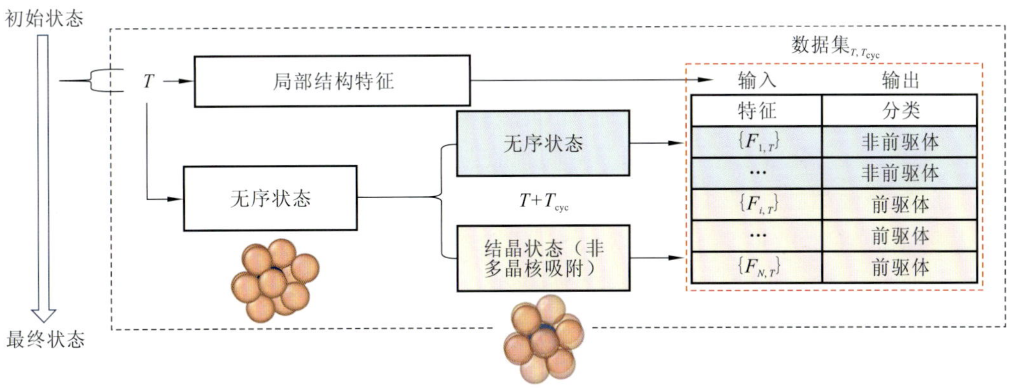

图 3.2.4　构建数据集流程示意图

本小节将数值模拟的所有数据等量划分以分别用于机器学习模型的训练和测试。由于数据集的不平衡性，使用欠采样方法获得正负样本平衡的训练集。使用五折交叉验证来训练机器学习模型，训练过程中使用网格搜索方法对超参数进行调试。使用 AUC-ROC 指标来评估模型预测能力。AUC-ROC 指标适用于测试集极度不平衡的情况，其定义如前所述。图 3.2.5 展示了预测时域为 $T_{cyc}=10$ 时，使用不同样本尺寸训练集机器学习模型的 AUC-ROC 得分。即当训练集样本尺寸小于 5 000 时，模型在训练集上的分类精度远远高于测试集，表明此时模型过拟合；当训练集样本尺寸大于 5 000 时，模型在测试集上的分类精度与训练集相等。因此可以认为 5 000 是最优的训练集样本尺寸，本章采用训练集样本尺寸为 5 000 进行机器学习模型训练。

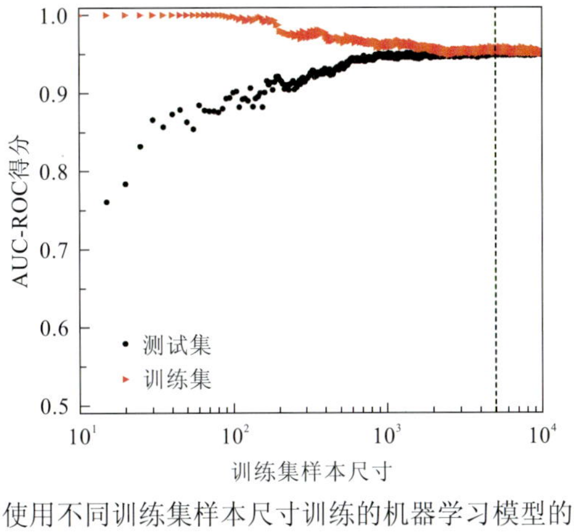

图 3.2.5　使用不同训练集样本尺寸训练的机器学习模型的分类精度

3.2.3 模型验证与对比

本小节比较使用不同类局部结构特征训练的机器学习模型的预测能力。除上述传统的近程结构特征和其对应的中程结构特征（简称传统结构特征）外，进一步计算了每个颗粒的对称性函数（symmetry functions）和间隙分布（interstice distributions）（Wang and Jain，2019；Cubuk et al.，2015）。使用上述三类局部结构特征的情况下，每个颗粒的局部结构分别由 35 个、72 个和 60 个特征来表示。

图 3.2.6（a）展示了不同类局部结构特征训练的机器学习模型的 AUC-ROC 得分。其中，对每个模型独立训练了 100 次。误差棒表示 100 次 AUC-ROC 得分的标准差。值得注意的是，AUC-ROC 得分均大于 0.5，说明三类机器学习模型具有预测能力。当使用当前结构预测循环剪切 100 次后颗粒是否会结晶时，三种模型在测试集上的平均 AUC-ROC 得分分别为 0.80、0.78、0.77。它们均显著高于基线模型的 AUC-ROC 得分 0.5，这表明实现这种预测并非易事。虽然传统局部结构特征的数量是三者中最小的，但其预测能力优于其他两种模型局部结构特征。研究发现，与传统局部结构特征和对称性函数相比，间隙分布在预测金属玻璃塑性变形方面具有更好的性能（Wang and Jain，2019）。与对称性函数和间隙分布相比，传统局部结构特征如局部体积分数和局部键取向序参数具有更清晰的物理意义。因此，可以推测，传统局部结构特征更有效地捕获了颗粒材料结晶预测所需的局部结构信息。

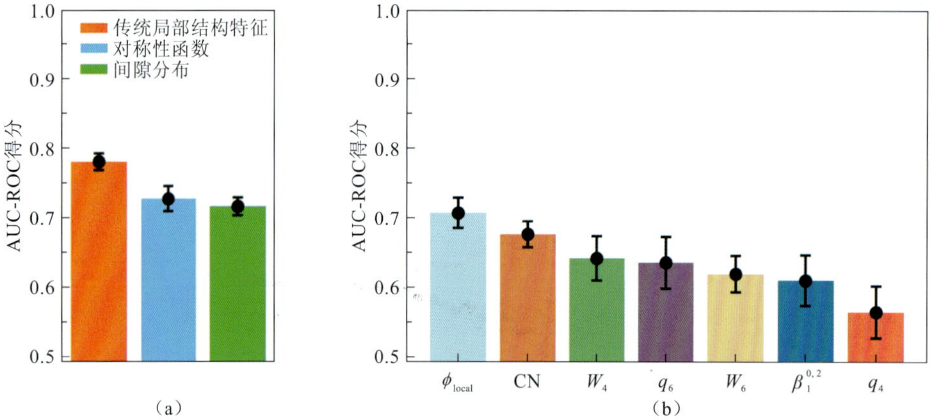

图 3.2.6　使用不同类局部结构特征训练的机器学习模型的分类精度

进一步使用单一近程结构特征与其对应中程结构特征训练了机器学习模型。例如，当选择局部体积分数 ϕ_{local} 作为近程结构特征时，进一步计算其中程结构特征量：$\phi_{local,min}$、$\phi_{local,max}$、$\phi_{local,mean}$ 和 $\phi_{local,std}$，并使用这 5 个局部结构特征量作为机器学习模型的输入。图 3.2.6（b）显示了使用单一近程结构特征与其对应中程结构特征所建立的机器学习模型的 AUC-ROC 得分。结果表明，使用单一近程结构特征与其对应中程结构特征会导致机器学习模型拟合效果不足，不能保证良好的分类精度。例如，使用局部键取向序参数 q_4 及其对应中程结构特征训练的机器学习模型的 AUC-ROC 得分为 0.64，显著低于传统结构特征的 0.80。从图 3.2.6（b）中也可推测，近程及中程的 ϕ_{local} 和 q_6 是颗粒结晶演化过程中最重要的两类结构特征。

3.2.4　机器学习预测效果

使用已训练好的机器学习模型，可以基于某一时刻颗粒体系的结构预测结晶颗粒的产生。以预测时域 $T_{\mathrm{cyc}}=100$ 的情况为例，图 3.2.7（a）展示了机器学习模型对循环剪切 2 100 次时颗粒体系结构的预测。预测值即结晶概率的范围为 0～1，预测值越大，颗粒接近结晶状态的可能性就越大。由图 3.2.7（a）可知，大多数颗粒的结晶概率小于 0.5，只有少数颗粒（红色部分）可能会在循环剪切 2 200 次时结晶。为了检验由预测而得的高结晶概率颗粒是否会在 100 次循环剪切后结晶，计算循环剪切 2 200 次时每个颗粒的局部各向异性系数 $\beta_1^{0,2}$ 和局部体积分数 ϕ_{local}。图 3.2.7（b）展示了 $\beta_1^{0,2}$-ϕ_{local} 平面上的散点分布图，其中每个散点对应一个颗粒，散点的颜色为根据机器学习模型所预测的颗粒结晶概率。图 3.2.7（b）中虚线的交点代表结晶状态点。可以看出，虽然散点分布广泛，但是大多数高结晶概率颗粒确实在向结晶状态移动。

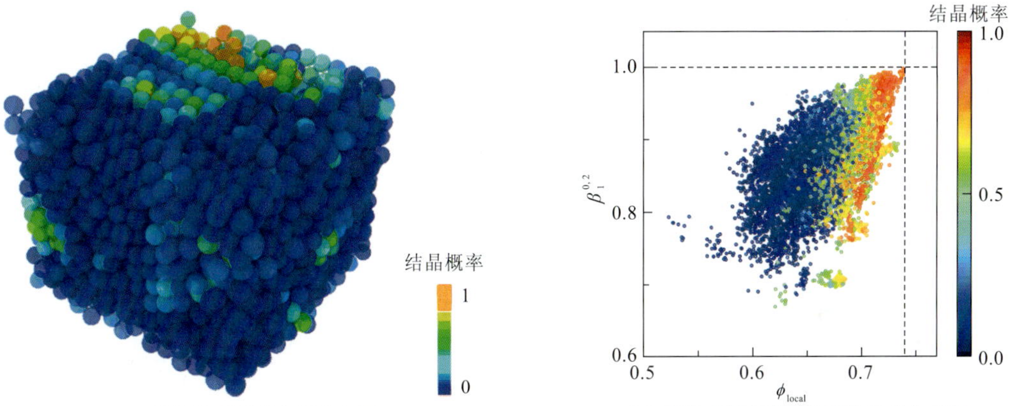

（a）颗粒结晶概率空间分布图　　（b）以结晶概率着色的颗粒散点分布图

图 3.2.7　机器学习模型对 2 100 次循环剪切时颗粒体系结构的预测

进一步研究预测时域对机器学习模型预测精度的影响。在此，通过构建具有不同预测时域的训练集来训练机器学习模型。如图 3.2.8 所示，机器学习模型的 AUC-ROC 得分随着预测时域的增加而降低。使用传统结构特征时，模型准确率从 $T_{\mathrm{cyc}}=10$ 时的 0.95 下降到 $T_{\mathrm{cyc}}=100$ 时的 0.80；当预测时域超过 500 次循环剪切时，模型的预测能力几乎丧失。较大预测时域下依然存在显著的准确性表明颗粒体系内对颗粒局部结构的长期遗传效应。机器学习模型准确率对预测时域的依赖性显示出一种带截断的幂律衰减关系，这类似于颗粒变形和结构特征的时间相关性衰减。因此，颗粒体系结构预测较大时域后颗粒结晶转化的能力和此类幂律衰减关系可能是颗粒材料内“记忆效应”的结果（Kou et al., 2017）。与此同时，单独使用近程结构特征作为输入的机器学习模型比同时使用近程结构特征和中程结构特征的机器学习模型的预测能力略低。结果表明，近程结构特征在颗粒材料的结晶动力学和模型预测中起主导作用，同时中程结构特征对模型的预测能力有所

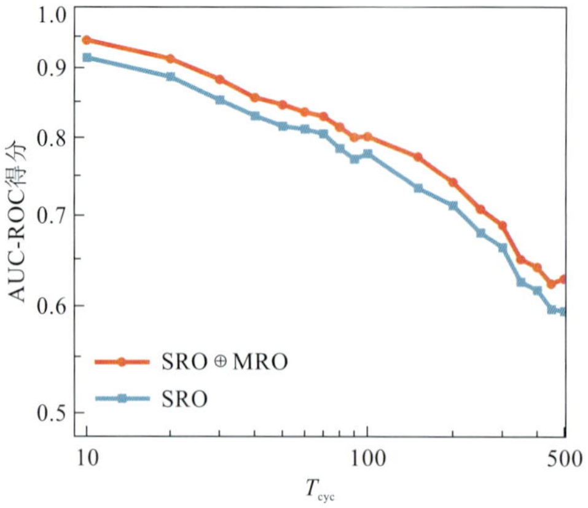

图 3.2.8　机器学习模型预测准确率的预测时域依赖性

提升。当使用不同的结晶颗粒定义方法时，依然可以观察到机器学习模型准确率的预测时域依赖性，这证明了本章的结果是鲁棒的。

此外，本小节分析不同结晶颗粒识别方法下机器学习模型预测准确率的预测时域依赖性，如图 3.2.9 所示。除结晶颗粒识别方法之外，分别采用其他 6 种结晶颗粒识别方法，并进行相应的机器学习建模与分析。结果表明，不同的结晶颗粒识别方法对机器学习模型的准确率稍有影响，原因是不同的结晶颗粒识别方法对晶体颗粒的敏感度不同。尽管如此，结果表明，不同结晶颗粒识别方法下机器学习模型的 AUC-ROC 得分随着预测时域的增大而降低，即表现出一致的预测时域依赖性。结果使相关结论得到更强有力的论证。

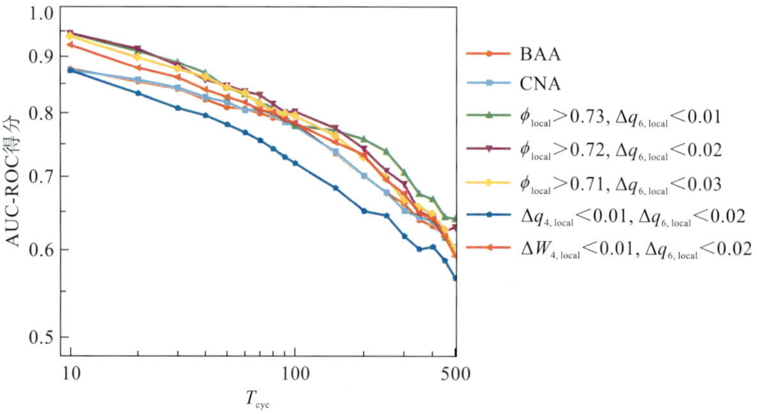

图 3.2.9　不同结晶颗粒识别方法下机器学习模型预测准确率的预测时域依赖性

将上述 6 种结晶颗粒识别方法列举如下。

（1）CNA：CNA 是常用的结构识别方法。为目标颗粒与其邻域颗粒构造一个图谱。如果从目标颗粒的图谱中导出的离散化指纹与严格 FCC 及 HCP 结构一致，则该颗粒被识别为结晶颗粒（Faken and Jónsson，1994）。

（2）BAA：此处，将目标颗粒与其 12 个最近邻颗粒中的任意 2 个形成的夹角与严格 FCC 及 HCP 结构作对比。如果角度（以弧度为单位）差的平方和低于阈值 $\delta = 0.1$，则可将目标颗粒分类为结晶颗粒。值得注意的是，在进行对比之前，夹角必须被排序（Bargiel and Tory，2001）。

（3）依然使用键取向序参数 q_6 和局部体积分数 ϕ_{local} 作为识别结晶颗粒的指标，只是取不同的阈值：$\phi_{\text{local}} > 0.71$，$\Delta q_6 < 0.03$。其中，$\Delta q_6 < 0.01$ 意味着对 HCP 晶体结构而言，$q_6 = 0.485 \pm 0.010$；对 FCC 晶体结构而言，$q_6 = 0.575 \pm 0.010$。

（4）同上，取不同的阈值：$\phi_{\text{local}} > 0.71$，$\Delta q_6 < 0.03$。

（5）使用不同的局部结构指标作为识别结晶颗粒的指标。此处，使用键取向序参数 q_4 和 q_6 作为识别结晶颗粒的指标：$\Delta q_4 < 0.01$，$\Delta q_6 < 0.02$。其中，$\Delta q_4 < 0.01$ 意味着对 HCP 晶体结构而言，$q_6 = 0.097 \pm 0.010$；对 FCC 晶体结构而言，$q_6 = 0.191 \pm 0.010$。

（6）此处，使用键取向序参数 W_4 和 q_6 作为识别结晶颗粒的指标：$\Delta W_4 < 0.01$，$\Delta q_6 < 0.02$。

此外，分析不同临界核尺寸情况下机器学习模型预测准确率的预测时域依赖性。如图 3.2.10 所示，除采用临界核尺寸为 30 的情况外，还采用其他两种临界核尺寸，并进行相应的机器学习建模与分析。结果表明，不同的临界核尺寸对机器学习模型的准确率的影响微乎其微。

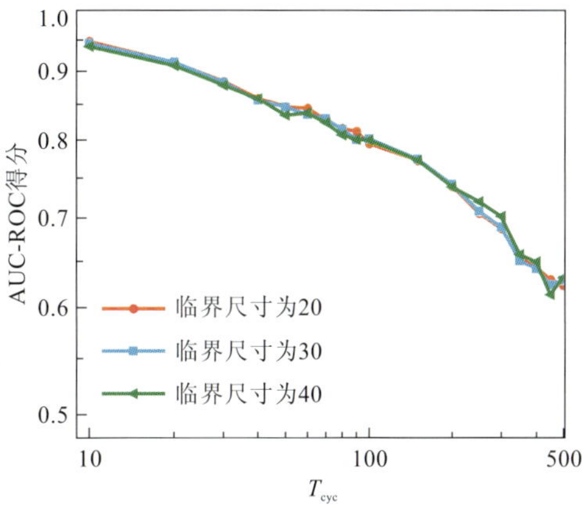

图 3.2.10　不同临界核尺寸情况下机器学习模型预测准确率的预测时域依赖性

为了对机器学习模型准确率的预测时域依赖性加以解释，分析不同预测时域情况下被预测为结晶相前驱体颗粒 DFC 值的分布情况，如图 3.2.11 所示。这里将 DFC 值定义为颗粒当前状态与结晶状态在以 CN、ϕ_{local} 和 $\beta_1^{0,2}$ 值所构成的结构空间中的距离。可以观察到，颗粒的 DFC 值越大，它被预测为结晶相前驱体的可能性就越小。随着预测时域的增加，DFC 值越大的颗粒被归类为结晶相前驱体的概率越大，这在一定程度上解释了模型准确率随着预测时域的增加而下降的原因。

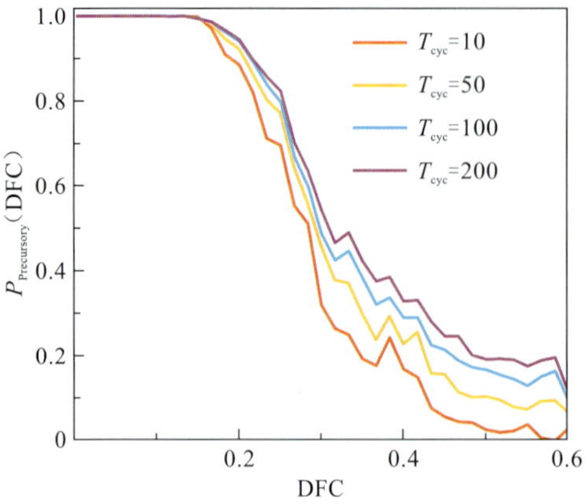

图 3.2.11　不同预测时域结晶前驱体颗粒 DFC 值的分布

3.3　局部结构对最密堆积演化的影响机制

3.3.1　特征重要性分析

本章的目的不仅是建立一个机器学习模型来识别结晶相前驱体颗粒，更是为了更好地理解颗粒材料结晶演化过程，并提供一些全新的见解。如上文所述，提出的机器学习模型能够成功地预测颗粒的结晶转化概率或识别结晶相前驱体颗粒。除传统的分类功能外，机器学习模型还能够从数据的复杂关系中提取经验知识（Ren et al.，2019；Wang and Jain，2019；Cubuk et al.，2015）。本节首先使用 SHAP 来评估机器学习模型的特征重要性（Lundberg and Lee，2017）。

使用预测时域 $T_{cyc}=100$ 时的机器学习模型进行特征重要性分析。图 3.3.1 为机器学习模型特征重要性排名前 10 的特征的平均 SHAP 值条形图，其中，深蓝色表示近程结构特征，深红色表示中程结构特征。可以看出，将结构特征从近程扩展到中程，可以提高模型预测能力。然而，重要性排名前 4 的特征中有 3 个是近程结构特征，即局部体积分数 ϕ_{local}、局部键取向序参数 q_6 和局部各向异性系数 $\beta_1^{0,2}$，这意味着近程结构特征是构建机器学习模型的基石。中程结构特征的重要性同样有所体现，即重要性排名前 10 的特征中有 5 个中程结构特征。可以推测，近程结构特征在结晶颗粒预测中起着基础性的作用，而中程结构特征对提高模型性能是必不可少的。

此外，如图 3.3.2 所示，当使用不同的结晶颗粒识别方法时，ϕ_{local} 和 q_6 被识别为最重要的两个局部结构特征，这证明了研究结果的鲁棒性。

此外，如图 3.3.3 所示，当使用不同的临界核尺寸时，ϕ_{local} 和 q_6 被识别为最重要的两个局部结构特征，这证明了研究结果的鲁棒性。

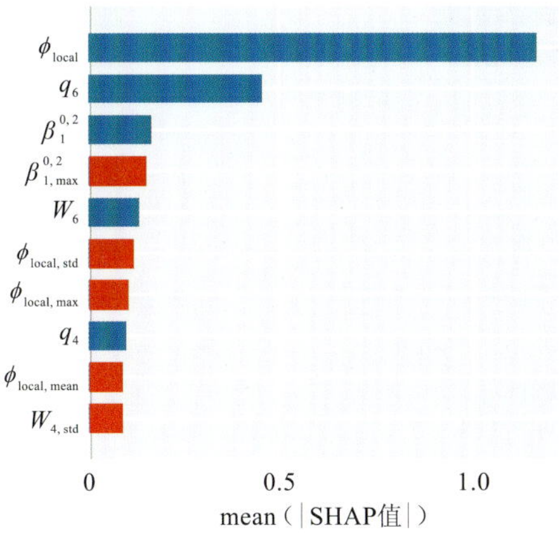

图 3.3.1　模型特征重要性排序图

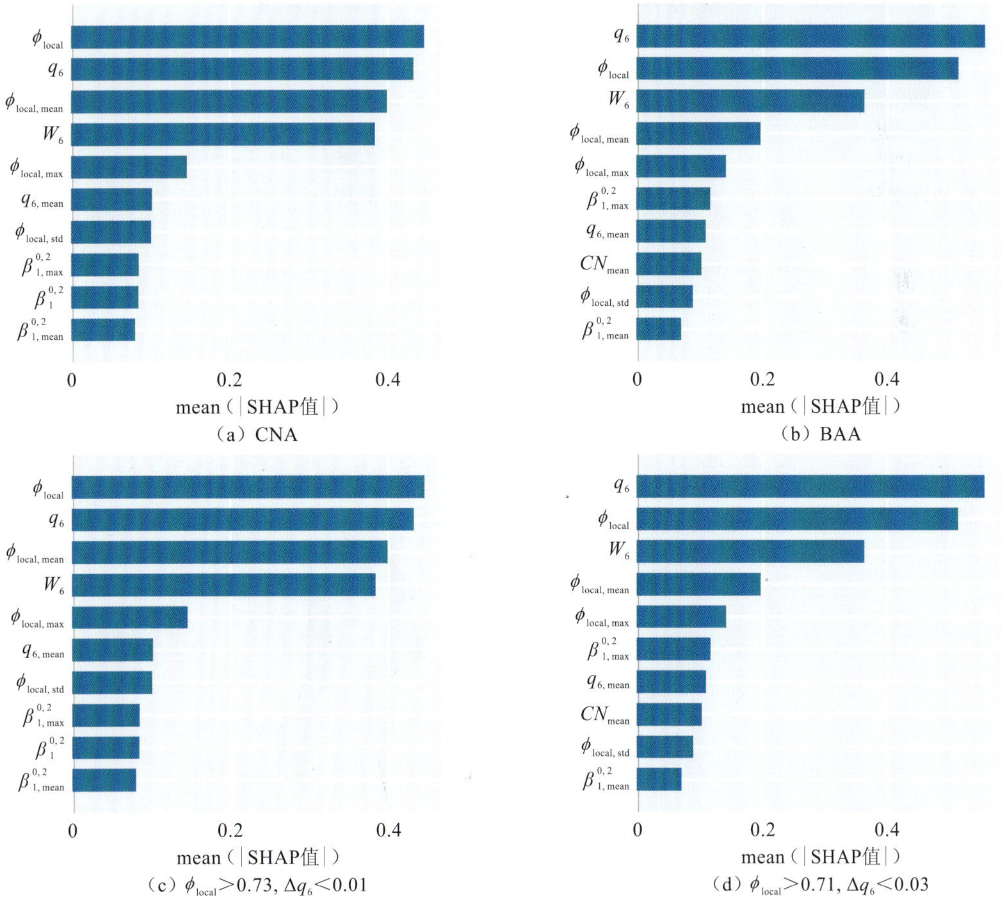

（a）CNA　　（b）BAA

（c）$\phi_{local}>0.73$, $\Delta q_6<0.01$　　（d）$\phi_{local}>0.71$, $\Delta q_6<0.03$

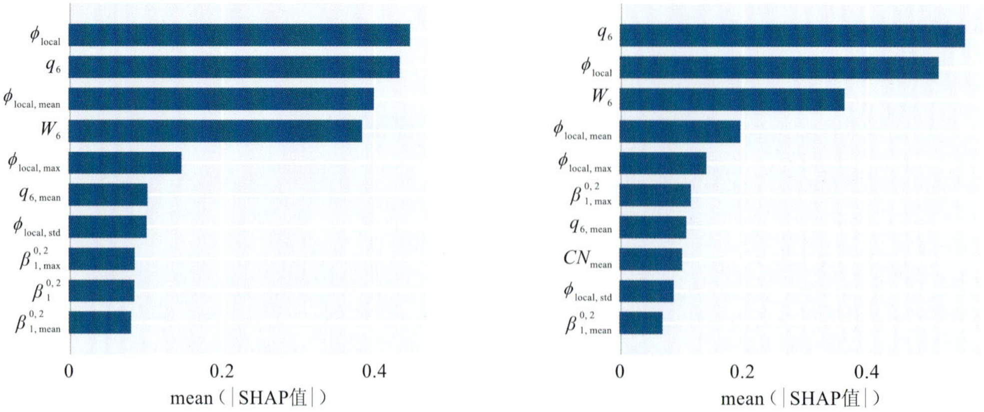

(e) $\Delta q_4<0.01, \Delta q_6<0.02$ (f) $\Delta W_4<0.01, \Delta q_6<0.02$

图 3.3.2 不同结晶颗粒识别方法情况下模型特征重要性排序图

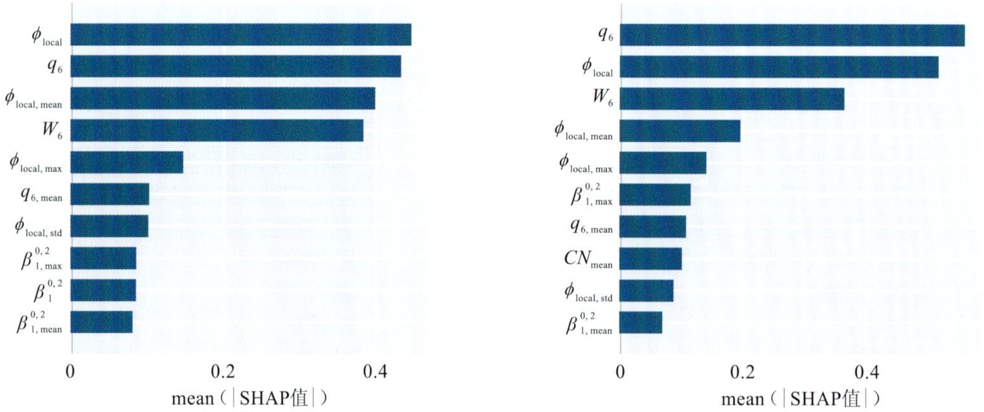

(a) 临界核尺寸为20 (b) 临界核尺寸为40

图 3.3.3 不同临界核尺寸情况下模型特征重要性排序图

接下来比较使用机器学习模型预测的结晶相前驱体和非前驱体颗粒典型局部结构特征的核密度估计。如图 3.3.4 所示，上述两类颗粒存在显著差异，进一步说明机器学习模型可以在较大的预测时域情况下从近程和中程结构特征预测结晶颗粒的生成。

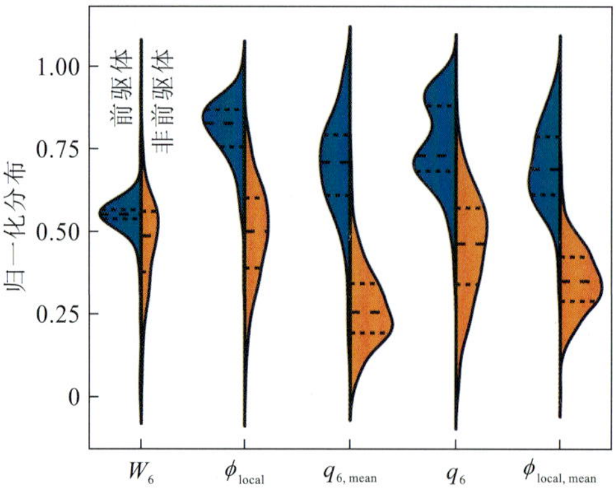

图 3.3.4 前驱体和非前驱体颗粒的典型局部结构特征分布图

3.3.2　特征依赖性分析

鉴于局部体积分数 ϕ_{local} 和局部键取向序参数 q_6 是机器学习模型中最重要的两个局部结构特征，本小节进一步探究其是如何影响模型预测效果的，如图 3.3.5 所示。图 3.3.5（a）为局部体积分数 ϕ_{local} 的特征依赖图，图中每个点都代表预测集中的一个样本，具有不同 ϕ_{local} 值的样本得到不同的 SHAP 值。可以观察到，较大的 ϕ_{local} 值对将目标颗粒预测为结晶相前驱体有正向贡献，反之，则有负向贡献。此外，图 3.3.5（a）表明，如果颗粒的 ϕ_{local} 值超过了转换点（此处转换点为 $\phi_{\text{local}}=0.68$），它将很容易在接下来的演化过程中转变为结晶状态。这一发现与前人循环剪切试验研究中所出现的演化平台类似。其中，靠近多晶核表面颗粒的局部体积分数略高于其他，随之多晶核在循环剪切作用下进一步生长。类似地，图 3.3.5（b）表明，如果颗粒的 q_6 值超过了转化点（此处转化点为 $q_6=0.47$），它将同样很容易在接下来的演化过程中转变为结晶状态。

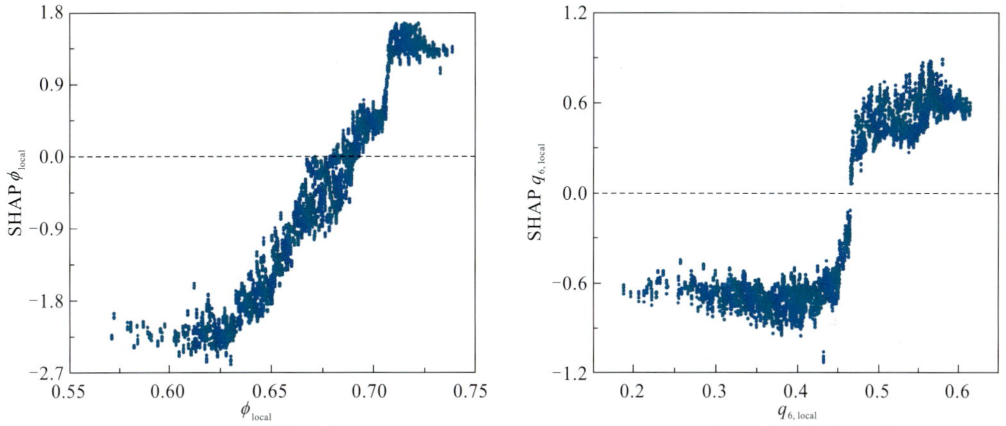

（a）局部体积分数　　（b）局部键取向序参数

图 3.3.5　特征依赖图

此外，图 3.3.6 展示了不同结晶颗粒识别方法情况下局部体积分数 ϕ_{local} 的特征依赖图。由图可知，不同结晶颗粒识别方法情况下局部体积分数的特征依赖图均存在类似的变化趋势，即较大的 ϕ_{local} 值对将目标颗粒预测为结晶相前驱体有正向贡献，反之，则有负向贡献。不同的是，不同结晶颗粒识别方法情况下转换点存在差异，原因是不同的结晶颗粒识别方法对晶体颗粒的敏感度不同。上述结论证明了研究结果的鲁棒性。

另外，图 3.3.7 展示了不同结晶颗粒识别方法情况下局部键取向序参数 q_6 的特征依赖图。由图可知，不同结晶颗粒识别方法情况下局部键取向序参数的特征依赖图均存在类似的变化趋势，即较大的 q_6 值对将目标颗粒预测为结晶相前驱体有正向贡献，反之，则有负向贡献。不同的是，不同结晶颗粒识别方法情况下转换点存在差异，原因

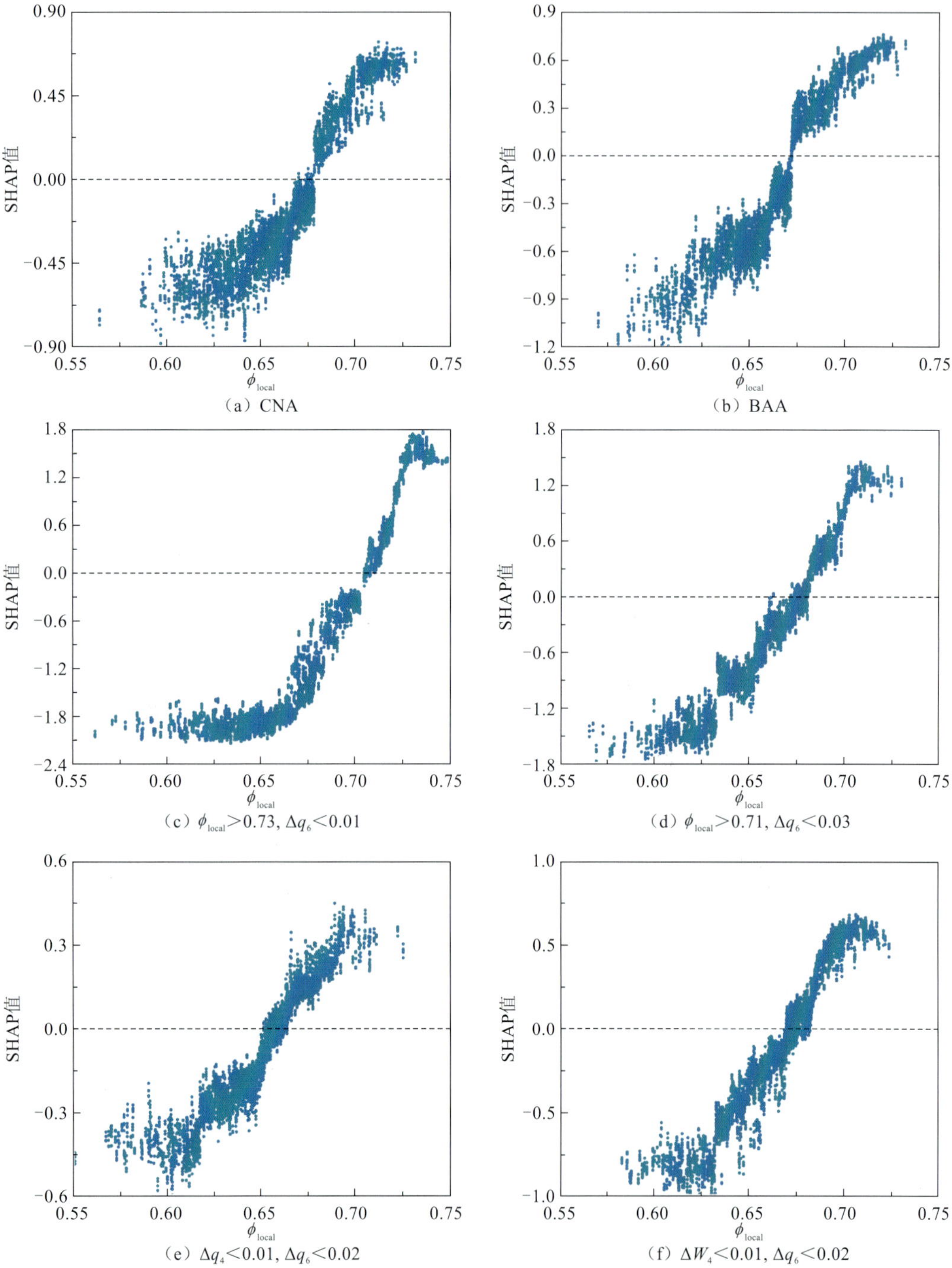

图 3.3.6　不同结晶颗粒识别方法情况下局部体积分数的特征依赖图

是不同的结晶颗粒识别方法对晶体颗粒的敏感度不同。上述结论证明了研究结果的鲁棒性。

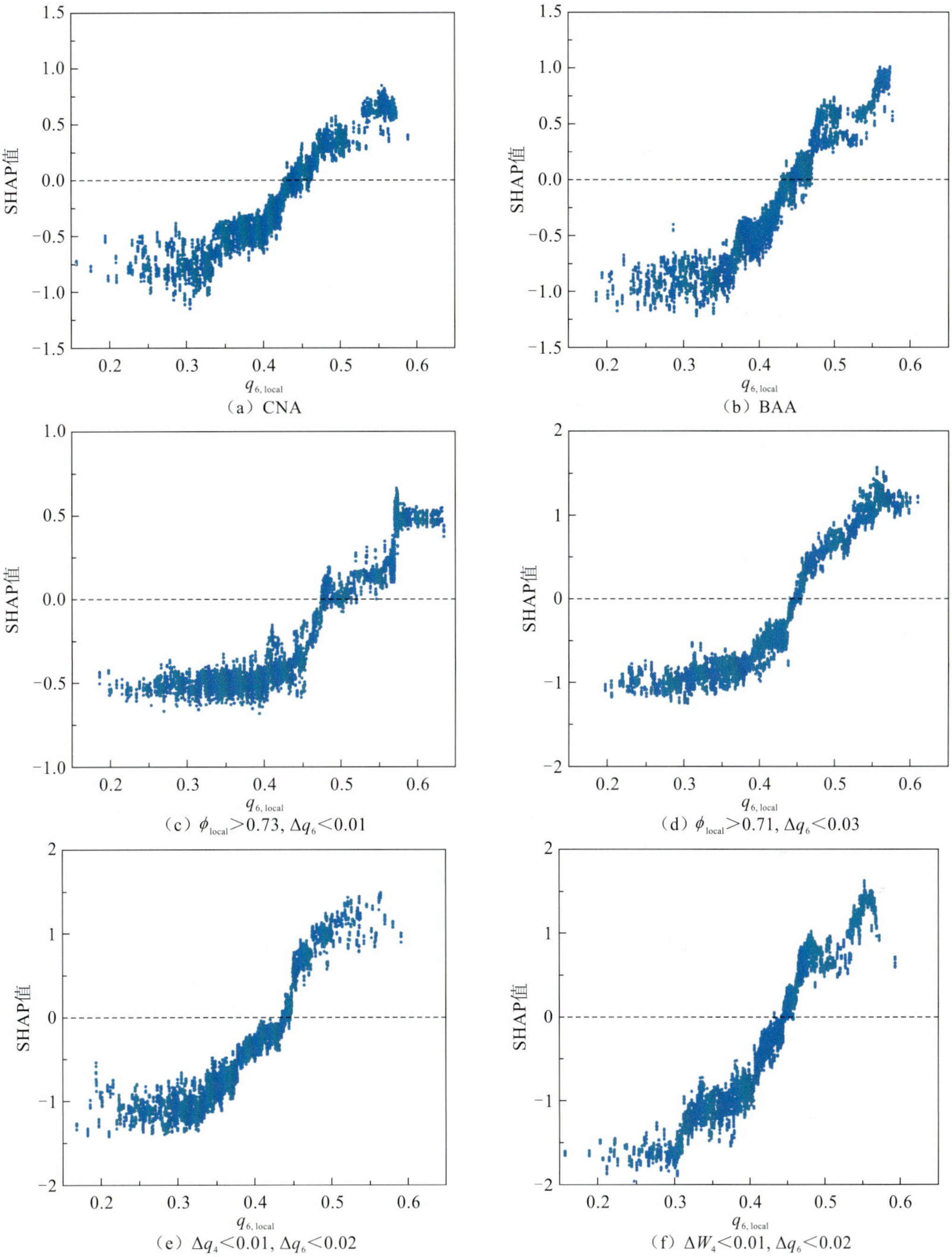

图 3.3.7　不同结晶颗粒识别方法情况下局部键取向序参数的特征依赖图

此外，图 3.3.8 展示了不同临界核尺寸情况下局部体积分数 ϕ_{local} 的特征依赖图。由图可知，不同临界核尺寸情况下局部体积分数的特征依赖图均存在类似的变化趋势，即，较大的 ϕ_{local} 值对将目标颗粒预测为结晶相前驱体有正向贡献，反之，则有负向贡献。不同的是，不同临界核尺寸情况下转换点存在差异。上述结论证明了研究结果的鲁棒性。

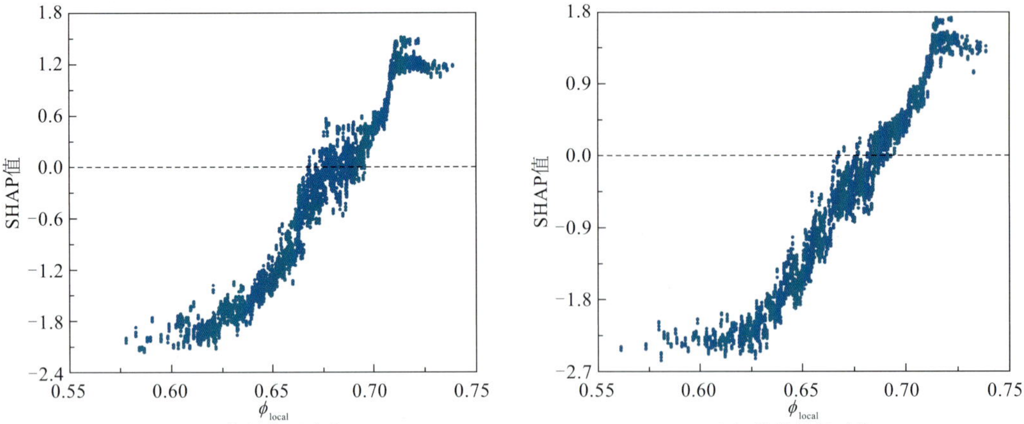

（a）临界核尺寸为20　　（b）临界核尺寸为40

图 3.3.8　不同临界核尺寸情况下局部体积分数的特征依赖图

此外，图 3.3.9 展示了不同临界核尺寸情况下局部键取向序参数 q_6 的特征依赖图。由图可知，不同临界核尺寸情况下局部键取向序参数的特征依赖图均存在类似的变化趋势，即较大的 q_6 值对将目标颗粒预测为结晶相前驱体有正向贡献，反之，则有负向贡献。不同的是，不同临界核尺寸情况下转换点存在差异。上述结论证明了研究结果的鲁棒性。

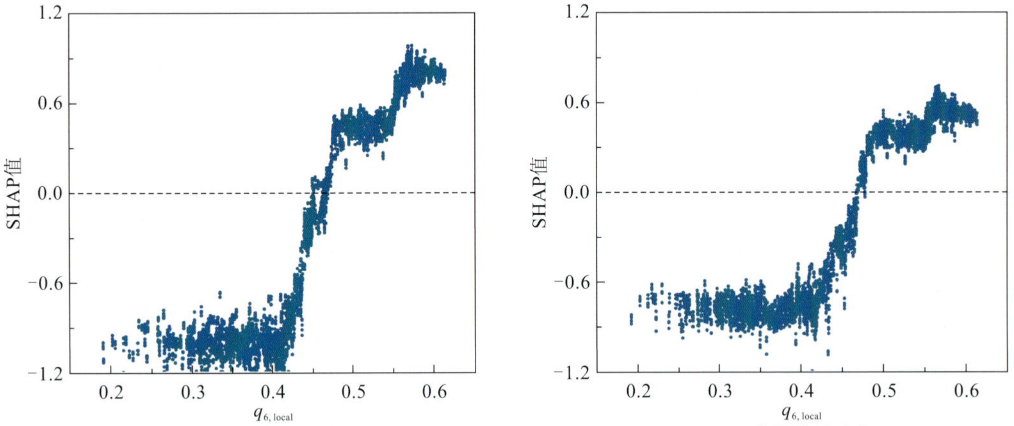

（a）临界核尺寸为20　　（b）临界核尺寸为40

图 3.3.9　不同临界核尺寸情况下局部键取向序参数的特征依赖图

3.3.3　结晶相前驱体颗粒的空间分布

进一步分析结晶相前驱体颗粒的空间分布，以便更深入地理解颗粒材料结晶演化过程。图 3.3.10（a）展示了采用不同预测时域时结晶相前驱体颗粒的对分布函数 $g(\boldsymbol{r})$。其中，分别选择 10、100、200 和 500 四个预测时域。随着预测时域的减小，$g(\boldsymbol{r})$的第二个峰值和第三个峰值均呈现较大的值，说明前驱体颗粒具有较高的有序度。结晶颗粒的前三个峰值均达到最大值，即达到局部结晶状态。进一步使用局部结构熵 s_2 对分布函数 $g(\boldsymbol{r})$

进行定量描述（Watanabe et al.，2011；Tanaka et al.，2010）。在单分散颗粒体系中，通过增加振动熵实现了从无序到有序的相变，同时牺牲了结构熵（Tanaka et al.，2010）。局部结构熵 s_2 定义为

$$s_2 = -\frac{\rho}{2}\int d\boldsymbol{r}[g(\boldsymbol{r})\ln g(\boldsymbol{r}) - (g(\boldsymbol{r}) - 1)] \tag{3.3.1}$$

式中：ρ 为数量密度。因此，在单分散颗粒体系中，结晶颗粒对分布函数的值 s_2 最小。

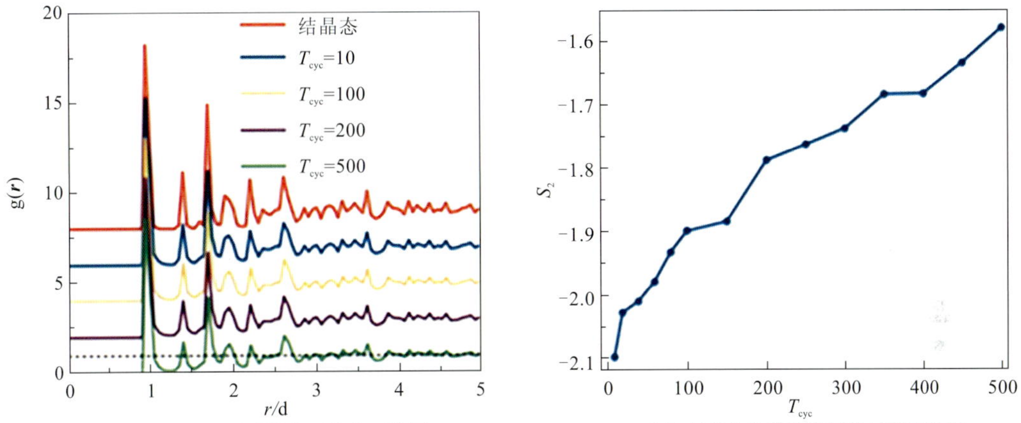

（a）不同预测时域的对分布函数图　（b）局部结构熵随预测时域的变化图

图 3.3.10　结晶相前驱体颗粒参数随预测时域的变化图

图 3.3.10（b）展示了 s_2 随着预测时域的变化。可以看出，s_2 值随着预测时域的减小而减小。当预测时域为 500 时，结晶相前驱体颗粒接近完全无序状态；当预测时域快速下降至 10 时，结晶相前驱体颗粒快速接近有序状态。预测时域为 500 时的 s_2 值说明了 s_2 值为−1.6 的颗粒将有可能在 500 次循环剪切后结晶。不同结晶相前驱体颗粒的 s_2 值在预测时域为 500 到 10 时的下降趋势表明，当颗粒的 s_2 值低于−1.6 时，如果颗粒的 s_2 值较低，则该颗粒可能在经历较短的时间跨度后转化为结晶状态。本章所提出的机器学习模型预测的不同预测时域情况下的结晶相前驱体在一定程度上反映了颗粒材料结晶演化过程，这从另一方面证明了该机器学习模型的有效性和正确性。

3.4　本章小结

本章使用离散单元法模拟进行了单分散颗粒材料的循环剪切试验。通过选择合适的摩擦系数和剪切振幅，可以观察到典型的颗粒材料结晶演化过程。对颗粒试样循环剪切 5 000 次之后，其中心区域的结晶颗粒数量增加到约 30%。随后建立了机器学习模型以预测结晶颗粒的生成。颗粒的局部结构被编码成特征向量以作为机器学习模型的输入。最终，形成由 7 个传统的近程结构特征（SRO）和与其对应的 28 个中程结构特征（MRO）组成的长度为 35 的特征向量。经过训练的机器学习模型可以很好地预测结晶颗粒的

生成。本章所选择的长度为 35 的传统结构特征向量具有优于对称性函数和间隙分布的预测能力。

使用单个近程特征及其中程结构特征作为输入来训练机器学习模型，与使用长度为 35 的传统结构特征向量相比，不能保证良好的分类精度。其中，ϕ_{local} 和 q_6 的近程及中程结构特征具有较好的预测能力，这表明它们是最重要的两类局部结构特征。模型特征重要性分析也表明，ϕ_{local} 和 q_6 具有最高的特征重要性。此外，结果表明机器学习模型的预测能力随着预测时域的增大而减小，这意味着只能在有限的时间内预测颗粒材料的结晶演化。同时，结果表明中程结构特征可以提高机器学习模型的预测能力，这与模型特征重要性分析相吻合。

综上所述，本章提出预测单分散颗粒材料结晶演化过程的机器学习模型，并识别了模型中相对重要的局部结构特征，进一步发现了机器学习模型预测能力的时域依赖性。尽管所提出的机器学习模型仅在数值模拟中得到验证，但所使用的数据处理和机器学习算法是通用的，并不拘泥于特定的体系，因此所提出的用于预测结晶颗粒生成的机器学习框架在单分散颗粒材料范围内是可移植的。

参考文献

Bargiel M, Tory E M, 2001. Packing fraction and measures of disorder of ultradense irregular packings of equal spheres: II. Transition from dense random packing. Advanced Powder Technology, 12(4): 533-557.

Boattini E, Dijkstra M, Filion L, 2019. Unsupervised learning for local structure detection in colloidal systems. The Journal of Chemical Physics, 151(15): 154901.

Boattini E, Marín-Aguilar S, Mitra S, et al., 2020. Autonomously revealing hidden local structures in supercooled liquids. Nature Communications, 11(1): 5479.

Chen T, Guestrin C, 2016. XGBoost: A scalable tree boosting system//22nd ACM SIGKDD International Conference on Knowledge Discovery and Data Mining, San Francisco: 785-794.

Cubuk E D, Ivancic R S, Schoenholz S S, et al., 2017. Structure-property relationships from universal signatures of plasticity in disordered solids. Science, 358(6366): 1033-1037.

Cubuk E D, Schoenholz S S, Rieser J M, et al., 2015. Identifying structural flow defects in disordered solids using machine-learning methods. Physical Review Letters, 114(10): 108001.

Denisov D V, Lörincz K A, Uhl J T, et al., 2016. Universality of slip avalanches in flowing granular matter. Nature Communications, 7: 10641.

Faken D, Jónsson H, 1994. Systematic analysis of local atomic structure combined with 3D computer graphics. Computational Materials Science, 2(2): 279-286.

Gasser U, Weeks E R, Schofield A, et al., 2001. Real-space imaging of nucleation and growth in colloidal crystallization. Science, 292(5515): 258-262.

Honeycutt J D, Andersen H C, 1987. Molecular dynamics study of melting and freezing of small

Lennard-Jones clusters. The Journal of Physical Chemistry, 91(19): 4950-4963.

Kapfer S C, Mickel W, Mecke K, et al., 2012. Jammed spheres: Minkowski tensors reveal onset of local crystallinity. Physical Review E, Statistical, Nonlinear, and Soft Matter Physics, 85(3 Pt 1): 030301.

Kou B Q, Cao Y X, Li J D, et al., 2017. Granular materials flow like complex fluids. Nature, 551(7680): 360-363.

Lopera Perez J C, Kwok C Y, O'Sullivan C, et al., 2016. Assessing the quasi-static conditions for shearing in granular media within the critical state soil mechanics framework. Soils and Foundations, 56(1): 152-159.

Lundberg S M, Lee S I, 2017. A unified approach to interpreting model predictions//Weiss Y, Scholkopf B, Platt J C. Advances in Neural Information Processing Systems: 4768-4777.

Panaitescu A, Reddy K A, Kudrolli A, 2012. Nucleation and crystal growth in sheared granular sphere packings. Physical Review Letters, 108(10): 108001.

Peng H L, Li M Z, Wang W H, 2011. Structural signature of plastic deformation in metallic glasses. Physical Review Letters, 106(13): 135503.

Ren C X, Dorostkar O, Rouet Leduc B, et al., 2019. Machine learning reveals the state of intermittent frictional dynamics in a sheared granular fault. Geophysical Research Letters, 46(13): 7395-7403.

Rietz F, Radin C, Swinney H L, et al., 2018. Nucleation in sheared granular matter. Physical Review Letters, 120(5): 055701.

Royer J R, Chaikin P M, 2015. Precisely cyclic sand: Self-organization of periodically sheared frictional grains. Proceedings of the National Academy of Sciences of the United States of America, 112(1): 49-53.

Steinhardt P J, Nelson D R, Ronchetti M, 1983. Bond-orientational order in liquids and glasses. Physical Review B, 28(2): 784-805.

Tanaka H, Kawasaki T, Shintani H, et al., 2010. Critical-like behaviour of glass-forming liquids. Nature Materials, 9(4): 324-331.

Wang Q, Jain A, 2019. A transferable machine-learning framework linking interstice distribution and plastic heterogeneity in metallic glasses. Nature Communications, 10(1): 5537.

Watanabe K, Kawasaki T, Tanaka H, 2011. Structural origin of enhanced slow dynamics near a wall in glass-forming systems. Nature Materials, 10: 512-520.

第4章 微观结构“编码”塑性变形倾向

当颗粒材料受到机械扰动时，其内部会产生动态非均匀性。从材料科学的视角来看，这种动态非均匀性与局部结构有关，但当前针对颗粒材料局部结构-力学特性的相关研究还很少。本章采用离散单元法（DEM）模拟多分散颗粒体系的常规三轴加载试验。在数值模拟中，使用不同的颗粒间滑动摩擦系数表示不同的微观接触模式。引入极端梯度提升机（XGBoost）算法进行机器学习，从颗粒材料的局部结构出发，建立预测颗粒材料微观塑性变形的机器学习模型。此外，研究颗粒材料的局部结构指标对颗粒体系力学特性的影响，揭示不同摩擦系数颗粒体系中机器学习预测能力的变化机制。

4.1 常规三轴数值试验

4.1.1 试验方案

制备由 16 000 个多分散球形颗粒组成的一系列数值试样，如图 4.1.1 所示，其中 d_{50} 为颗粒的中值粒径。

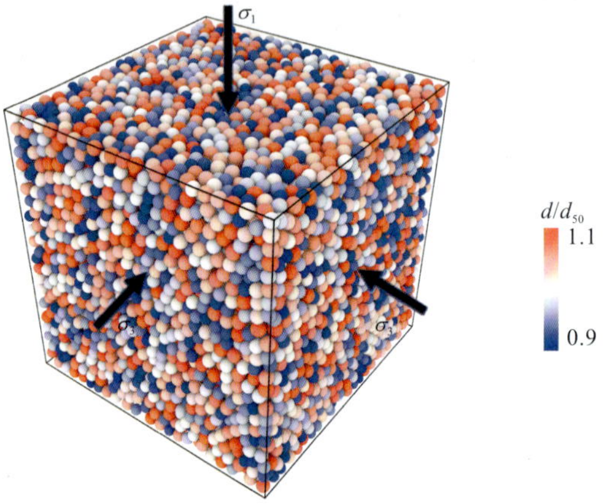

图 4.1.1 常规三轴数值试验示意图

颗粒平均半径为 $d = 0.02$ m，分散度为 $\Delta d = 0.002$ m，试样尺寸约为 0.49 m× 0.49 m× 0.49 m 。使用 LIGGGHTS 软件（Amberger，2012）实现离散单元法的数值模拟。在离散单元法模拟中采用 Hertz-Mindlin 接触模型，数值模拟参数如表 4.1.1 所示。

表 4.1.1 常规三轴数值试验参数表

参数	符号	值	单位
弹性模量	Y	2.6	GPa
泊松比	ν	0.22	—
恢复系数	r_e	0.95	—
时间步	Δt	1×10^{-6}	s
颗粒间滑动摩擦系数	μ	0.01，0.05，0.1，0.2，0.3，0.4	—
颗粒密度	ρ	2 600	kg/m^3

4.1.2 试样制备

首先在一个较大的空间内生成指定数量的松散颗粒集合体，其中，生成过程中颗粒之间无重叠且空间四周均有刚性墙作为边界；然后对颗粒集合体进行各向同性压缩，直至达到指定的围压。数值试样的制备过程如图 4.1.2 所示。

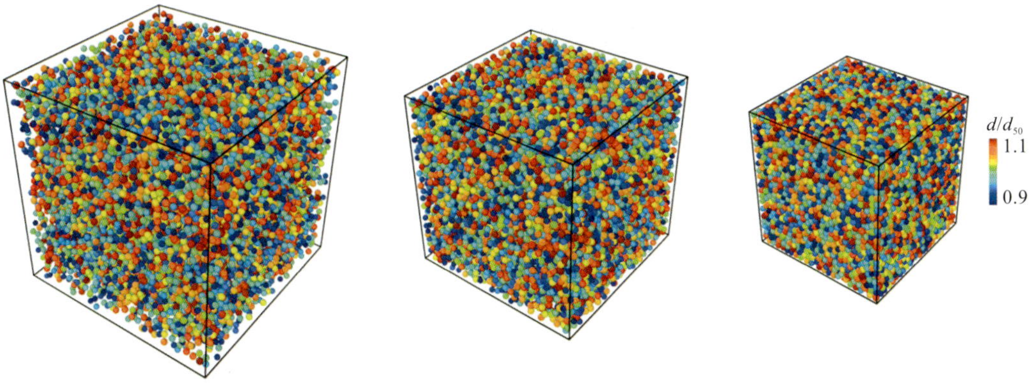

（a）颗粒生成　（b）等向压缩　（c）数值试样

图 4.1.2　数值试样的制备过程

本章使用刚性无摩擦墙壁作为试样边界。固结阶段的初始围压设为 0.5 MPa。在等向固结阶段，将颗粒间摩擦系数设置为 0.1 以获得较为密实的初始试样。在三轴加载阶段，以固定应变速率同时移动上边墙及下边墙来压缩试样，同时以伺服加载方式独立移动其余侧边墙以保持恒定围压 0.5 MPa。将应变速率设为 $\dot{\gamma}=0.01\ \text{s}^{-1}$ 以维持准静态剪切条件，此时，惯性常数 I 应小于 10^{-3}。惯性常数 I（Lopera Perez et al.，2016）定义为

$$I=\dot{\gamma}\frac{d}{\sqrt{\sigma_0/\rho}} \tag{4.1.1}$$

式中：$\dot{\gamma}$ 为应变速率；d 为颗粒平均粒径；ρ 为颗粒密度；σ_0 为围压。对于每个摩擦系数的颗粒体系，本章分别进行了 25 次平行试验。

4.1.3　宏观力学响应

对于准静态加载条件下的颗粒材料数值试验，如常规三轴试验，颗粒集合体的应变和应力可以通过边界墙体的位移和所受的力进行计算，可采用离散形式的应力张量计算方法获取试样的应力状态，具体计算公式如下（Nicot et al.，2013；Mehrabadi et al.，1982；Love，1927）：

$$\sigma_{ij}=\frac{1}{V}\sum_{1}^{N_p}\sigma_{ij}^{p}V^{p}=\frac{1}{V}\sum_{1}^{N_c}\boldsymbol{d}_i^c\boldsymbol{f}_i^c \tag{4.1.2}$$

式中：$\boldsymbol{d}_i^c$、$\boldsymbol{f}_i^c$ 分别为接触 c 处的枝向量与接触力向量；V 为颗粒体系的总体积。由式（4.1.2），颗粒体系的平均应力 p、偏应力 q、体积应变 ε_V 和剪应变 ε_d 均可由应力与应变张量主值推导而出：

$$p=\frac{1}{3}\sigma_{ii}=\frac{\sigma_1+\sigma_2+\sigma_3}{3} \tag{4.1.3}$$

$$q=\sqrt{\frac{(\sigma_1-\sigma_2)^2+(\sigma_2-\sigma_3)^2+(\sigma_3-\sigma_1)^2}{2}}=\sqrt{\frac{3}{2}\sigma'_{ij}\sigma'_{ij}} \tag{4.1.4}$$

$$\varepsilon_V = \varepsilon_1 + \varepsilon_2 + \varepsilon_3 \tag{4.1.5}$$

$$\varepsilon_d = \frac{\sqrt{2}}{3}\sqrt{[(\varepsilon_1 - \varepsilon_2)^2 + (\varepsilon_2 - \varepsilon_3)^2 + (\varepsilon_3 - \varepsilon_1)^2]} \tag{4.1.6}$$

图 4.1.3 展示了不同摩擦系数下颗粒体系的偏应力和体积应变随轴向应变的演化曲线。其中，所示结果为 10 次独立数值试验的平均值，阴影表示 10 次独立数值试验的标准差范围，实线表示 10 次独立数值试验的平均值。从图 4.1.3（a）中可以看出，不同摩擦系数下颗粒体系的偏应力曲线均在 $\varepsilon_1 \approx 0.05$ 之前达到峰值并随之产生应力软化。伴随着应力软化现象，剪切引起的剪胀现象也随之产生，如图 4.1.3（b）所示。此处，体积应变的负值代表收缩，反之，体积应变的正值代表膨胀。除了偏应力峰值和峰值应变的具体数值不同外，不同摩擦系数下颗粒体系的偏应力曲线均表现出相似的发展趋势。

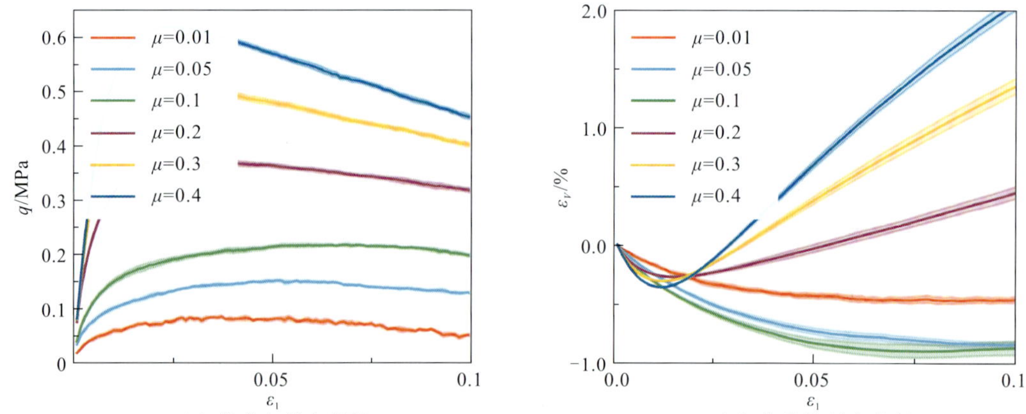

（a）偏应力-轴向应变　　（b）体应变-轴向应变

图 4.1.3　不同摩擦系数下颗粒体系的演化曲线

4.1.4　边界效应

已有研究发现颗粒材料静态堆积时会沿着光滑墙壁规则排列，表现为结晶现象和层效应（layering effect）（Panaitescu and Kudrolli，2010；Seidler et al.，2000）。如图 4.1.4 所示，分别对不同摩擦系数颗粒试样在三个坐标轴方向上的归一化局部数密度函数 $\frac{\rho_i}{\rho}(i = x, y, z)$ 进行计算。其中，$\rho = \frac{N}{V}$ 是整个颗粒体系内颗粒数密度，N 为整个颗粒体系内颗粒数；ρ_i 为沿着 i 方向不同位置切片内的颗粒数密度，此处选择切片厚度为 $0.1d_{50}$。图 4.1.4 中的垂直虚线表示中心区域的边界，其中，中心区域的颗粒被选取做后续的分析。结果表明，在三个坐标轴方向上，在距离边界大于 $5d_{50}$ 的区间内，归一化局部数密度基本均匀，接近于 1。对不同摩擦系数的局部数密度进行比较，发现摩擦系数对局部数密度分布的影响微乎其微，因此，对不同摩擦系数的颗粒体系，均取距离边界大于 $5d_{50}$

的空间为中心区域。在后续的统计分析中，将中心区域以外的颗粒全部剔除，仅选取中心区域约 5 000 个颗粒进行分析。如无特别说明，本章相关的数据和结果均指对中心区域的颗粒进行统计分析。

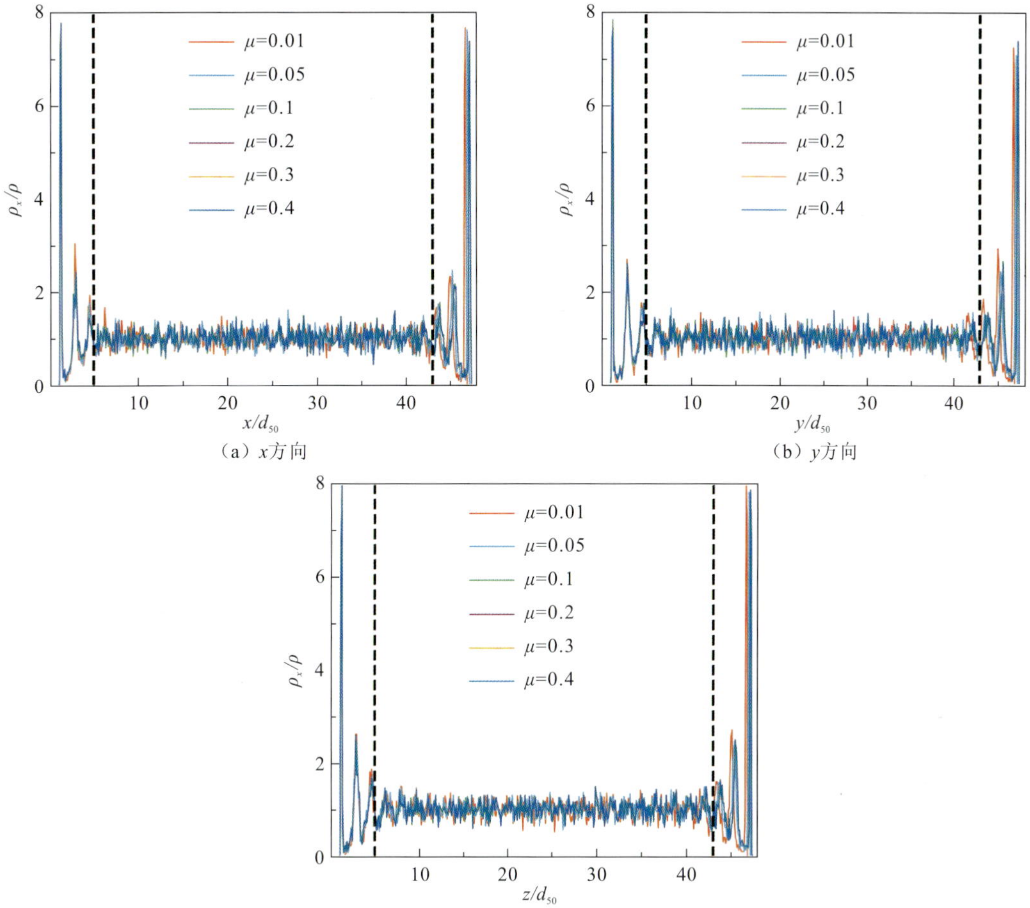

（a）x方向　（b）y方向　（c）z方向

图 4.1.4　三个坐标轴方向上的归一化局部数密度

4.2　微观塑性行为的表征与量化

如图 4.2.1 所示，晶体材料承受外部荷载时，体系各个部分往往产生相同程度的变形。然而，对于类似颗粒材料等的非晶材料体系，其内部复杂多样的局部环境导致加载过程中颗粒运动呈现高度异质性，因此，颗粒材料会以非仿射形式产生一部分变形，颗粒集合体的局部应变表现出空间非均匀性。因此，颗粒材料等无序材料的内部变形不能采用类似于晶体材料的仿射变形来度量。

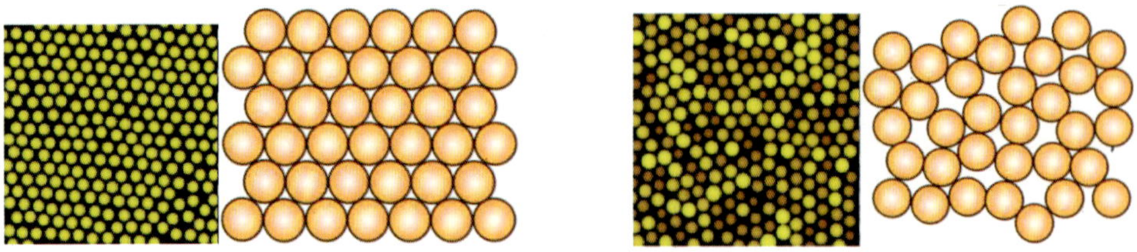

（a）晶体　　　　　　　　　　（b）非晶体

图 4.2.1　晶体和非晶体材料的局部结构特征

目前普遍认为这种局部非仿射运动是微观塑性行为的表现，因此诞生出诸多非仿射表征量。其中应用最为广泛的是非仿射位移平方 $D_{\min}^2$，其量化了在一定应变区间内颗粒实际位移与局部仿射位移的偏差。具体而言，对一个颗粒及其邻域颗粒，假定其处于均匀变形场中，并通过拟合得到这个变形场，然后基于该变形场计算所有邻域颗粒相对中心颗粒的位移，并计算其与实际相对位移的均方差（Ma et al.，2021；Chen et al.，2021；Falk and Langer，1998），即

$$D_{\min}^2(\Delta\gamma) = \frac{1}{N_i}\sum_j^{N_i}\{\boldsymbol{r}_j(\gamma) - \boldsymbol{r}_i(\gamma) - \boldsymbol{J}[\boldsymbol{r}_j(\gamma-\Delta\gamma) - \boldsymbol{r}_i(\gamma-\Delta\gamma)]\}^2 \tag{4.2.1}$$

式中：i 为目标颗粒；$\boldsymbol{r}_i(\gamma)$ 为颗粒 i 在应变为 γ 时的位置矢量；求和符号表示遍历所有颗粒 i 的邻域颗粒，其中，邻域颗粒判别方法为修正的 Voronoi 剖分方法（Wang and Jain，2019）；J 为颗粒 i 的可最小化非仿射位移 $D_{\min}^2$ 的最佳拟合局部变形梯度张量，表示为

$$Y = \sum_j^{N_i}[\boldsymbol{r}_j(\gamma) - \boldsymbol{r}_i(\gamma)] \otimes [\boldsymbol{r}_j(\gamma-\Delta\gamma) - \boldsymbol{r}_i(\gamma-\Delta\gamma)] \tag{4.2.2}$$

$$Y = \sum_j^{N_i}[\boldsymbol{r}_j(\gamma-\Delta\gamma) - \boldsymbol{r}_i(\gamma-\Delta\gamma)] \otimes [\boldsymbol{r}_j(\gamma-\Delta\gamma) - \boldsymbol{r}_i(\gamma-\Delta\gamma)] \tag{4.2.3}$$

$$J = X \cdot Y^{-1} \tag{4.2.4}$$

此外，局部仿射应变场 $\varGamma$ 计算为 $\varGamma = J - \delta$，其中，δ 为克罗内克（Kronecker）符号。局部应变张量为 $\varGamma$ 的对称部分：$\varepsilon_L = -(\varGamma + \varGamma^{\mathrm{T}})/2$。从而，颗粒的局部剪应变（Guo and Zhao，2014；Chikkadi and Schall，2012）表示为

$$\varepsilon_L^q = \sqrt{\frac{2}{3}\varepsilon_L^{\text{dev}} : \varepsilon_L^{\text{dev}}} \tag{4.2.5}$$

在以往研究中，可最小化非仿射位移 $D_{\min}^2$ 和局部剪应变 ε_L^q 均为常用的塑性变形表征指标（Chen et al.，2021；Wang and Jain，2019；Guo and Zhao，2014）。本章研究首先使用应变区间 $\Delta\varepsilon_1 = 0.05\%$ 及 $\Delta\varepsilon_1 = 0.1\%$ 来对颗粒体系内的塑性行为进行量化。图 4.2.2（a）展示了应变区间为 $\Delta\varepsilon_1 = 0.05\%$ 的情况下，摩擦系数为 0.1 时不同应变状态下颗粒体系内部非仿射位移的概率密度分布。值得注意的是，从应变状态 2.5%到 7.5%颗粒体系内的塑性变形具有类似的分布，表明具有强烈变形的剪切带区域尚未出现。幂律衰减表明塑性变形较小的颗粒占绝大多数，只有少数颗粒的微观塑性行为较大。此外，观察到上述

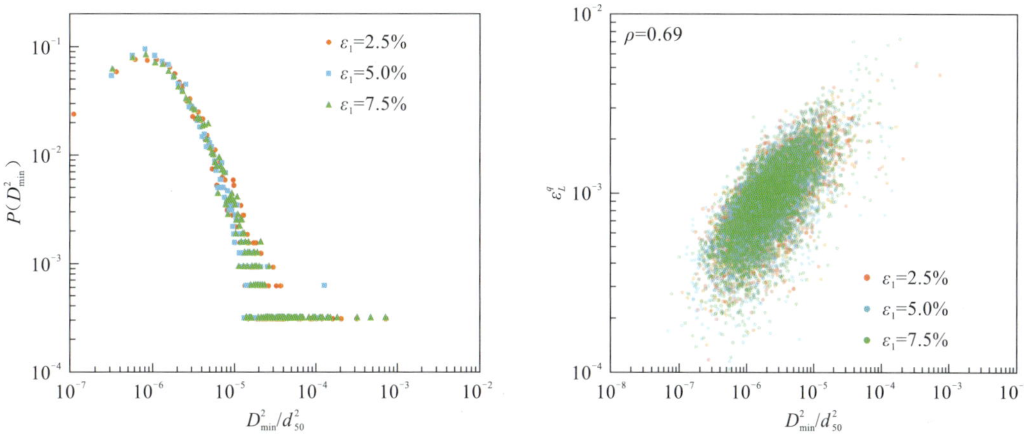

（a）可最小化非仿射位移的概率密度分布　　（b）非仿射位移与局部剪应变的相关性

图 4.2.2　不同应变下的非仿射位移分析结果

两个非仿射位移指标存在显著的一致性，即两者的斯皮尔曼（Spearman）相关系数ρ为0.69，如图 4.2.2（b）所示。考虑到这两种塑性变形指标的一致性，在接下来的分析中，主要选择可最小化非仿射位移 D^2_{min} 来描述颗粒体系的微观塑性变形。

图 4.2.3 展示了不同时刻颗粒局部剪应变和非仿射位移的空间分布。由图可知，不同时刻颗粒局部剪应变和非仿射位移存在相似的空间分布，这也说明两个指标在反映颗粒材料的塑性变形方面具有一致性。此外，在剪切初始阶段，塑性变形集中于少数颗粒；随着剪切的发展，试样内部较多区域开始产生塑性变形。如图 4.2.3（a）～（d）所示，塑性变形较大的颗粒被不同颜色的椭圆圈出，不同时刻塑性变形较大的颗粒存在一定重叠，说明微观塑性行为具有一定的时间相关性。

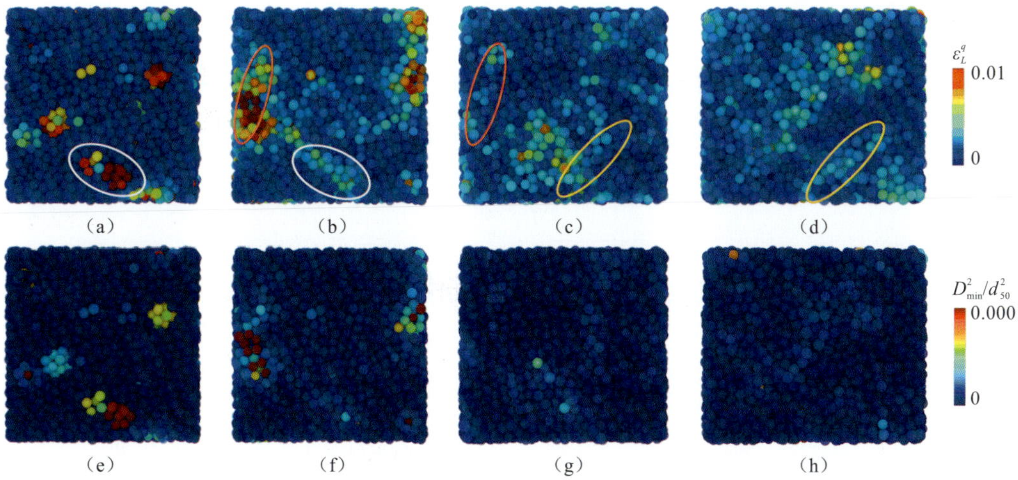

（a）　（b）　（c）　（d）

（e）ε_1=0.1%　（f）ε_1=2.5%　（g）ε_1=5.0%　（h）ε_1=10.0%

图 4.2.3　不同时刻颗粒局部剪应变和非仿射位移的空间分布

4.3 局部结构-微观塑性行为的关系

大量研究表明，无序材料（如颗粒材料、胶体体系、金属玻璃等）的局部结构与塑性行为之间存在显著的相关性（Peng et al.，2021；Fan et al.，2020；Wang and Jain，2019；Cubuk et al.，2017，2015；Zylberg et al.，2017；Guo and Zhao，2014；Schoenholz et al.，2014）。最近，研究人员试图利用机器学习方法将大量的局部结构特征指标与塑性行为联系起来。学者们分别利用对称性函数（symmetry functions）和间隙分布（interstice distributions）分别建立了无序固体和金属玻璃中预测塑性变形的机器学习模型（Wang and Jain，2019；Cubuk et al.，2017）。本节通过机器学习方法将颗粒的局部结构与微观塑性变形联系起来。

4.3.1 机器学习模型

为了利用机器学习方法在局部结构和塑性变形间建立联系，首先将颗粒的局部结构编码成特征向量来用于机器学习训练。如上所述，已有几种特征被用来捕捉无序材料中局部结构的非均质性，不同局部结构特征所对应的机器学习预测能力存在显著差异。在前人研究的基础上，选取已被证明能够有效捕捉无序材料局部结构非均质性的 6 类代表性局部结构特征。

（1）配位数：CN。通过修正的 Voronoi 剖分来定义配位数。

（2）接触数：CN^2。指与目标颗粒产生接触与相互作用的颗粒数目。

（3）局部体积分数：$\phi_{\text{local}} = V_{\text{p}} / V_{\text{voro}}$。它被定义为颗粒体积与其对应的 Voronoi 胞元的体积之比。

（4）局部各向异性系数（Guo and Zhao，2014；Kapfer et al.，2012）：$\beta_1^{0,2}$。它被定义为闵可夫斯基张量 $\boldsymbol{W}_1^{0,2}$ 的最小特征值与最大特征值之比。其中，$\boldsymbol{W}_1^{0,2} = \int \boldsymbol{n} \otimes \boldsymbol{n} \, \mathrm{d}A$ 定义为 Voronoi 胞元边界曲面法向张量 $\boldsymbol{n}$ 积的表面积分。

（5）Voronoi 指数 3～7：$\text{idx}^{3\sim7} = n_i \Big/ \sum_{i=3}^{7} n_i$。其中，$n_i$ 为对应 Voronoi 胞元中边界数为 i 的面的数量。

（6）键取向序分布（bond orientational order parameter，BOOP）：q_2，q_4，q_6，q_8，q_{10}，W_2，W_4，W_6，W_8，W_{10}。键取向分布定义为：$q_l = \sqrt{\dfrac{4\pi}{2l+1} \sum_{m=-l}^{l} |q_{lm}|^2}$ 和 $W_l = \sum_{m_1+m_2+m_3=0} \begin{pmatrix} l & l & l \\ m_1 & m_2 & m_3 \end{pmatrix} q_{lm_1} q_{lm_2} q_{lm_3}$，其中 $q_{lm} = \dfrac{1}{N_i} \sum_{0}^{N_i} Y_{lm}(\theta_{ij}, \phi_{ij})$。其中，$\theta_{ij}$ 和 ϕ_{ij} 分别为颗粒 i 与其任一邻域颗粒相对位置向量 $\boldsymbol{r}_{ij}$ 的极角和方位角，Y_{lm} 为球谐函数，$\begin{pmatrix} l & l & l \\ m_1 & m_2 & m_3 \end{pmatrix}$ 为 Wigner 3j 符号。

综合前述 6 类局部结构特征指标，可以得到每个颗粒的近程结构特征向量。在以往研究中，近程结构特征已被证明不足以做出更有效的机器学习预测，学者们开始考虑使用至少两层邻域内局部结构信息的对称性函数或间隙分布定义中程结构指标（Wang and Jain，2019；Cubuk et al.，2017）。将近程结构特征向量和利用粗粒度函数计算而得的中程结构特征向量分别用 SRO 和 MRO 表示。上述特征向量的定义及计算见 3.2.1 小节。如图 4.3.1 所示，将 SRO 和 MRO 特征合并到一起可表示每个颗粒的整体局部结构。总之，每个颗粒的局部结构由长度为 95（19 个 SRO 特征和 76 个 MRO 特征）的特征向量所表征，此特征向量将作为机器学习模型的输入值。

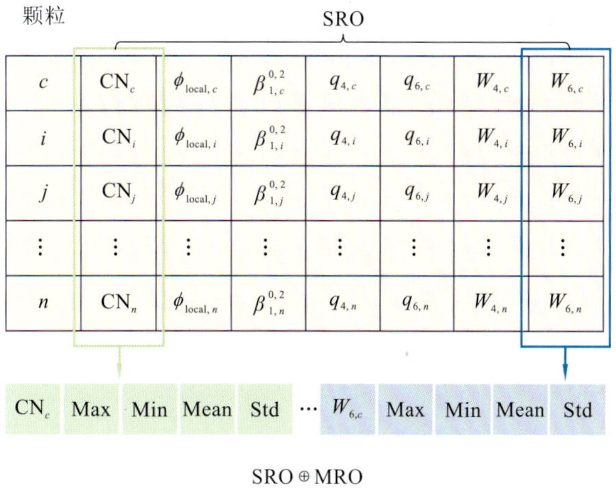

图 4.3.1　局部结构特征向量的构成

本章研究使用极端梯度提升机（XGBoost）作为机器学习算法，算法示意如图 4.3.2 所示。此外，极端梯度提升机模型表现出相对于支持向量机（SVM）更好的预测能力。

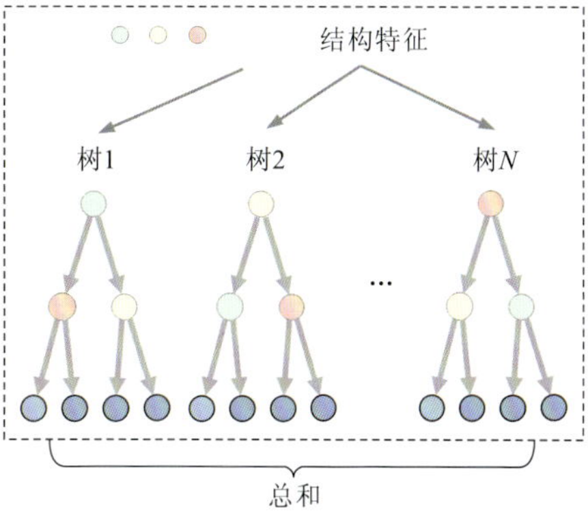

图 4.3.2　极端梯度提升机算法示意图

4.3.2　预测时域的选择

本小节计算与分析运用到对分布函数的相关概念，对分布函数（pair distribution

function，PDF）可以用来分析无序体系的粒子在空间中的相对分布情况，如颗粒体系中颗粒之间的相对分布（March and Tosi，2002），反映了粒子分布密度随着与“中心”粒子距离的变化而变化的规律。如图 4.3.3 所示，取一粒子为中心粒子，以 dr 为单位自中心粒子向外画出一层层球壳，每层球壳内的粒子数密度（球壳内粒子数与球壳体积之比）与空间内粒子数密度之比（空间内粒子数与空间体积之比）即为对分布函数 $g(r)$ 在 r 处的值。此外，也有文献将其称为对关联函数（pair correlation function，PCF）（Jakse and Pasturel，2008；Kim and Kelton，2007）。对分布函数的表达式为

$$g(r)=\frac{n(r)}{\rho 4\pi r^2\,\mathrm{d}r_{s_2}} \tag{4.3.1}$$

式中：$n(r)$ 为在距离中心粒子距离为 r 到 $r+\mathrm{d}r$ 的球壳内的颗粒数目；$\rho=N/V$ 为空间内粒子数密度，N 为空间内粒子数，V 为空间体积。对颗粒体系对分布函数的计算中，常常遍历空间内所有颗粒取平均值。

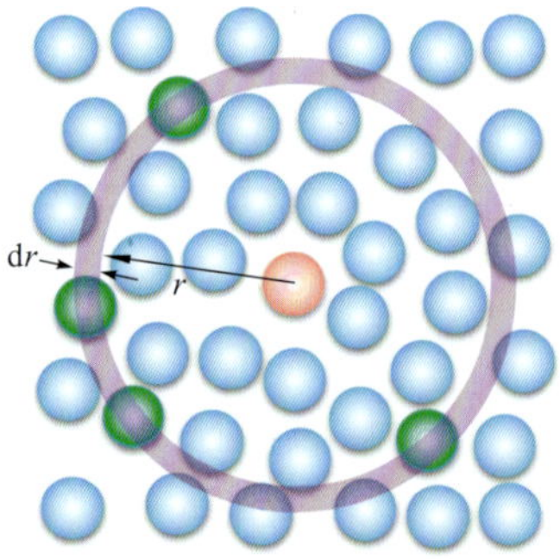

图 4.3.3　对分布函数示意图

另外，与对分布函数类似的统计量还有径向分布函数（radial distribution function，RDF）和静态结构因子（static structure factor，SSF），这三者在数值上可以相互转化（张世良 等，2015）。

在 4.3.1 小节中，将颗粒的局部结构编码成特征向量，并选择机器学习算法，接下来将讨论如何构建数据集以进行机器学习训练。首先需要确定合适的应变间隔 $\Delta\varepsilon_1$ 以计算可最小化非仿射位移 $D^2_{\min}$。需要说明的是，机器学习的预测时域与用以计算非仿射位移的应变间隔相同。为此，选择使用归一化相关长度量可最小化非仿射位移 $D^2_{\min}$ 的空间相关性（Karimi and Barrat，2018；Cubuk et al.，2017），其中空间相关性函数表示为

$$C_p(r)=\frac{\langle p(0)p(r)-\langle p\rangle^2\rangle}{\langle p^2\rangle-\langle p\rangle^2} \tag{4.3.2}$$

式中：$\langle\rangle$ 表示对颗粒体系中心区域的所有颗粒对求平均值。归一化相关函数测量了距离为 r 的两个颗粒之间可最小化非仿射位移 $D^2_{\min}$ 的相关性。

图 4.3.4（a）展示了摩擦系数为 0.1 时颗粒体系内不同应变间隔下可最小化非仿射位移 $D^2_{\min}$ 的空间相关分布。空间相关分布的衰减趋势可以很好地由指数函数 $C_p(r)\propto\exp(-r/\xi_r)$

来拟合，其中 ξ_r 为微观塑性变形的空间特征相关长度。图 4.3.4（b）给出了相关长度 ξ_r 随着应变间隔 $\Delta\varepsilon_1$ 的演化行为，其中当 $\Delta\varepsilon_1$ 小于 0.05%时，ξ_r 从约 $1.3d_{50}$ 下降到约 $1.1d_{50}$，然后，从约 $1.1d_{50}$ 上升到约 $1.7d_{50}$。图 4.3.4（b）中的两条水平虚线分别表示颗粒体系中对分布函数 $g(r)$ 的第一个最小值点和第二个峰值点所对应的长度。当 ξ_r 大于 $g(r)$ 的第一个最小值点所对应的长度时，说明颗粒的初始塑性变形开始对其周围的颗粒产生影响，即初始局部塑性变形会引发其他的塑性变形，从而产生级联效应。此外，小应变间隔的塑性变形量级较小，不一定导致颗粒体系内的局部重排，期望在满足上述条件的情况下，选择一个尽可能大的应变间隔。因此，选择 $\Delta\varepsilon_1 = 0.5\%$ 计算非仿射位移。

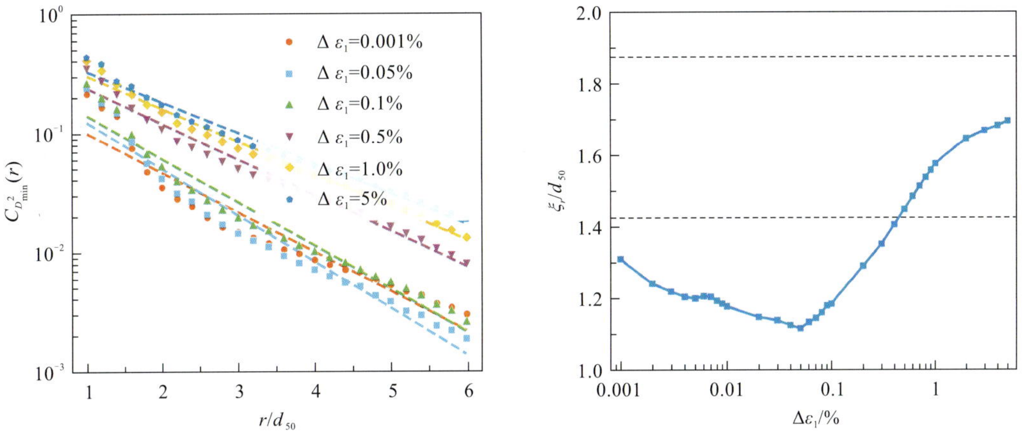

（a）非仿射位移的空间相关衰减　　（b）空间相关长度的变化趋势

图 4.3.4　非仿射位移的空间相关性

4.3.3　“软度”因子的确定

如果颗粒 i 满足条件 $D^2_{\min,i} \geqslant D^2_{\min,0}$，它将被分类为塑性（plastic）颗粒，反之，它将被分类为弹性（elastic）颗粒。此处，选择 $D^2_{\min,0}$ 以使在选定的预测时域 $\Delta\varepsilon_1$ 内，颗粒体系内有约 0.5%的颗粒被标记为塑性颗粒。构建机器学习模型训练集的采样范围覆盖轴向应变 0%～10%。考虑原始数据集的不平衡性，对原始数据集进行等欠采样以构建一个较为平衡的数据集。训练数据集的构建过程如图 4.3.5 所示。随后，使用五折交叉验证的方法来训练不同摩擦系数条件下的机器学习模型，训练过程中使用网格搜索方法对如表 4.3.1 所示的超参数进行调试。对于训练好的机器学习模型，在完全保留的样本上对其进行测试。为了对机器学习模型的训练效果进行较为严格的测试，对每个摩擦系数条件下的颗粒体系进行 25 次平行的数值模拟试验，并使用其中的 20 组数据进行训练，其他 5 组数据用于测试模型的泛化能力。

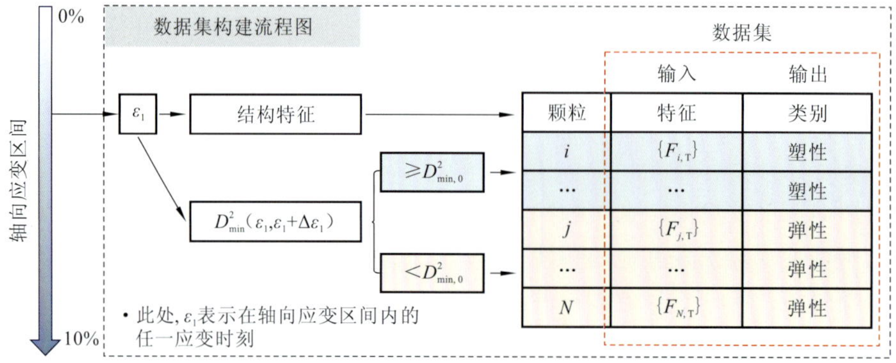

图 4.3.5　数据集的构建

表 4.3.1　XGBoost 模型所需要调试的超参数取值范围

超参数	取值范围
Max_depth	2，4，6，8，10
N_estimators	50，150，250，350，450
Min_child_weight	1，2，3，4，5
Subsample	0.7，0.8，0.9
Eta	0.01，0.05，0.1

为了定量评价机器学习模型的预测能力，引入 AUC-ROC 作为评价指标。AUC-ROC 定义为受试者工作特征曲线（Fawcett，2006）下方的面积，当测试集（Tharwat，2021）不平衡时，其鲁棒性更强。此外，作为预测阈值的函数，AUC-ROC 平衡了真阳性率和假阳性率，而不依赖特定的预测阈值（如准确性、精度、召回率和 F1 得分）。对于不同摩擦系数条件（包括 0.01、0.05、0.1、0.2、0.3、0.4）的颗粒体系，机器学习模型的预测精度分别为 0.806、0.819、0.863、0.896、0.904、0.924。它们均显著高于基线模型的准确率 0.5，表明利用机器学习方法可以通过颗粒局部结构较好地预测其塑性运动倾向。

在本章的机器学习分类中，如果一个颗粒的预测值大于 0.5，它将被识别为塑性颗粒，反之，则被识别为弹性颗粒。与此同时，预测值可以进一步被视为每个颗粒是塑性颗粒的概率。也就是说，当预测值为 0.5 时，对应颗粒为塑性或弹性颗粒的概率相等，预测值越大，对应颗粒为塑性颗粒的概率就越大。从这个角度来看，前述长度为 95 的局部结构输入特征矢量实际上被加权整合为一个特殊的局部结构因子，称之为软度（softness）。软度可以很好地预测颗粒体系内的塑性变形。

图 4.3.6 展示了体系二维切片中软度因子与塑性变形量级在前 5%颗粒的空间分布。切片位于 X-Z 平面，其 Y 方向上的厚度为 $d_{50}\left(\left[\dfrac{-d_{50}}{2},\dfrac{d_{50}}{2}\right]\right)$。由图可知，几乎所有的高塑性颗粒都位于软度较大的区域，这进一步证明了本章的机器学习模型确实能够捕捉颗粒导致较大塑性行为的局部构型。

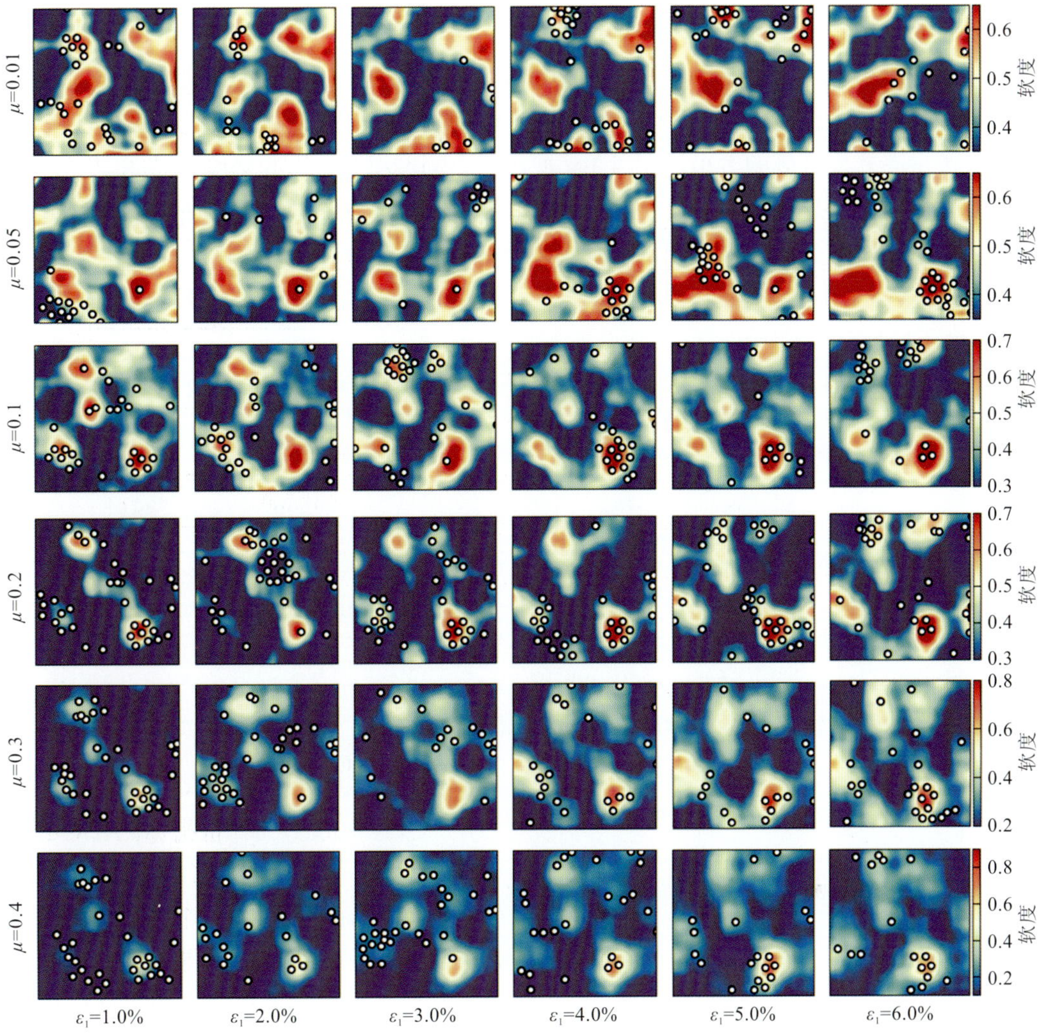

图 4.3.6　软度因子与前 5%塑性变形最大颗粒的空间分布

4.3.4　局部结构-力学特性关系

1. 空间相关性

如前文所述，塑性变形有较大可能产生于软度较大的区域。因此可产生如下猜想：塑性变形受到高软度区域的限制，可进一步通过归一化的空间相关函数来量化局部结构非均匀性的空间相关性：

$$C_{\mathrm{s}}(r)=\frac{\langle S(0)S(r)-\langle S\rangle^2\rangle}{\langle S^2\rangle-\langle S\rangle^2} \tag{4.3.3}$$

式中：$\langle\rangle$ 表示对颗粒体系中心区域的所有颗粒对求平均值。归一化相关函数测量了距离为 r 的两个颗粒之间软度因子的相关性。

图 4.3.7 展示了不同摩擦系数条件下颗粒体系内非仿射位移 $D^2_{\min}$ 和软度的空间相关分布。其中，可最小化非仿射位移 $D^2_{\min}$ 和软度的空间相关性均符合指数衰减。类似地，可分别得到可最小化非仿射位移 $D^2_{\min}$ 和软度的空间相关长度 ξ_r 和 ξ_s 。空间相关长度 ξ_s 可以用来衡量高软度区域的大小。图 4.3.8 展示了不同摩擦系数颗粒体系内 ξ_r 和 ξ_s 之比，两者的比值在 1 附近，证明了塑性变形区域的大小与颗粒系统中软度区域大小息息相关，甚至独立于颗粒系统内相互作用的性质及塑性行为的产生与发展过程。

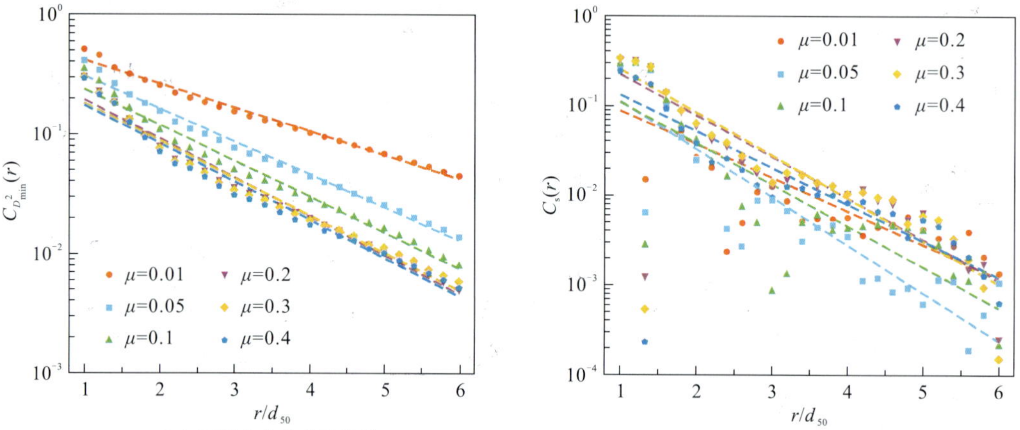

（a）可最小化非仿射位移　　（b）软度

图 4.3.7　可最小化非仿射位移和软度的空间相关关系

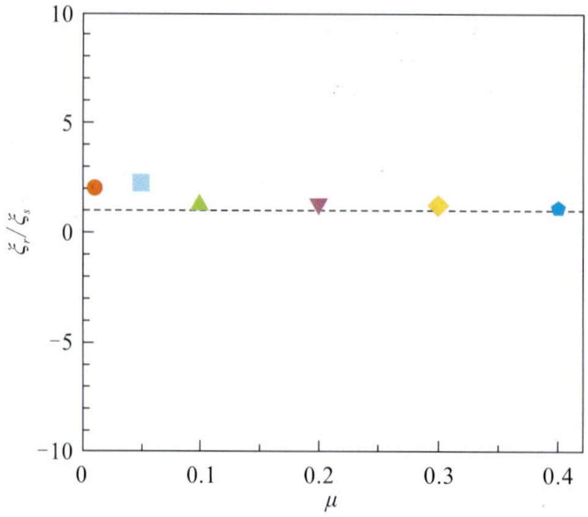

图 4.3.8　不同摩擦系数颗粒体系内的非仿射位移和软度的空间相关长度之比

2. 时间相关性

软度在不同加载阶段表现出较强的时间相关性，即同一区域在不同的加载阶段表现出类似的软度；反之，非仿射位移则表现出相对较弱的时间相关性。在已有研究中，学者们在简单剪切（Denisov et al.，2016）、直剪（Ma et al.，2021）和双轴压缩（Ma et al.，2019）等不同加载模式下均观察到非晶固体塑性变形的时间相关现象。因此可以合理推测，塑性变形的时间相关性衰减可能起源于软度时间相关性的变化。

为了对软度和非仿射位移的时间相关性展开详细研究，将每个颗粒的软度和非仿射位移与下一时刻该颗粒的软度和非仿射位移关联起来：

$$C_{\nu}^{2}(\gamma)=\langle(\nu(\gamma+\Delta\gamma)-\langle\nu(\gamma)\rangle_{\gamma})(\nu(\gamma)-\langle\nu(\gamma)\rangle_{\gamma})\rangle_{\gamma}/\chi^{2} \tag{4.3.4}$$

$$\chi^{2}=\langle(\nu(\gamma)-\langle\nu(\gamma)\rangle_{\gamma})^{2}\rangle_{\gamma} \tag{4.3.5}$$

式中：ν 为软度值或非仿射位移值。

图 4.3.9（a）和（b）分别展示了非仿射位移和软度的时间相关性衰减。在此，使用 $\Delta\varepsilon_1=0.05\%$ 作为单位时间并计算 200 个时间跨度之内的时间相关性。将 25 次平行数值模拟的结果平均之后可得，随着时间跨度增加，软度因子的时间相关性系数从 1.0 左右下降到 0.3 左右，而非仿射位移的时间相关性系数从大于 0.5 下降到 0.01 左右。此外，不同摩擦系数的颗粒体系的时间相关性衰减也存在显著差异。需要说明的是，非仿射位移和软度因子的时间相关性衰减随摩擦系数的变化趋势具有很强的一致性。当摩擦系数为 0.1 时，非仿射位移和软度的时间相关程度最小，衰减最快；当摩擦系数为 0.05、0.1 和 0.2 时，时间相关性衰减均表现出逐渐变慢的趋势；当摩擦系数大于 0.2 时，时间相关性衰减都表现出相对缓慢的衰减。

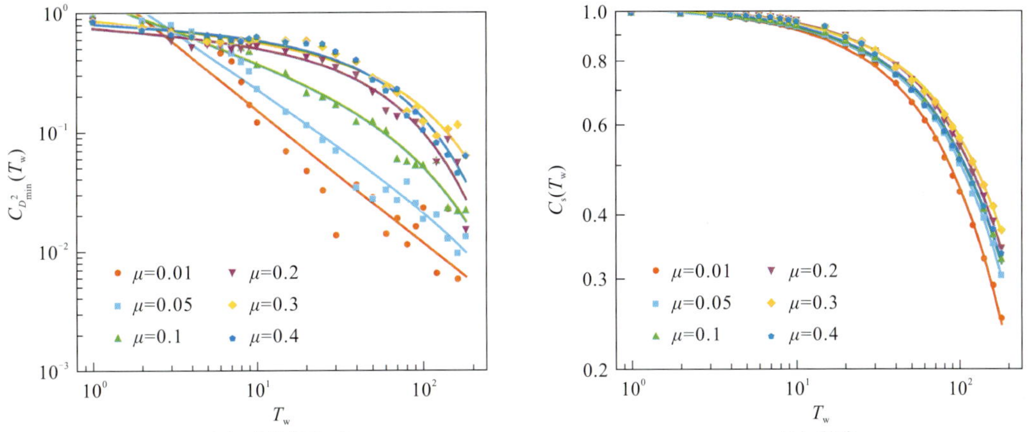

（a）非仿射位移　（b）软度

图 4.3.9　非仿射位移和软度的时间相关性衰减

如图 4.3.9 所示，无论是软度还是非仿射位移，时间相关性衰减规律均接近带截断的幂律衰减：

$$C(T_{\mathrm{w}})\sim T_{\mathrm{w}}^{-\alpha}\,\mathrm{e}^{-T_{\mathrm{w}}/\beta} \tag{4.3.6}$$

进一步计算图 4.3.9 中拟合曲线的平均衰减系数可得，软度的平均衰减系数范围为 [0.25, 0.4]，其表现出较强的摩擦系数依赖性。如上所述，软度的平均衰减系数随摩擦系数的增大而减小，并在摩擦系数为 0.3 时达到最小值，这意味着此时软度的时间相关性衰减最慢，此时软度因子的长时间相关性更加明显。非仿射位移的平均衰减系数范围为 [0.6, 1.3]，也表现出较强的摩擦系数依赖性。非仿射位移的平均衰减速率随着摩擦系数的增大而减小，并在摩擦系数为 0.3 时达到最小值，这意味着此时非仿射位移的时间相关性衰减最慢，此时体系内部塑性变形的长时间相关性更为明显。

如上所述，软度和非仿射位移的时间相关性都随着时间跨度的增加而衰减，并且两种衰减都遵循带截断的幂律衰减形式，尽管衰减速率显示出明显的差异。值得注意的是，在不同的摩擦系数下，软度和非仿射位移的平均衰减系数表现出相似的变化趋势，如图 4.3.9 所示。事实上，它们之间存在线性相关关系，$\bar{D}^2_{\min,ac}=5.50\times\bar{S}_{ac}-0.73$。其中，相关性系数 R^2 为 0.78，这证明存在较强的线性相关关系。研究结果有力地证明了颗粒材料的局部结构与塑性变形之间的时间相关性共同衰减。此外，可以推测，塑性变形的时间相关性衰减是由于局部结构的演化，而不是由于颗粒间相互接触的性质。

3. 软度与塑性变形的演化

进一步分析颗粒体系的整体塑性行为和局部构型之间的联系，其中以软度因子代表局部构型，颗粒体系的整体塑性行为由颗粒体系内部的平均非仿射位移表示。平均非仿射位移反映了颗粒体系在某一应变间隔的非均匀变形强度。定义 $\Delta p(\gamma)=[\langle p(\gamma)\rangle-\langle p(0)\rangle]/\langle p(0)\rangle$，其中 $\langle p(\gamma)\rangle$ 是应变为 γ 时颗粒体系的系综平均非仿射位移。定义 $\Delta S(\gamma)=[\langle S(\gamma)\rangle-\langle S(0)\rangle]/\langle S(0)\rangle$，其中 $S(\gamma)$ 是应变为 γ 时颗粒体系的系综平均软度。上述 $\Delta p(\gamma)$ 和 $\Delta S(\gamma)$ 反映了施加应变引起颗粒体系整体塑性行为和软度演变。如图 4.3.10 所示，不同摩擦系数条件下颗粒体系的整体塑性变形和软度演化行为具有一定相似性。系综平均软度随轴向应变增加表明塑性变形倾向的增加，从而导致系综平均塑性变形随轴向应变的增加。因此，颗粒体系整体塑性变形和软度演化的趋势相似性为“塑性变形具有潜在的局部构型起源”这一说法提供了有力的证据。进一步将视角转向颗粒体系的宏观力学响应，发现系统偏应力、体应变、整体塑性变形和整体软度间存在一定的相关关系，在应力软化阶段表现得更为明显。其中，偏应力和体应变演化过程见图 4.3.10。可以合理推测的是，颗粒体系整体软度的增加导致颗粒体系塑性变形的增加，最终导致应变软化现象伴随着剪胀效应的产生。

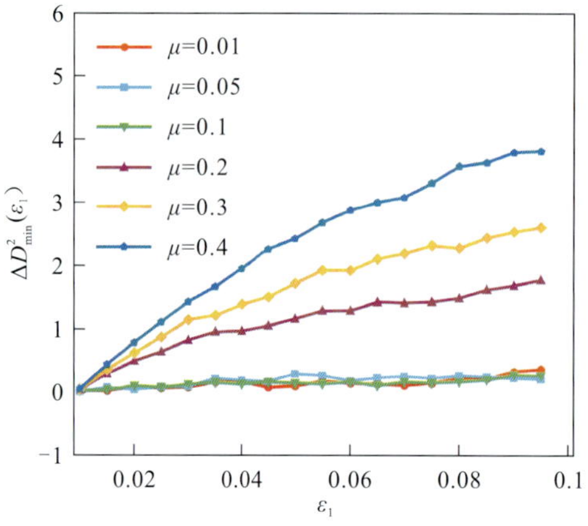

(a) 非仿射位移

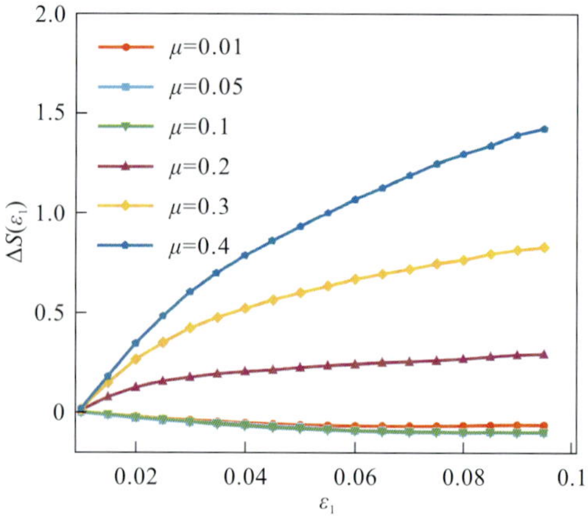

(b) 软度

图 4.3.10　系综平均非仿射位移和软度的演化趋势

4.4　摩擦系数对预测效果的影响

本节研究采用不同摩擦系数进行颗粒体系的常规三轴数值试验。在颗粒体系内，摩擦系数决定了颗粒间切向接触力的上限，这意味着不同摩擦系数代表不同的微观接触模式。事实上，已经证实摩擦系数在控制颗粒体系的熵稳定竞争方面起着重要作用（Sun et al.，2020）。观察到在不同摩擦系数条件下机器学习模型预测能力的变化，如图 4.4.1 所示。当摩擦系数为 0.01 时，机器学习模型的 AUC-ROC 值仅略高于 0.80；随着摩擦系数的增大，AUC-ROC 值单调增大至约 0.92。结果表明，相同的机器学习模型训练方法对不同摩擦系数条件下颗粒体系的塑性行为具有不同的预测能力。此外，发现 XGBoost 算法比 SVM 算法具有更好的预测能力。

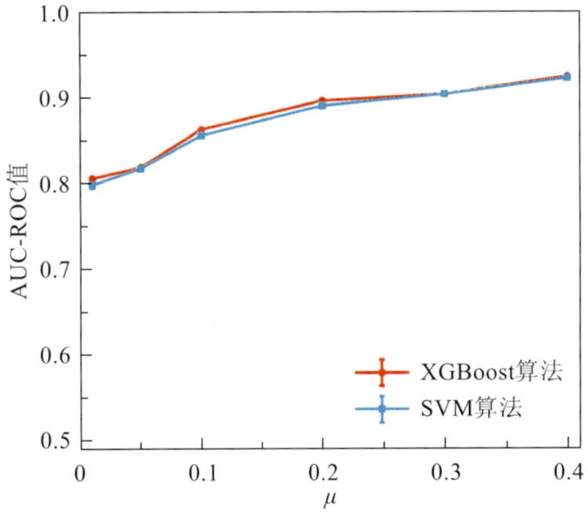

图 4.4.1　不同摩擦系数条件下机器学习模型预测 AUC-ROC 值的变化

进一步对上述现象进行如下两点讨论：①较大的摩擦系数导致颗粒体系较为疏松，从而导致颗粒体系内部局部结构的差异性更大，这种差异性增加意味颗粒局部结构更为复杂和多样化。因此，机器学习模型可以更有效地捕获颗粒的局部结构信息，从而更准确地预测颗粒的塑性行为。②相反，较小的摩擦系数会导致颗粒体系的流动性增加（Jin et al.，2020；Royer and Chaikin，2015），颗粒体系内部的局部结构对颗粒的塑性变形影响减弱。此时局部结构信息的重要性减弱，机器学习模型无法有效地捕获颗粒的塑性行为。

为了进一步解释机器学习模型预测能力的差异性，采用 SHAP 对特征重要性进行评估（Lundberg and Lee，2017），以探索对预测微观塑性行为最重要的局部结构特征。SHAP 是一种新颖的特征重要性解释方法，基于联合博弈理论计算每个特征对模型预测的贡献。图 4.4.2 展示了前 10 位相对重要的局部结构特征的平均 SHAP 值条形图。在不同摩擦系数条件下，颗粒接触数 CN^2 和局部体积分数 ϕ_{local} 被识别为最重要的两个结构特征。其中，当摩擦系数为 0.01 时，局部体积分数 ϕ_{local} 是最重要的特征；但随着摩擦系数增大，接触数 CN^2 的重要性占比迅速增加，并成为最重要的特征。

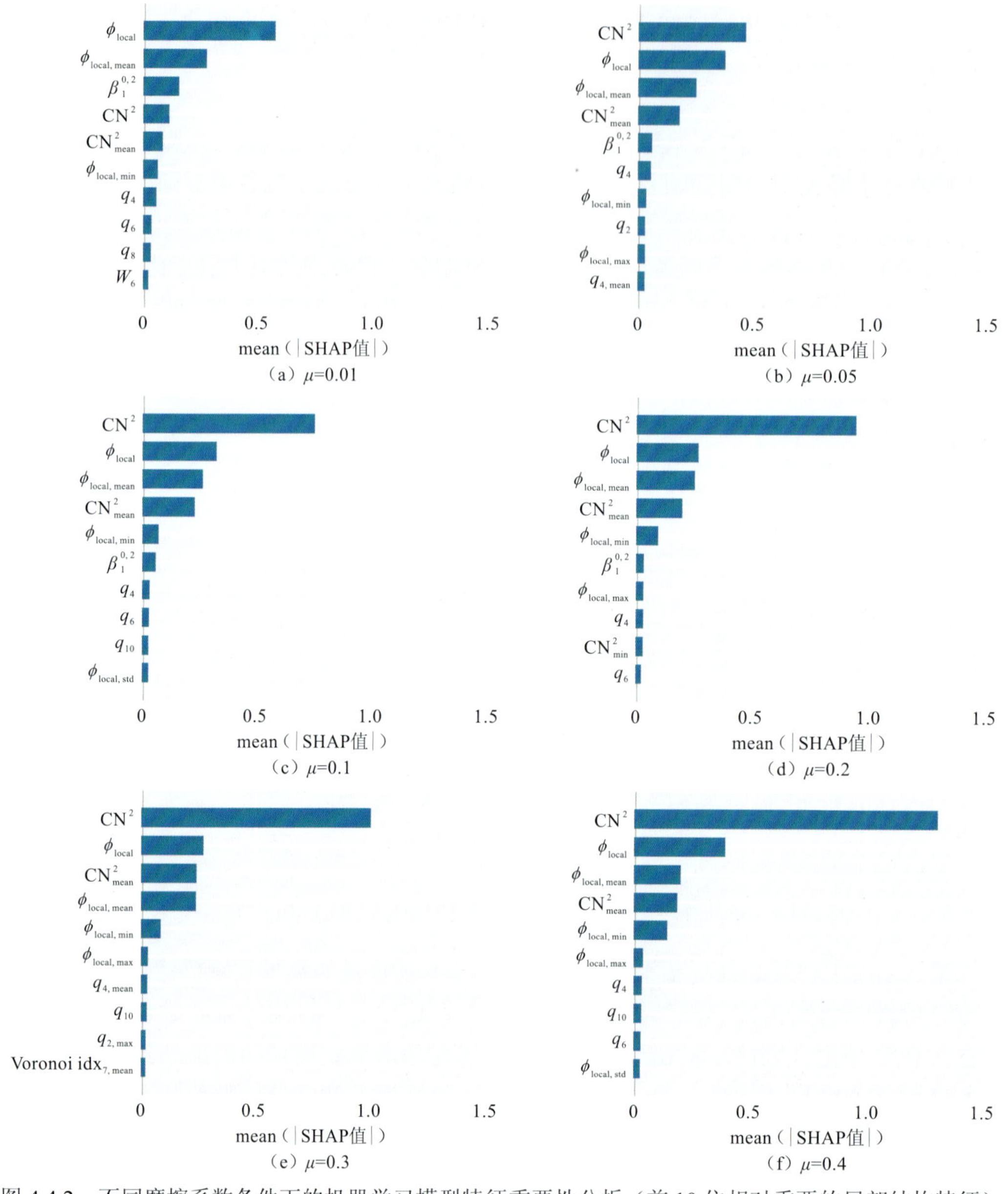

图 4.4.2　不同摩擦系数条件下的机器学习模型特征重要性分析（前 10 位相对重要的局部结构特征）

为了进一步对此进行探讨，分别使用摩擦系数 0.02、0.03 和 0.04 进行常规三轴试验，训练预测塑性颗粒的机器学习模型并进行模型特征重要性分析，对不同摩擦系数条件下接触数 CN^2 和局部体积分数 ϕ_{local} 的特征重要性程度的变化趋势进行展示。如图 4.4.3 和图 4.4.4 所示，随着摩擦系数增大，接触数 CN^2 的特征重要性程度由 0.1 左右增加到 1.3 左右。当摩擦系数达到 0.04 时，接触数 CN^2 成为最重要的特征。此外，进一步观察到，随着摩擦系数的增大，接触数 CN^2 的特征重要性程度与局部体积分数 ϕ_{local} 的差值变大。当摩擦系数较小时，颗粒体系较为致密。此时，颗粒间紧密排列，不同颗粒接触数 CN^2

的差异较小。此时，机器学习模型很难通过接触数 CN^2 识别塑性颗粒。此外，接触数 CN^2 是离散分布的，可能导致训练集中的塑性颗粒和弹性颗粒具有相同的接触数 CN^2（如 6 或 7）。然而，局部体积分数 ϕ_{local} 分布是连续的，塑性颗粒和弹性颗粒往往具有不同的局部体积分数 ϕ_{local}，导致局部体积分数 ϕ_{local} 在机器学习模型中更为重要。随着摩擦系数增大，颗粒接触数 CN^2 的差异比局部体积分数的差异更大，导致接触数 CN^2 逐渐增大并成为最重要的局部结构特征。

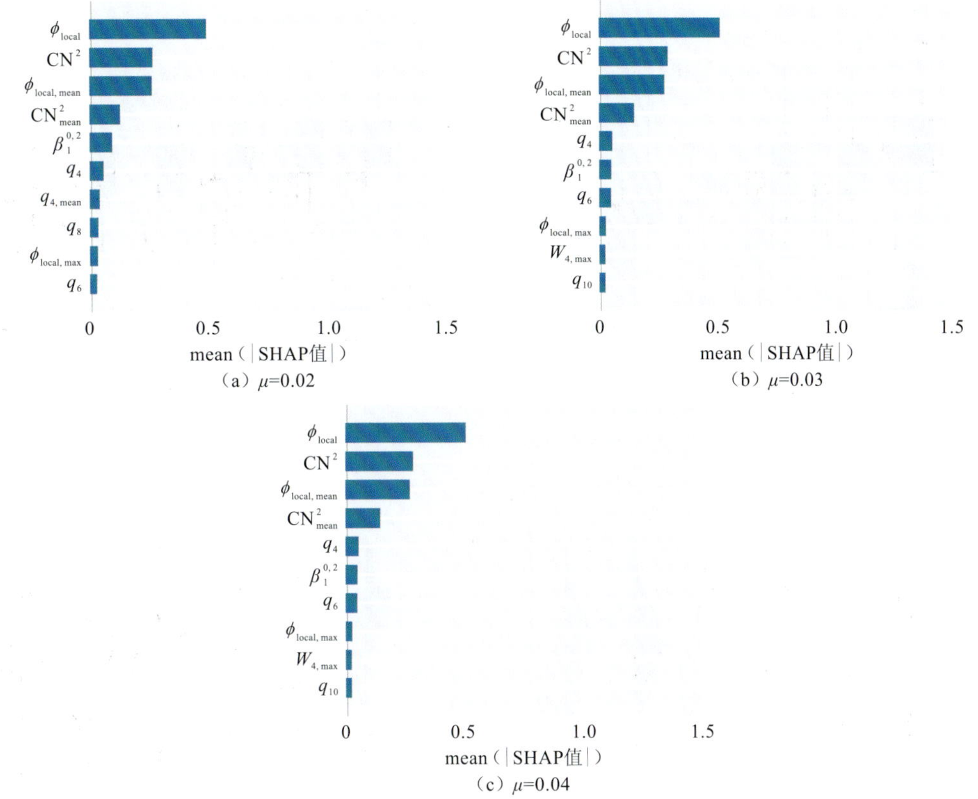

图 4.4.3　不同摩擦系数条件下的机器学习模型特征重要性分析

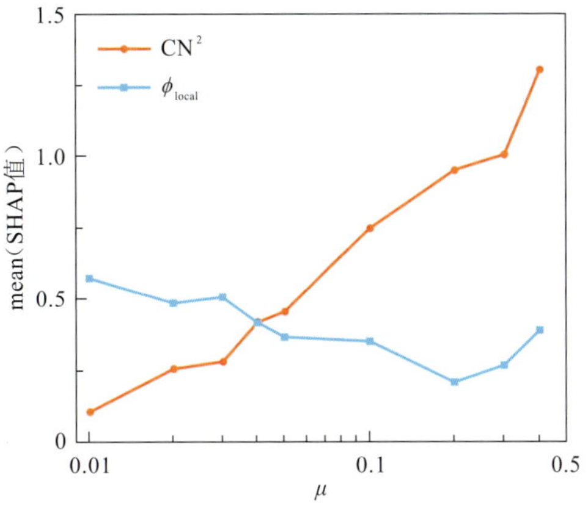

图 4.4.4　不同摩擦系数下接触数和局部体积分数的特征重要性程度的变化趋势

进一步分析接触数和局部体积分数的分布，探究不同摩擦系数条件下机器学习模型预测能力的变化原因。图 4.4.5 分析比较了塑性颗粒和弹性颗粒在实际和机器学习预测情况下的接触数和局部体积分数的分布差异。进行分布规律的分析之前，需要构建相关数据集。构建数据集时，对用于机器学习测试的数值模拟中的数据进行随机采样，采样范围包括轴向应变范围 0%～10%。对于实际和机器学习预测两种情况下分别形成了包含 5 000 个样本的数据集，每个数据集包含相同数量的塑性颗粒和弹性颗粒。

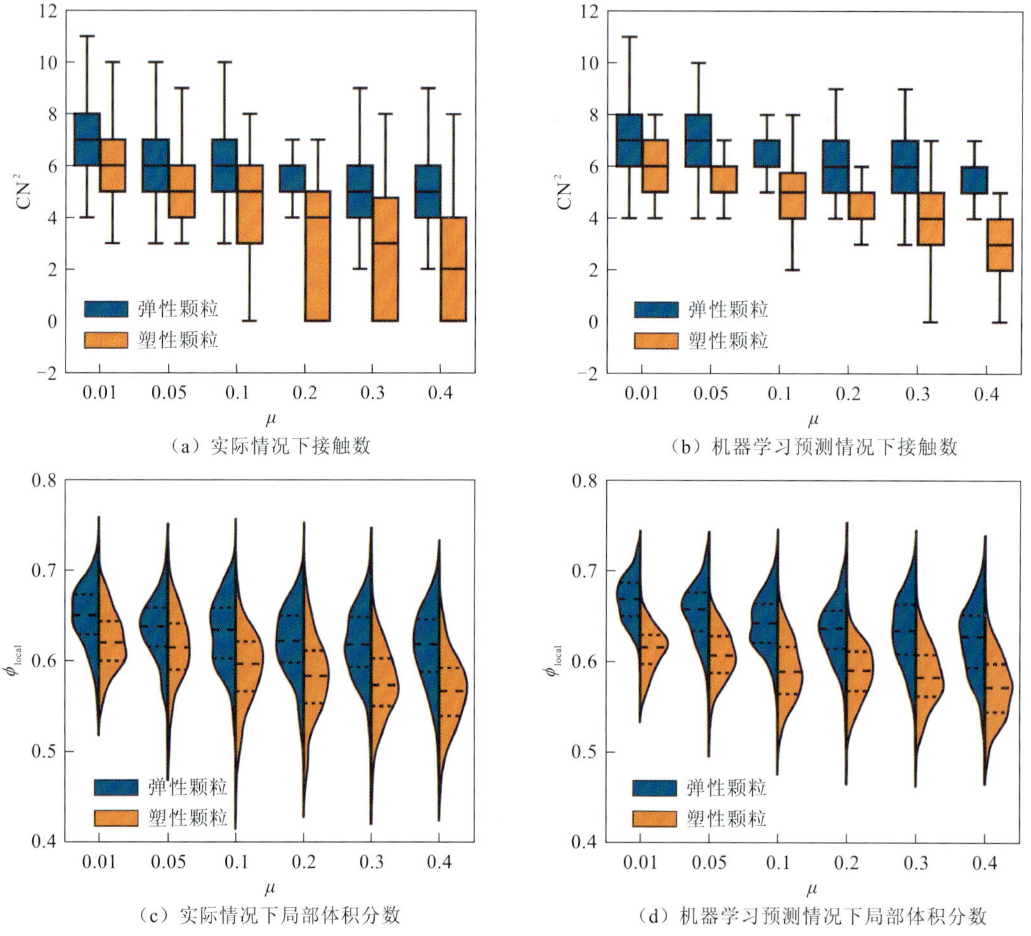

（a）实际情况下接触数　（b）机器学习预测情况下接触数

（c）实际情况下局部体积分数　（d）机器学习预测情况下局部体积分数

图 4.4.5　实际和机器学习预测情况下塑性颗粒和弹性颗粒的分布情况

颗粒接触数和局部体积分数在实际和机器学习预测情况下有相似的分布规律，这意味着机器学习模型能够捕获关键特征并基于这些特征进行有效的预测。在实际和机器学习预测情况下，塑性颗粒都具有较低的接触数，这意味着配位数较低的颗粒更容易发生塑性变形。研究发现，当摩擦系数为 0.01 时，实际情况下塑性颗粒和弹性颗粒的接触数分布呈现出更多的重叠，这导致相应条件下的机器学习模型中接触数的重要性比例较低。此时，可以观察到，尽管实际情况下塑性颗粒和弹性颗粒的局部体积分数分布也表现出很大的重叠，但局部体积分数成为最重要的特征。随着摩擦系数的增大，两种情况下接触数的分布规律表现出更明显的区别，这使相应条件下的机器学习模型中接触数的重要性比例增大。此时，接触数成为最重要的特征。结果表明，接触数是预测颗粒体系塑性行为最有力的局部结构特征，其次是局部体积分数。当接触数失去识别作用时，局部体积分数在机器学习模型预测中的作用逐渐增大。与此同时，机器学习模型的预测能力逐渐下降。

4.5　本章小结

本章采用离散单元法进行颗粒材料三轴剪切试验，通过设置不同的摩擦系数以模拟不同的微观接触模式，基于非仿射位移描述颗粒体系的微观塑性变形，基于机器学习方法探讨了颗粒局部结构与微观塑性行为的关联性，结论如下。

（1）使用可最小化非仿射位移 $D^2_{\min}$ 量化颗粒的塑性行为，并将颗粒的局部结构编码成包含 95 个特征（19 个 SRO 特征和 76 个 MRO 特征）的特征向量，基于极端梯度提升机算法，建立了颗粒的局部结构信息与塑性变形倾向的内在关联，能够有效预测颗粒体系从弹性阶段到软化阶段的塑性变形。

（2）基于所提出的机器学习模型，得到描述颗粒塑性变形倾向的局部结构因子软度。使用软度这一综合性局部结构因子从微观和宏观两个层面证明了颗粒材料的局部结构-力学特性关系。微观层面上，塑性变形和软度的空间特征相关长度有很强的相关性，表明塑性变形区域的大小与颗粒系统中软度区域的大小息息相关，甚至独立于颗粒系统内相互作用的性质，以及塑性行为的产生及发展过程。在宏观层面上，颗粒体系的应力软化与系综平均软度变化之间表现出很强的相关性。

（3）通过模型特征重要性分析和局部结构特征分析，揭示了摩擦系数对机器学习预测能力的影响机制。阐明了高摩擦引起的局部结构差异增大和低摩擦引起的颗粒动态随机性增大是机器学习预测能力变化的主要原因。通过模型特征重要性分析，推导出接触数是预测颗粒体系塑性变形最重要的局部结构特征。随着摩擦系数的增大，接触数在机器学习模型中的重要性比例随之增大，这使得机器学习模型能够更好地捕获接触数较小的颗粒并将其识别为塑性颗粒。这导致了相应的机器学习模型具有更强的预测能力。

参考文献

张世良，戚力，高伟，等，2015. 分子模拟中常用的结构分析与表征方法综述. 燕山大学学报，39(3): 213-220.

Alexander S, 1998. Amorphous solids: Their structure, lattice dynamics and elasticity. Physics Reports, 296(2/3/4): 65-236.

Amberger S P S, 2012. Models, algorithms and validation for opensource DEM and CFD-DEM. Progress in Computational Fluid Dynamics, an International Journal, 12: 140-152.

Chen T, Guestrin C, 2016. XGBoost: A scalable tree boosting system. 22nd ACM SIGKDD International Conference on Knowledge Discovery and Data Mining, San Francisco: 785-794.

Chen Y, Ma G, Zhou W, et al., 2021. An enhanced tool for probing the microscopic behavior of granular materials based on X-ray micro-CT and FDEM. Computers and Geotechnics, 132: 103974.

Chikkadi V, Schall P, 2012. Nonaffine measures of particle displacements in sheared colloidal glasses. Physical Review E, Statistical, Nonlinear, and Soft Matter Physics, 85(3 Pt 1): 031402.

Cubuk E D, Ivancic R S, Schoenholz S S, et al., 2017. Structure-property relationships from universal signatures of plasticity in disordered solids. Science, 358(6366): 1033-1037.

Cubuk E D, Schoenholz S S, Rieser J M, et al., 2015. Identifying structural flow defects in disordered solids using machine-learning methods. Physical Review Letters, 114(10): 108001.

Denisov D V, Lörincz K A, Uhl J T, et al., 2016. Universality of slip avalanches in flowing granular matter. Nature Communications, 7(1): 10641.

Falk M L, Langer J S, 1998. Dynamics of viscoplastic deformation in amorphous solids. Physical Review E, 57(6): 7192-7205.

Fan Z, Ding J, Ma E, 2020. Machine learning bridges local static structure with multiple properties in metallic glasses. Materials Today, 40: 48-62.

Fawcett T, 2006. An introduction to ROC analysis. Pattern Recognition Letters, 27(8): 861-874.

Ghosh A, Chikkadi V K, Schall P, et al., 2010. Density of states of colloidal glasses. Physical Review Letters, 104(24): 248305.

Guo N, Zhao J D, 2014. Local fluctuations and spatial correlations in granular flows under constant-volume quasistatic shear. Physical Review E, Statistical, Nonlinear, and Soft Matter Physics, 89(4): 042208.

Jakse N, Pasturel A, 2008. Dynamic aspects of the liquid-liquid phase transformation in silicon. The Journal of Chemical Physics, 129(10): 104503.

Jin W W, O' Hern C S, Radin C, et al., 2020. Homogeneous crystallization in cyclically sheared frictionless grains. Physical Review Letters, 125(25): 258003.

Kapfer S C, Mickel W, Mecke K, et al., 2012. Jammed spheres: Minkowski tensors reveal onset of local crystallinity. Physical Review E, Statistical, Nonlinear, and Soft Matter Physics, 85(3 Pt 1): 030301.

Karimi K, Barrat J L, 2018. Correlation and shear bands in a plastically deformed granular medium. Scientific Reports, 8(1): 4021.

Kawasaki T, Tanaka H, 2011. Structural signature of slow dynamics and dynamic heterogeneity in two-dimensional colloidal liquids: Glassy structural order. Journal of Physics Condensed Matter, 23(19):

194121.

Kim T H, Kelton K F, 2007. Structural study of supercooled liquid transition metals. The Journal of Chemical Physics, 126(5): 054513.

Lopera Perez J C, Kwok C Y, O'Sullivan C, et al., 2016. Assessing the quasi-static conditions for shearing in granular media within the critical state soil mechanics framework. Soils and Foundations, 56(1): 152-159.

Love A G E, 1927. A treatise on the mathematical theory of elasticity. Cambridge: Cambridge University Press.

Lundberg S M, Lee S I, 2017. A unified approach to interpreting model predictions: Advances in neural information processing systems. New York: Curran Associates Inc.

Ma G, Regueiro R A, Zhou W, et al., 2019. Spatiotemporal analysis of strain localization in dense granular materials. Acta Geotechnica, 14(4): 973-990.

Ma G, Zou Y X, Chen Y, et al., 2021. Spatial correlation and temporal evolution of plastic heterogeneity in sheared granular materials. Powder Technology, 378: 263-273.

March N H, Tosi M P, 2002. Introduction to liquid state physics. Singapore: World Scientific.

Mehrabadi M M, Nemat-Nasser S, Oda M, 1982. On statistical description of stress and fabric in granular materials. International Journal for Numerical and Analytical Methods in Geomechanics, 6(1): 95-108.

Ng T T, 2004. Triaxial test simulations with discrete element method and hydrostatic boundaries. Journal of Engineering Mechanics, 130(10): 1188-1194.

Nicot F, Hadda N, Guessasma M, et al., 2013. On the definition of the stress tensor in granular media. International Journal of Solids and Structures, 50(14/15): 2508-2517.

Panaitescu A, Kudrolli A, 2010. Experimental investigation of cyclically sheared granular particles with direct particle tracking. Progress of Theoretical Physics Supplement, 184: 100-109.

Peng Z H, Yang Z Y, Wang Y J, 2021. Machine learning atomic-scale stiffness in metallic glass. Extreme Mechanics Letters, 48: 101446.

Royer J R, Chaikin P M, 2015. Precisely cyclic sand: Self-organization of periodically sheared frictional grains. Proceedings of the National Academy of Sciences of the United States of America, 112(1): 49-53.

Schoenholz S S, Liu A J, Riggleman R A, et al., 2014. Understanding plastic deformation in thermal glasses from single-soft-spot dynamics. Physical Review X, 4(3): 031014.

Seidler G T, Martinez G, Seeley L H, et al., 2000. Granule-by-granule reconstruction of a sandpile from X-ray microtomography data. Physical Review E, Statistical Physics, Plasmas, Fluids, and Related Interdisciplinary Topics, 62(6 Pt B): 8175-8181.

Sun X L, Kob W, Blumenfeld R, et al., 2020. Friction-controlled entropy-stability competition in granular systems. Physical Review Letters, 125(26): 268005.

Tharwat A, 2021. Classification assessment methods. Applied Computing and Informatics, 17(1): 168-192.

Wang Q, Jain A, 2019. A transferable machine-learning framework linking interstice distribution and plastic heterogeneity in metallic glasses. Nature Communications, 10(1): 5537.

Wyart M, Silbert L E, Nagel S R, et al., 2005. Effects of compression on the vibrational modes of marginally jammed solids. Physical Review E, Statistical, Nonlinear, and Soft Matter Physics, 72(5 Pt 1): 051306.

Zhou W, Liu J Y, Ma G, et al., 2017. Three-dimensional DEM investigation of critical state and dilatancy behaviors of granular materials. Acta Géotechnica, 12(3): 527-540.

Zylberg J, Lerner E, Bar-Sinai Y, et al., 2017. Local thermal energy as a structural indicator in glasses. Proceedings of the National Academy of Sciences of the United States of America, 114(28): 7289-7294.

第 5 章 初始微观结构预测塑性演化

颗粒材料是典型的复杂系统，具有不均匀、各向异性和无序的内部结构。当受到荷载时，颗粒材料在颗粒尺度表现出非均匀、不可逆的塑性重排。这种特征也出现在其他无序材料中，如金属玻璃和胶体等（Xiao et al.，2021；Nicolas et al.，2018；Ghosh et al.，2017；Larson，1999；Falk and Langer，1998）。这些发生在颗粒层面的塑性重排是宏观屈服、应力雪崩和剪切带形成的微观起源(Hassani et al.，2019；Shrivastav et al.，2016；Falk and Langer，2011；Petekidis et al.，2003；Hébraud et al.，1997)，在颗粒物理和材料科学中具有重要意义。虽然普遍认为这种塑性异质性与颗粒内部结构密切相关，但由于颗粒体系的局部环境非常复杂，目前颗粒结构对塑性动力学的影响程度和方式尚不明确。本章采用离散元进行一系列三轴剪切试验，利用不同的结构指标量化颗粒试样的初始局域结构特征，引入机器学习模型建立初始颗粒结构与不同加载阶段微观塑性变形的联系，研究由剪切诱发的微观塑性变形的结构起源，探讨颗粒尺度的塑性活动与宏观应力响应之间的跨尺度联系。

5.1 颗粒材料三轴剪切试验

5.1.1 数值试验

本章使用开源离散元软件 LIGGGHTS 进行颗粒材料的三轴剪切试验。颗粒粒径在 $0.8d_{50}$～$1.2d_{50}$（d_{50}=10 mm）均匀分布，以防止结晶。颗粒的密度为 2 650 kg/m^3，泊松比为 0.25，摩擦系数为 0.5，恢复系数为 0.9。弹性模量分别设定为 0.25 GPa、1 GPa 和 5 GPa，以获得具有不同刚度的试样（Qu et al.，2022；Zhao and Crosta，2018）。颗粒间的接触模型选用 Hertz-Mindlin 模型，时间步长设置为 5×10^{-8} s。值得注意的是，本章的重点不是研究颗粒刚度对力学行为的影响，选取不同刚度的颗粒试样是为了获取多样化的应力响应。如图 5.1.1 所示，在模型准备阶段，在一个大的立方体容器中随机生成 25 000 个颗粒，然后通过收缩边界将其压缩到指定的围压状态（在本节中 σ_0=1 MPa）。为了消除边界效应的影响，数值试样的边界设置为周期性边界。在压缩试样时，通常通过调整颗粒间的摩擦系数来获得不同密实程度的试样（Gao et al.，2020；Zhao et al.，2018a；Ng，2009），这里将试样压缩过程中的颗粒摩擦系数设置为 0.2，以获得一个中等密度的试样，试样固结完成后尺寸约为 $27d_{50}\times27d_{50}\times27d_{50}$。

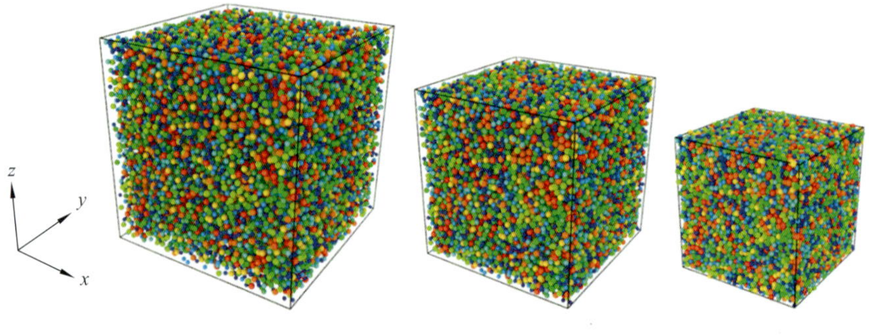

图 5.1.1 颗粒试样的制备过程

试样达到指定围压后，通过间歇性将所有颗粒的平动速度和角速度设置为零来消散动能（Zhao et al.，2018a，2018b）。试样制备完成后，顶部和底部边界以恒定的速度收缩，以实现一个连续的剪切过程。本章试验采用土力学中两种典型的加载条件：排水剪切与不排水剪切（李广信，2004）。对于不排水剪切，试样在加载过程中调整四个侧边界以保持恒定的体积。在排水条件下，通过伺服控制算法，调整四个侧边界以保持恒定的压应力。值得注意的是，本试验中所有的数值试样都是干燥的，这里的排水与不排水仅代表等压和等体积。加载应变率设定为 $\dot{\varepsilon}_1=0.4$，对应的惯性系数 $I=\dot{\varepsilon}_1 d_{50}/\sqrt{\sigma_0/\rho_s}<10^{-3}$（$\rho_s$ 是颗粒密度）足够小，以确保剪切过程满足准静态条件（Zhao et al.，2020；MiDi，2004）。

5.1.2　宏观应力变形

图 5.1.2（a）展示了不同弹性模量试样在两种剪切条件下的应力比-轴向应变关系曲线。其中 U 代表不排水，D 代表排水，L、M、H 分别代表弹性模量为 0.25 GPa、1 GPa 和 5 GPa。可以看出，所有试样的应力比都在加载过程中呈现出先增大后减小的现象，这是无黏性颗粒材料中非常典型的应力响应。随弹性模量增大，应力比峰值对应的应变逐渐减小。对于较高弹性模量的试样，两种剪切条件（排水与不排水）下的应力比响应差别不大，这与前人的研究一致。此外，可以看出随弹性模量降低，这种差异在逐渐扩大。这归因于低弹性模量试样在排水剪切中体积变化较大。如图 5.1.2（b）所示，随弹性模量降低，颗粒体系的剪缩越来越明显。

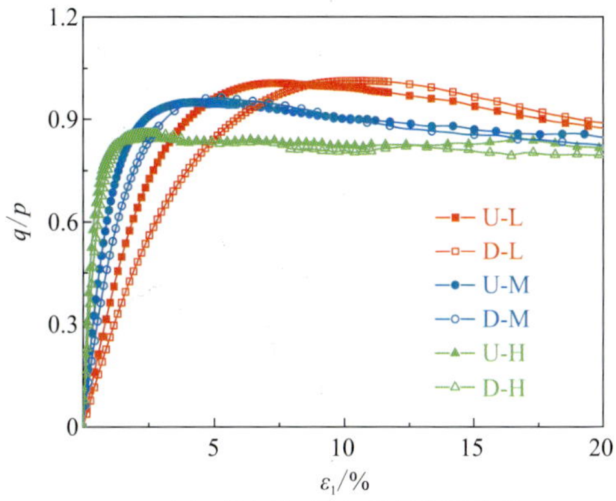

（a）应力比-轴向应变关系曲线

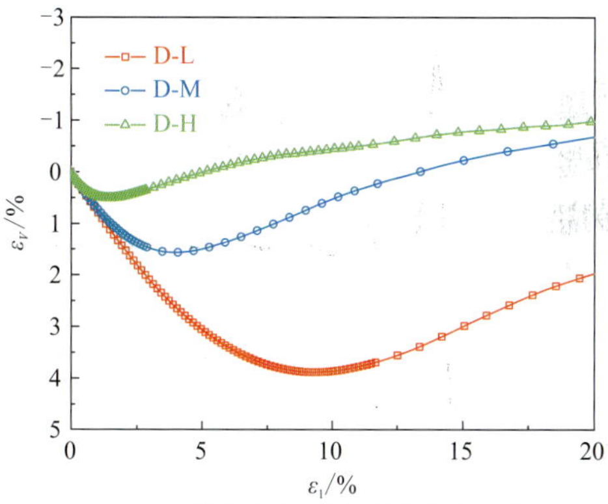

（b）体积应变-轴向应变关系曲线

图 5.1.2　宏观力学响应

5.2　颗粒材料结构表征量化

对于颗粒材料、金属玻璃等无序材料，结构表征是一项重要的课题。在晶体材料中，粒子之间形成对称的晶体结构。晶体在达到屈服应力后发生的塑性变形源自这种对称结构的破坏。然而对于颗粒材料，几乎所有颗粒都有不同的局部结构，即局域结构处处都是非对称的。尽管学界已普遍认识到颗粒材料的构型非均质性会导致局部性能呈现空间异质性，但是建立结构特征和力学性质之间的关联目前仍是一项挑战（张一博，2022）。因此，结构表征量化是厘清颗粒材料复杂力学性能起源的关键一环。本节简要介绍几种常见的颗粒材料结构表征量。起初这些表征量主要应用于玻璃体系，后来逐渐被迁移到颗粒材料等其他无序体系中。

5.2.1 短程结构指标

通常而言，颗粒集合体中对某个颗粒影响最大的是其周围的颗粒，尤其是与其接触的颗粒。因此，短程结构序（short-range order，SRO）尤为重要。为了定义短程结构序，首先需得识别颗粒的邻域颗粒。一些学者通过计算周边颗粒与中心颗粒的距离，并设置一个截断值来实现邻域划分。如图 5.2.1（a）所示，这个截断值通常为对分布函数第一个极小值所对应的距离（Ma et al.，2021），也即中心颗粒的第一层邻域颗粒。此外，不少学者采用 Voronoi 剖分来识别邻域颗粒。如图 5.2.1（b）所示，若某个颗粒的 Voronoi 元胞与中心颗粒存在共面，则定义其为邻域颗粒。若无额外说明，本章中的邻域关系均采用 Voronoi 剖分。

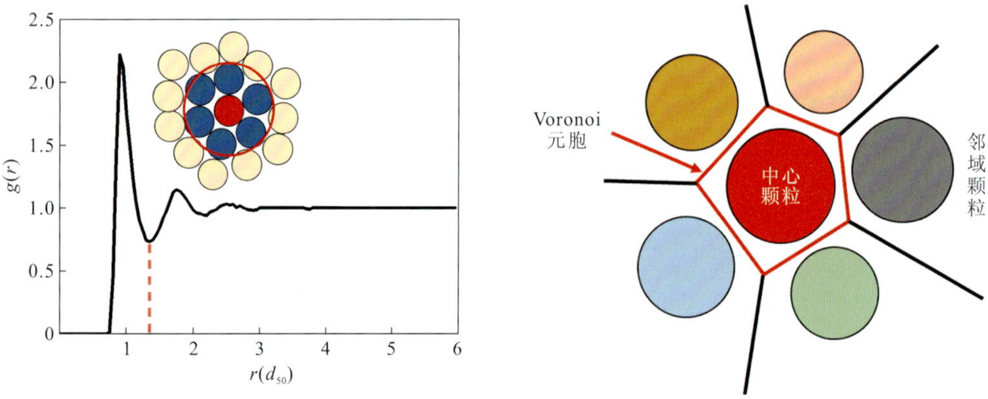

（a）基于截断距离　　（b）基于Voronoi剖分

图 5.2.1　两种领域颗粒定义方式

基于邻域颗粒的拓扑关系及颗粒 Voronoi 元胞的几何特征，诞生了许多短程结构表征量，如配位数、局部体积分数等。

5.2.2 中程结构指标

颗粒材料作为一种多体相互作用的体系，其局部响应不仅与短程结构相关，还涉及更大尺度的结构序，可以采用粗粒化技术（Wang and Jain，2019）将短程结构序扩展为中程结构序（medium-range order，MRO）。如图 5.2.2 所示，首先计算 5.2.1 小节所提出的短程结构序，然后找到每个颗粒的邻域颗粒，计算这些邻域颗粒的短程结构指标的一些统计量作为中心颗粒的中程结构序。即对于颗粒 c，中程结构指标计算式如下：

$$F_c^{\mathrm{MRO}} = \mathrm{Stats}\,(F_i^{\mathrm{SRO}}, F_j^{\mathrm{SRO}}, F_k^{\mathrm{SRO}}, \cdots, F_n^{\mathrm{SRO}}) \tag{5.2.1}$$

式中：下标 i、j、k 和 n 代表颗粒 c 的邻域颗粒，统计量（Stats）包括平均值（Mean）、最小值（Min）、最大值（Max）和标准差（Std）。因此，若将这些结构序根据颗粒编号编码为数组，中程结构序的数组大小为短程结构序的 4 倍。

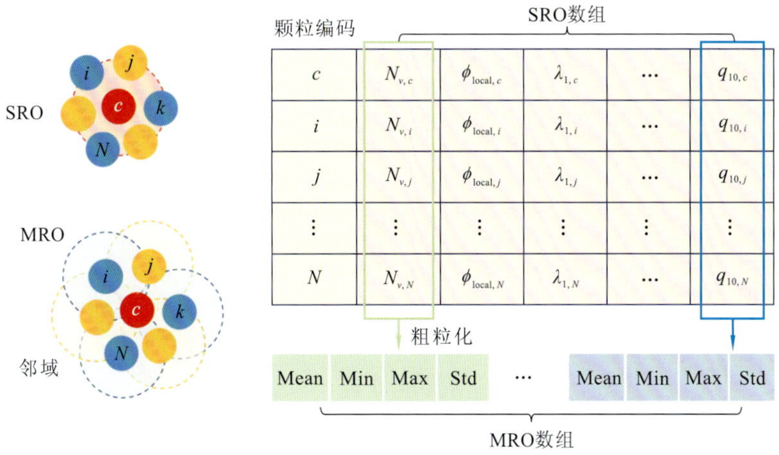

图 5.2.2　基于粗粒化技术将短程结构序扩展为中程结构序

5.2.3　细观组构模型

除了短程结构指标、中程结构指标，细观组构特征也常用来量化颗粒体系的结构特征。有所区别的是，组构量通常是基于接触拓扑的统计量，衡量的是整个体系的结构特征。已有研究表明，颗粒材料的宏观力学行为强烈依赖颗粒体系内部组构（Ouadfel and Rothenburg，2001；Oda，1982）。如图 5.2.3 所示，颗粒间的相互作用关系可由接触法向 n、法向接触力 $\boldsymbol{f}_{\mathrm{n}}$、切向接触力 $\boldsymbol{f}_{\mathrm{t}}$ 和枝向量 $\boldsymbol{b}$ 等向量描述。其中接触法向为接触面外法线方向，枝向量为接触颗粒质心连线的向量。

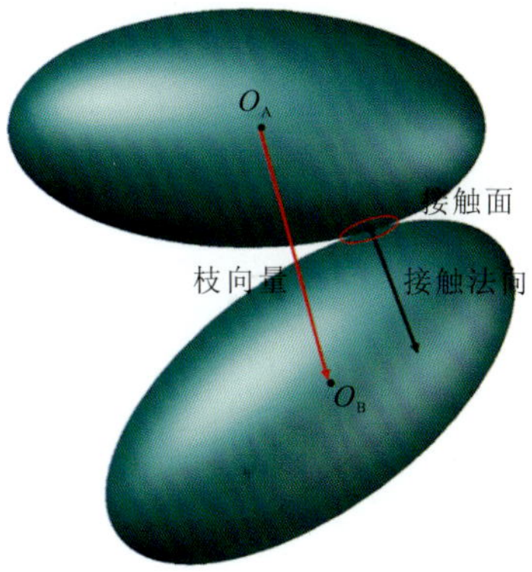

图 5.2.3　颗粒接触示意图

Oda（1982）提出可以采用组构张量来定量地描述颗粒接触法向：

$$\boldsymbol{\Phi}_{ij} = \int_{\Theta} E(\Theta)\boldsymbol{n}_i\boldsymbol{n}_j \,\mathrm{d}\Theta = \frac{1}{\mathrm{CN}}\sum_{c\in\mathrm{CN}} \boldsymbol{n}_i\boldsymbol{n}_j \tag{5.2.2}$$

式中：CN 为总配位数；$\boldsymbol{n}_i$ 为接触法向的单位矢量在 i 方向的分量；Θ 为全局坐标系下单位矢量 $\boldsymbol{n}$ 的方向范围；$E(\Theta)$ 为接触法向的概率密度函数，可以用二阶傅里叶级数展开拟合：

$$E(\Theta)=\frac{1}{4\pi}(1+A_{ij}^{c}\boldsymbol{n}_i\boldsymbol{n}_j) \tag{5.2.3}$$

式中：A_{ij}^{c} 为接触法向的各向异性张量，是一个反映接触法向各向异性的二阶对称偏张量。将式（5.2.3）代入式（5.2.2）并积分后得

$$A_{ij}^{c}=\frac{15}{2}\boldsymbol{\Phi}_{ij}' \tag{5.2.4}$$

式中：$\boldsymbol{\Phi}_{ij}'$ 为 $\boldsymbol{\Phi}_{ij}$ 的偏张量。

采用相似的方法，可以定义法向接触力、切向接触力和枝向量的各向异性张量。对于椭球颗粒，因为枝向量的方向一般与接触法向不一致，所以基于接触法向，将枝向量分解为法向和切向两个分量。枝向量法向分量 B^{n} 、枝向量切向分量 B^{t} 、法向接触力 F^{n} 组构张量和切向接触力 F^{t} 组构张量定义如下：

$$\boldsymbol{\Psi}_{ij}^{\mathrm{n}}=\frac{1}{4\pi}\int_{\Theta}B^{\mathrm{n}}(\Theta)\boldsymbol{n}_i\boldsymbol{n}_j\mathrm{d}\Theta=\frac{1}{\mathrm{CN}}\sum_{c\in\mathrm{CN}}\frac{\boldsymbol{b}_{\mathrm{n}}\boldsymbol{n}_i\boldsymbol{n}_j}{1+A_{kl}^{c}\boldsymbol{n}_k\boldsymbol{n}_l} \tag{5.2.5}$$

$$\boldsymbol{\Psi}_{ij}^{\mathrm{t}}=\frac{1}{4\pi}\int_{\Theta}B^{\mathrm{t}}(\Theta)\boldsymbol{n}_i\boldsymbol{n}_j\mathrm{d}\Theta=\frac{1}{\mathrm{CN}}\sum_{c\in\mathrm{CN}}\frac{\boldsymbol{b}_{\mathrm{t}}t_i\boldsymbol{n}_j}{1+A_{kl}^{c}\boldsymbol{n}_k\boldsymbol{n}_l} \tag{5.2.6}$$

$$\boldsymbol{\Omega}_{ij}^{\mathrm{n}}=\frac{1}{4\pi}\int_{\Theta}F^{\mathrm{n}}(\Theta)\boldsymbol{n}_i\boldsymbol{n}_j\mathrm{d}\Theta=\frac{1}{\mathrm{CN}}\sum_{c\in\mathrm{CN}}\frac{\boldsymbol{f}_{\mathrm{n}}\boldsymbol{n}_i\boldsymbol{n}_j}{1+A_{kl}^{c}\boldsymbol{n}_k\boldsymbol{n}_l} \tag{5.2.7}$$

$$\boldsymbol{\Omega}_{ij}^{\mathrm{t}}=\frac{1}{4\pi}\int_{\Theta}F^{\mathrm{t}}(\Theta)t_i\boldsymbol{n}_j\mathrm{d}\Theta=\frac{1}{\mathrm{CN}}\sum_{c\in\mathrm{CN}}\frac{\boldsymbol{f}_{\mathrm{t}}t_i\boldsymbol{n}_j}{1+A_{kl}^{c}\boldsymbol{n}_k\boldsymbol{n}_l} \tag{5.2.8}$$

对应的概率密度函数：

$$B^{\mathrm{n}}(\Theta)=\boldsymbol{b}_0[1+A_{ij}^{b_{\mathrm{n}}}\boldsymbol{n}_i\boldsymbol{n}_i] \tag{5.2.9}$$

$$B_i^{\mathrm{t}}(\Theta)=\boldsymbol{b}_0[A_{kl}^{b_{\mathrm{t}}}\boldsymbol{n}_k-(A_{ij}^{b_{\mathrm{t}}}\boldsymbol{n}_k\boldsymbol{n}_l)\boldsymbol{n}_i] \tag{5.2.10}$$

$$F^{\mathrm{n}}(\Theta)=\boldsymbol{f}_0[1+A_{ij}^{f_{\mathrm{n}}}\boldsymbol{n}_i\boldsymbol{n}_i] \tag{5.2.11}$$

$$F^{\mathrm{t}}(\Theta)=\boldsymbol{f}_0[A_{ik}^{f_{\mathrm{t}}}\boldsymbol{n}_k-(A_{ij}^{f_{\mathrm{t}}}\boldsymbol{n}_k\boldsymbol{n}_l)\boldsymbol{n}_i] \tag{5.2.12}$$

对应各向异性张量：

$$\begin{aligned}&A_{ij}^{b_{\mathrm{n}}}=\frac{15}{2}\frac{\boldsymbol{\Psi}_{ij}^{\mathrm{n}\prime}}{\boldsymbol{b}_0},\quad A_{ij}^{b_{\mathrm{t}}}=\frac{15}{3}\frac{\boldsymbol{\Psi}_{ij}^{\mathrm{t}\prime}}{\boldsymbol{b}_0}\\&A_{ij}^{f_{\mathrm{n}}}=\frac{15}{2}\frac{\boldsymbol{\Omega}_{ij}^{\mathrm{n}\prime}}{\boldsymbol{f}_0},\quad A_{ij}^{f_{\mathrm{t}}}=\frac{15}{3}\frac{\boldsymbol{\Omega}_{ij}^{\mathrm{t}\prime}}{\boldsymbol{f}_0}\end{aligned} \tag{5.2.13}$$

式中：$\boldsymbol{b}_0=\boldsymbol{\Psi}_{ii}^{\mathrm{n}}$ ， $\boldsymbol{f}_0=\boldsymbol{\Omega}_{ii}^{\mathrm{n}}$ 。

基于各向异性张量，许多学者证明了颗粒体系的宏观应力、颗粒接触力和接触组构之间存在重要的联系，并推导了 stress-force-fabric（SFF）关系（Zhao et al.，2018a；Zhao and Zhou，2017；Guo and Zhao，2013；Ouadfel and Rothenburg，2001）。应力张量可以表达为

$$\boldsymbol{\sigma}_{ij}=\frac{N_c}{2V}\int_{\Theta}\boldsymbol{f}_i(\Theta)\boldsymbol{b}_j(\Theta)E(\Theta)\mathrm{d}\Theta \tag{5.2.14}$$

式中：$\boldsymbol{f}_i(\Theta)$ 和 $\boldsymbol{b}_j(\Theta)$ 分别为接触力和枝向量的分布函数，表达式为

$$\boldsymbol{f}_i(\Theta)=\boldsymbol{f}_0 n_i+\boldsymbol{f}_0(\boldsymbol{A}_{ik}^{f_t}\boldsymbol{n}_k+\boldsymbol{A}_{kl}^{f}\boldsymbol{n}_k\boldsymbol{n}_l\boldsymbol{n}_i) \tag{5.2.15}$$

$$\boldsymbol{b}_j(\Theta)=\boldsymbol{b}_0 n_j+\boldsymbol{b}_0(\boldsymbol{A}_{jk}^{b_t}\boldsymbol{n}_k+\boldsymbol{A}_{kl}^{b}\boldsymbol{n}_k\boldsymbol{n}_l\boldsymbol{n}_j) \tag{5.2.16}$$

式中：$\boldsymbol{A}_{ij}^{f}$ 和 $\boldsymbol{A}_{ij}^{b}$ 不同于接触力和枝向量的法向与切向分量的各向异性张量，定义为

$$\boldsymbol{A}_{ij}^{f}=\boldsymbol{A}_{ij}^{f_n}-\boldsymbol{A}_{ij}^{f_t} \tag{5.2.17}$$

$$\boldsymbol{A}_{ij}^{b}=\boldsymbol{A}_{ij}^{b_n}-\boldsymbol{A}_{ij}^{b_t} \tag{5.2.18}$$

将式（5.2.14）右侧展开，涉及一些各向异性张量的交叉项。由于三种及三种以上的各向异性张量的交叉项非常小，这里只保留两项相交的交叉项，表达式如下：

$$\boldsymbol{A}_{ij}^{f_t c}=\boldsymbol{A}_{ik}^{f_t}\boldsymbol{A}_{kj}^{c}-\frac{1}{3}\boldsymbol{A}_{lk}^{f_t}\boldsymbol{A}_{kl}^{c}\delta_{ij} \tag{5.2.19}$$

$$\boldsymbol{A}_{ij}^{c b_t}=\boldsymbol{A}_{ik}^{c}\boldsymbol{A}_{kj}^{b_t}-\frac{1}{3}\boldsymbol{A}_{lk}^{c}\boldsymbol{A}_{kl}^{b_t}\delta_{ij} \tag{5.2.20}$$

$$\boldsymbol{A}_{ij}^{f_t b_t}=\boldsymbol{A}_{ik}^{f_t}\boldsymbol{A}_{kj}^{b_t}-\frac{1}{3}\boldsymbol{A}_{lk}^{f_t}\boldsymbol{A}_{kl}^{b_t}\delta_{ij} \tag{5.2.21}$$

$$\boldsymbol{A}_{ij}^{f_t b}=\boldsymbol{A}_{ik}^{f_t}\boldsymbol{A}_{kj}^{b}-\frac{1}{3}\boldsymbol{A}_{lk}^{f_t}\boldsymbol{A}_{kl}^{b}\delta_{ij} \tag{5.2.22}$$

$$\boldsymbol{A}_{ij}^{f b_t}=\boldsymbol{A}_{ik}^{f}\boldsymbol{A}_{kj}^{b_t}-\frac{1}{3}\boldsymbol{A}_{lk}^{f}\boldsymbol{A}_{kl}^{b_t}\delta_{ij} \tag{5.2.23}$$

$$\boldsymbol{A}_{ij}^{cf}=\frac{1}{2}(\boldsymbol{A}_{ik}^{c}\boldsymbol{A}_{kj}^{f}+\boldsymbol{A}_{jk}^{c}\boldsymbol{A}_{ki}^{f})-\frac{1}{3}\boldsymbol{A}_{lk}^{c}\boldsymbol{A}_{kl}^{f}\delta_{ij} \tag{5.2.24}$$

$$\boldsymbol{A}_{ij}^{cb}=\frac{1}{2}(\boldsymbol{A}_{ik}^{c}\boldsymbol{A}_{kj}^{b}+\boldsymbol{A}_{jk}^{c}\boldsymbol{A}_{ki}^{b})-\frac{1}{3}\boldsymbol{A}_{lk}^{c}\boldsymbol{A}_{kl}^{b}\delta_{ij} \tag{5.2.25}$$

$$\boldsymbol{A}_{ij}^{bf}=\frac{1}{2}(\boldsymbol{A}_{ik}^{b}\boldsymbol{A}_{kj}^{f}+\boldsymbol{A}_{jk}^{b}\boldsymbol{A}_{ki}^{f})-\frac{1}{3}\boldsymbol{A}_{lk}^{b}\boldsymbol{A}_{kl}^{f}\delta_{ij} \tag{5.2.26}$$

式中：δ_{ij} 为克罗内克符号。引入各向异性系数 A_* 量化各向异性程度：

$$A_*=\mathrm{Sign}(\boldsymbol{A}_{ij}^{*}\boldsymbol{A}_{ij}^{c})\sqrt{\frac{3}{2}\boldsymbol{A}_{ij}^{*}\boldsymbol{A}_{ij}^{*}} \tag{5.2.27}$$

式中：$\boldsymbol{A}_{ij}^{*}$ 为涉及的各向异性张量，这里各向异性系数的正负取决于其与接触法向各向异性张量是否共轴。基于各向异性系数，应力比可以由各个各向异性分量的和表达：

$$\frac{q}{p}=a_c+a_{f_n}+a_{f_t}+a_{cf}+a_s \tag{5.2.28}$$

式中：a_c、a_{f_n} 和 a_{f_t} 分别对应接触法向、法向接触力、切向接触力各向异性对应力比的贡献；a_{cf} 为考虑接触法向和接触力之间关系对应力比的贡献；a_s 为形状对应力比的贡献。这些分量与各向异性系数的关系式如下：

$$a_c=\frac{2}{5}\boldsymbol{A}_c/D_0 \tag{5.2.29}$$

$$a_{f_n} = \frac{2}{5}\boldsymbol{A}_{f_n} / D_0 \tag{5.2.30}$$

$$a_{f_t} = \frac{3}{5}\boldsymbol{A}_{f_t} / D_0 \tag{5.2.31}$$

$$a_{cf} = \frac{2}{35}(7\boldsymbol{A}_{f_t c} + 4\boldsymbol{A}_{cf}) / D_0 \tag{5.2.32}$$

$$a_s = a_{b_n} + a_{b_t} + a_{cb} + a_{fb} \tag{5.2.33}$$

其中，a_{b_n}、a_{b_t}、a_{cb}、a_{fb} 和 D_0 表达式如下：

$$a_{b_n} = \frac{2}{5}\boldsymbol{A}_{b_n} / D_0 \tag{5.2.34}$$

$$a_{b_t} = \frac{3}{5}\boldsymbol{A}_{b_t} / D_0 \tag{5.2.35}$$

$$a_{cb} = \frac{2}{35}(7\boldsymbol{A}_{cb_t} + 4\boldsymbol{A}_{cb}) / D_0 \tag{5.2.36}$$

$$a_{fb} = \left[\boldsymbol{A}_{f_t b_t} + \frac{2}{5}(\boldsymbol{A}_{f_t b} + \boldsymbol{A}_{fb_t}) + \frac{8}{35}\boldsymbol{A}_{bf}\right] \Big/ D_0 \tag{5.2.37}$$

$$D_0 = 1 + \frac{4}{45}\left(\boldsymbol{A}_c\boldsymbol{A}_{f_n} + \boldsymbol{A}_c\boldsymbol{A}_{b_n} + \boldsymbol{A}_{b_n}\boldsymbol{A}_{f_n} + \frac{2}{3}\boldsymbol{A}_{b_t}\boldsymbol{A}_{f_t}\right) \tag{5.2.38}$$

也有学者选择忽略各向异性张量的交叉项（Zhao and Zhou，2017），则 SFF 关系可以简化为

$$\frac{q}{p} = \frac{2}{5}\left(\boldsymbol{A}_c + \boldsymbol{A}_{f_n} + \frac{3}{2}\boldsymbol{A}_{f_t} + \boldsymbol{A}_{b_n} + \frac{3}{2}\boldsymbol{A}_{b_t}\right) \tag{5.2.39}$$

5.3 微观塑性表征

本节同样采用非仿射位移平方 $D^2_{\min}$ 量化体系的微观塑性行为，相关计算方法见 4.2 节。在一般的连续介质中，加载过程中弹性变形和塑性变形之间有明显的界限。而对于颗粒材料这种非连续介质，其塑性变形几乎伴随着整个变形过程，甚至是在非常小的应变状态下（Pouragha and Wan，2017）。这里将 U-L 试样加载到一个非常小的应变状态（$\varepsilon_1 = 0.7\%$），然后将试样卸载到一个各向同性的应力状态。图 5.3.1（a）为加卸载过程中应力比-轴向应变关系曲线，可以看出卸载曲线没有回到原点，表明试样发生了轻微的塑性变形。借助微观塑性指标 $D^2_{\min}$，可以直接观察到颗粒尺度上的塑性变形。图 5.3.1（b）和（c）分别为加载和卸载状态下的 $D^2_{\min}$ 空间分布云图[分别对应图 5.3.1（a）插图中的点（I）和（II）]。可以看出，即使在小应变下也会出现非仿射变形，而且大部分非仿射变形在卸载后仍然存在，即这些变形是不可逆的（塑性），这也证明了 $D^2_{\min}$ 是捕捉微观塑性变形的优良指标。宏观响应与微观动力学行为都表明，颗粒材料极易发生塑性变形。因此，探索颗粒塑性重排的微观起源对发展颗粒物质力学理论具有重要意义。

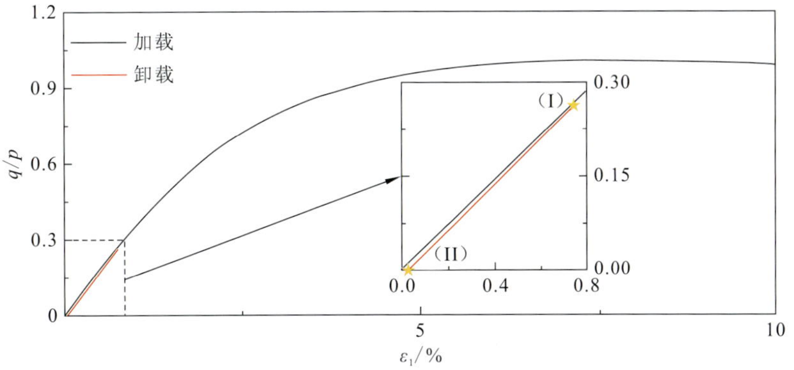

（a）加卸载过程中应力比-轴向应变关系曲线

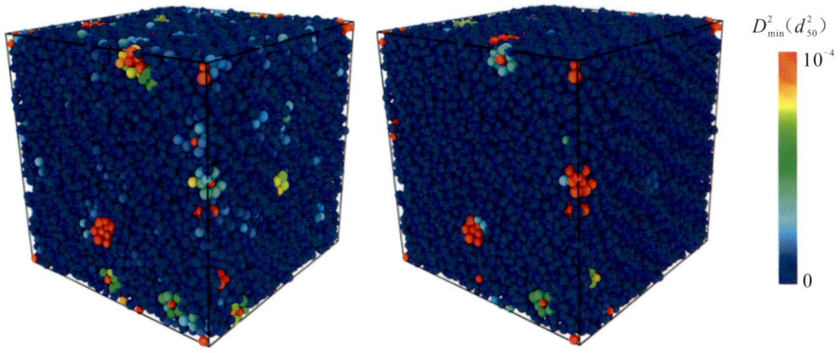

（b）加载状态下D^2_{min}空间分布云图　　（c）卸载状态下D^2_{min}空间分布云图

图 5.3.1　高塑性颗粒小应变加载及卸载

5.4　微观塑性的结构起源

前人的研究指出，在相同的加载条件下颗粒内部结构和塑性动力学密切相关（Zhang et al.，2022，2021；Xiao et al.，2021；Wang and Jain，2019）。然而，由于这些研究都是单一加载条件，由此引出一个重要的问题——微观塑性变形是否取决于加载条件？这涉及在无序材料中是否存在所谓的结构缺陷，即是否预先存在一些对载荷较为敏感的区域，这些区域更容易发生塑性变形。若同一试样在加载条件下发生变化后微观塑性行为也发生显著变化，那就说明不能依靠纯粹的结构分析来预测颗粒材料塑性变形，即不存在与加载条件无关的缺陷结构。由于对结构-塑性关系缺乏系统认识，一部分学者对无序材料是否存在结构缺陷提出了质疑（Gendelman et al.，2015；Dasgupta et al.，2012）。为此，本节比较 U-L 试样在不同方向剪切下的微观塑性活动。图 5.4.1（a）为小应变下（$\varepsilon_1 = 0.7\%$）高塑性颗粒（定义为 D^2_{min} 排前 5%的颗粒）的示意图。绿色和蓝色分别对应加载方向为 X 方向和 Z 方向，红色颗粒为在两种加载条件下都被认定为高塑性的颗粒。可以看出，小应变下不同加载方向上的高塑性颗粒有明显的重叠，即小应变下的塑性活

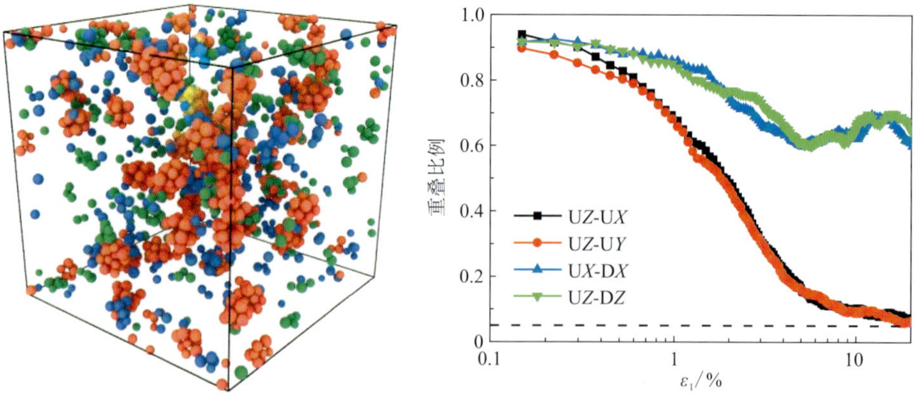

（a）X和Z加载方向下的高塑性颗粒　　（b）不同加载条件下高塑性颗粒的重叠比例

图 5.4.1　高塑性颗粒小应变加载示意图及重叠比例

动在很大程度上与加载条件无关。这证明颗粒体系中预先存在一些缺陷结构，微观塑性活动起源于这些结构。

进一步研究不同加载条件下高塑性颗粒重叠比例（即一个颗粒的 $D^2_{\min}$ 在两种不同加载条件下都处于前 5%的概率）在加载过程中的演化，图 5.4.1（b）为 UZ-U*X*、UZ-U*Y*、U*X*-D*X* 和 UZ-DZ（*X*、*Y* 和 *Z* 代表加载方向，U 和 D 分别代表不排水和排水）组合下的重叠比例与应变的关系曲线。可以看出，UZ-U*X* 和 UZ-U*Y* 情况下的重叠比例随应变增大迅速降低，这意味着塑性变形的演变强烈依赖加载方向。当达到一个较大的应变时，重叠比例收敛到 0.05（该值为两组试样随机选取 5%颗粒的重叠比例的期望值），表明这两种加载条件下的微观塑性变形完全失去了相关性。值得注意的是，在 U*X*-D*X* 和 UZ-DZ 的情况下，重叠比例随应变增大仅出现小幅下降，表明塑性变形的演化对排水条件不敏感，也即排水条件对颗粒材料的塑性演化模式影响较小。

从前面分析中可以看出，颗粒体系中确实存在一些有强烈塑性变形倾向缺陷结构，但是由于颗粒材料中的每个颗粒都有独特的局部环境，所以识别出这些缺陷结构乃至建立起颗粒结构与塑性变形之间的因果关系是相当困难的。为此，使用机器学习技术融合多个结构指标来刻画局域结构发生塑性变形的倾向。将 11 个短程结构指标（配位数 CN，Voronoi 配位数 N_{v}，ϕ_{local}、Voronoi 元胞几何特征值 λ_1、λ_2、λ_3，局部键取向序参数 q_2、q_4、q_6、q_8、q_{10}）和其对应的 44 个中程结构指标（计算方法见 5.2.1 小节）作为输入结构特征。虽然理论上结构指标越多，就越能充分描绘颗粒材料的局域结构特征。但是更多的指标意味着模型的可解释性变差，所以参考前人的研究（Xiao et al.，2021；Wang and Jain，2019；Schoenholz et al.，2016）选取这些典型结构指标，并将结构指标的数目控制在一个合理的范围。

本节研究的机器学习算法选择为极端梯度提升算法（XGBoost）。这是一种基于梯度提升决策树（GBDT）的新算法（Chen and Guestrin，2016），在颗粒材料相关研究中表现出优异的性能（Ma et al.，2022；Zhang et al.，2022；Wang et al.，2021；Ren et al.，2019）。在训练机器学习模型之前，必须定义塑性颗粒。虽然 $D^2_{\min}$ 可以量化颗粒的塑性，但是塑性颗粒和非塑性颗粒之间没有明确的界限（van Hecke，2015），这里遵循之前对高塑性颗粒的定义，将每个颗粒体系中 $D_{\min}^2$ 前 5%的颗粒定义为塑性颗粒（Mitra et al.，2022；Fan et al.，2020；Pandit et al.，2019），以确保不同机器学习模型之间具有可比性。

本节试图根据颗粒材料初始状态的结构来预测不同应变下的塑性区，数据集的建立和机器学习模型训练的过程如图 5.4.2 所示。本节计算不同应变下的颗粒的 $D_{\min}^2$，并训练多个独立的机器学习模型来预测每个应变下的塑性颗粒。值得注意的是，所有的模型均同时使用初始状态的结构特征作为输入。为了严格测试模型，每种加载条件下都随机生成 5 个独立的颗粒试样，其中 4 个试样进行模型训练，而最后一个试样用作测试。由于数据集的不平衡性（非塑性颗粒的数量远远大于塑性颗粒的数量），这里对原始数据集采用等量的欠采样来创建一个平衡的数据集（Wang and Jain，2019）。具体而言，在 25 000 个颗粒中选取 5%的颗粒作为塑性颗粒，并在剩余的颗粒中随机挑选相同数目（1 250 个）的颗粒作为非塑性（弹性）颗粒，将这 2 500 个颗粒的结构特征向量合并作为输入数据集。由于有 4 个试样用作训练，所以每个机器模型的训练数据集的大小为 4×2 500。

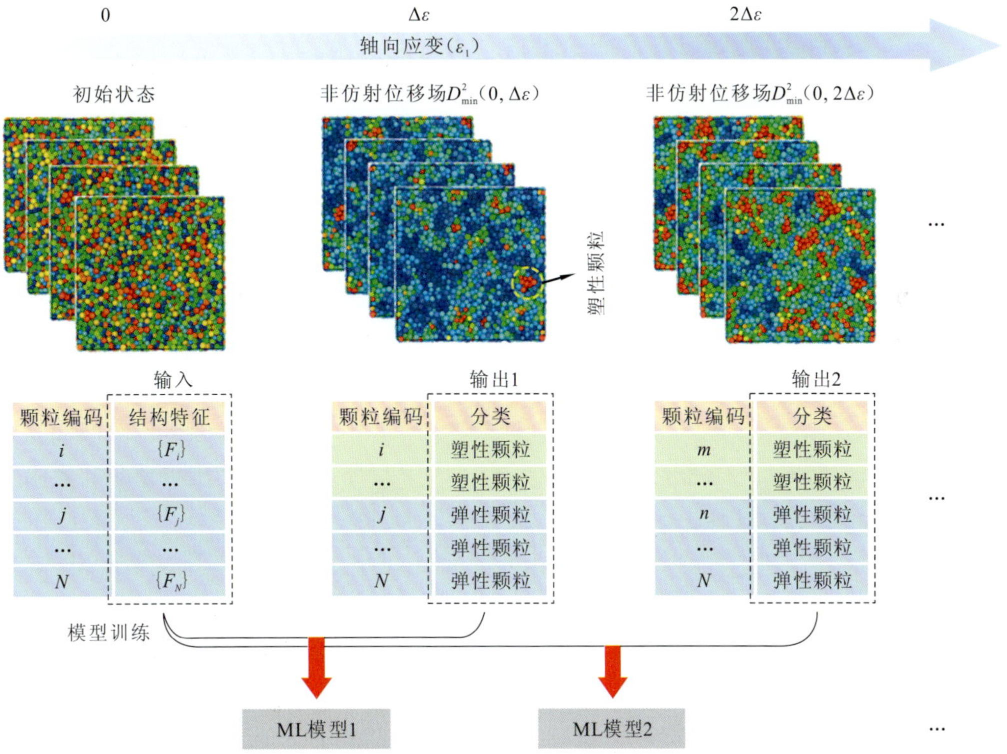

图 5.4.2　机器学习建模框架

本质上，这项研究是给颗粒的局域结构进行分类以区分缺陷结构和非缺陷结构。因此，机器学习模型的预测能力事实上是一种分类能力。这里采用 AUC-ROC 评估模型分类能力。AUC-ROC 的数值范围为 0～1，值越大代表分类能力越好。对于一个预测 100%

正确的完美模型，AUC-ROC=1；反之，对于一个预测100%错误的模型，AUC-ROC=0。AUC-ROC=0.5时意味着这个模型没有分类能力。需要说明的是，100%预测错误的模型并不意味着模型没有分类能力，因为无分类能力的随机分类也会有偶然正确的分类。

图5.4.3（a）给出了AUC-ROC随加载过程的演化曲线。轴向应变用峰值应变ε_p（峰值应力比对应的轴向应变）进行了归一化。所有AUC-ROC演化曲线表现出相似的规律。在加载初期，AUC-ROC保持在一个很大的数值，这意味着机器学习模型表现出优秀的预测能力。为了直观展示这种预测能力，这里选取U-L试样中一个厚度为d_{50}切片（$y=0$）进行可视化。图5.4.3（b）给出了小应变条件下（$\varepsilon_1/\varepsilon_p=0.1$）$D^2_{min}$的云图和机器学习模型预测的塑性颗粒（白色圆点）。可以看出，机器学习模型预测的塑性颗粒几乎全落在了D^2_{min}较大的区域，这表明在颗粒结构和动力学之间存在明显的因果关系。由于纳入了中程结构指标（MRO），机器学习模型甚至可以捕捉到塑性颗粒的聚类趋势。小应变条件下，塑性颗粒的空间分布表现为较分散的小团簇。随加载进行（$\varepsilon_1/\varepsilon_p>0.3$），AUC-ROC开始迅速下降，这是由剪切过程中结构的变化造成的。虽然预测精度随应变的增大而降低，但在峰值状态（$\varepsilon_1/\varepsilon_p=1$）时仍能保持较高的预测精度（AUC-ROC>0.74，显著高

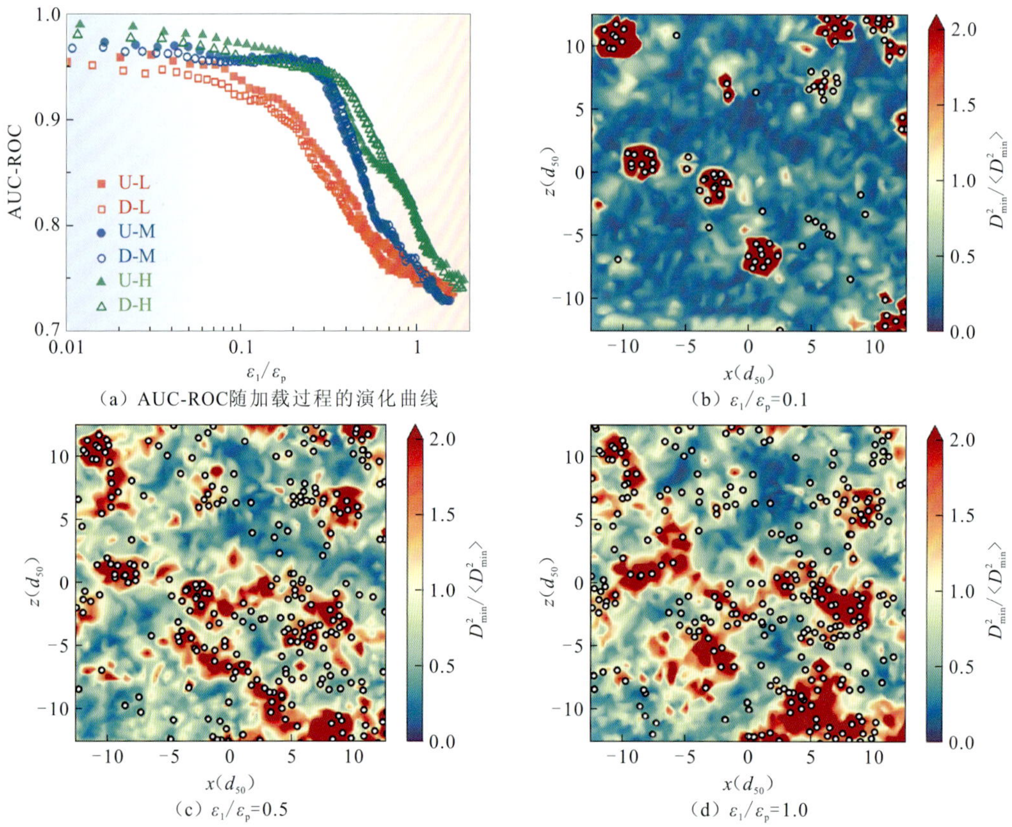

（a）AUC-ROC随加载过程的演化曲线　（b）$\varepsilon_1/\varepsilon_p=0.1$

（c）$\varepsilon_1/\varepsilon_p=0.5$　（d）$\varepsilon_1/\varepsilon_p=1.0$

图5.4.3　三组试样在不排水和排水剪切过程中AUC-ROC的演化曲线及U-L试样在不同应变下的D^2_{min}云图和机器学习预测的塑性颗粒（白色圆点）

于 0.5）。图 5.4.3（c）和（d）直观展示了模型在 $\varepsilon_1/\varepsilon_p=0.5$ 和 $\varepsilon_1/\varepsilon_p=1.0$ 时的预测结果，模型在较大应变下仍表现出相当高的预测精度。此外，可以观察到塑性区在空间上会随着应变增大而扩散，这与其他无序材料类似（Ghosh et al.，2017；Shrivastav et al.，2016；Chikkadi et al.，2015）。

为了从物理机理层面理解微观塑性的结构起源，使用 SHAP 进一步评估每个结构特征的重要性权重。图 5.4.4（a）给出了小应变下（$\varepsilon_1/\varepsilon_p=0.1$）机器学习模型的 10 个最重要的特征。图中下标（mean、min、max 和 std）代表相应的 MRO 特征。尽管对于 6 种加载情况，模型的结果并不完全一致，但可以观察到最重要的几个结构特征几乎都是配位数。CN 和 CN_{min} 在 6 个模型中均被判定为最重要的两个结构特征，表明接触结构主导小应变下的塑性变形。与其他无序材料（如金属玻璃）不同，颗粒材料中的颗粒只通过接触进行相互作用。因此，接触结构在识别局部缺陷方面起重要作用。一些脆弱的力链结构即使在小的载荷刺激下也会屈曲，导致在非常小的应变下出现局部屈服。

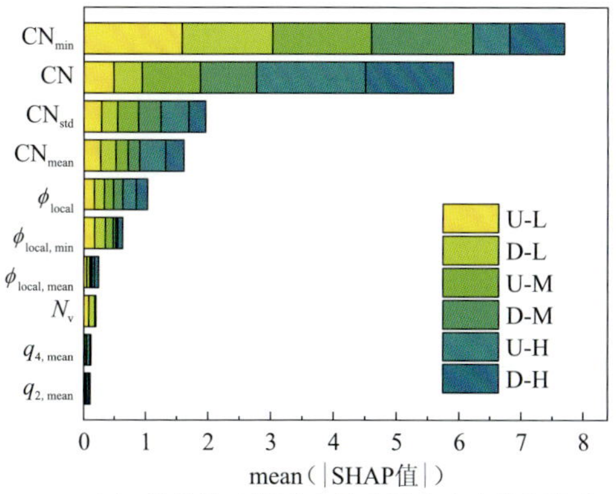

（a）机器学习模型中最重要的十个特征排序

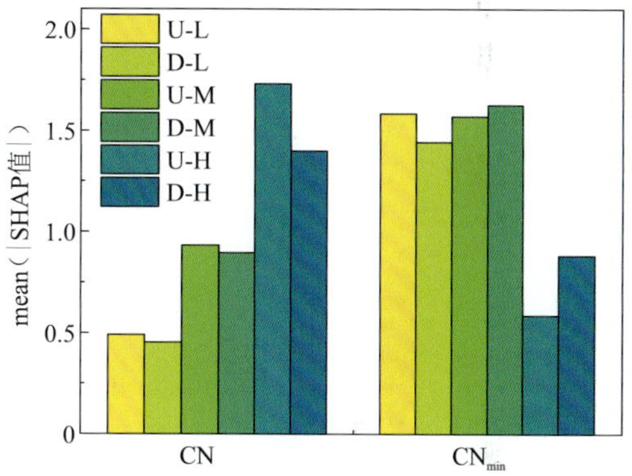

（b）不同试样在CN和CN_{min}的mean(|SHAP值|)值

图 5.4.4 机器学习模型中最重要的十个特征排序及不同试样在 CN 和 CN_{min} 的 mean（|SHAP 值|）值

图 5.4.4（b）给出了小应变下（$\varepsilon_1/\varepsilon_p=0.1$）6 个模型中 CN 和 CN_{min} 的 mean（|SHAP 值|）值。可以看出 CN 的重要性随着颗粒弹性模量的增大而增大，并成为 U-H 和 D-H 两种情况下的最重要特征。为了理解这种变化，研究了弹性颗粒和塑性颗粒的 CN 和 CN_{min} 的分布。如图 5.4.5（a）所示，尽管由于复杂的结构-动力学关系，塑性颗粒很难被单一的结构指标所区分，但可以发现几乎所有满足 CN≤2 的颗粒都是塑性颗粒。此外，这些颗粒的邻域颗粒，即 $CN_{min}\leq 2$ 的颗粒，也表现出很高的塑性重排倾向。此外，还计算了 3 组试样在应变为 $\varepsilon_1/\varepsilon_p=0.1$ 时两类颗粒（CN≤2 和 $CN_{min}\leq 2$）的 D^2_{min} 分布。如图 5.4.5（b）所示，这两类颗粒的塑性活动都显著高于平均水平，而且 CN≤2 的颗粒比 $CN_{min}\leq 2$ 的颗粒表现出更高的塑性重排倾向。图 5.4.5（b）中红色四边形下方的数字为 CN≤2 的颗粒占比，可以看出 CN≤2 的颗粒数量随着颗粒弹性模量的增大而增多，这解释了为什么 CN 的重要性权重逐渐增大。这些不稳定的颗粒的增加也加速了屈服过程，导致试样的应力比峰值出现得更早[图 5.1.2（a）]。从传力特性视角来看，在三维

颗粒材料中，CN ≤ 2 的颗粒不能稳定地传递接触力，所以它们更容易失稳，从而导致颗粒产生非仿射位移。由于颗粒之间的相互作用，这种塑性活动会在空间中传播[给图 5.4.5（b）中塑性颗粒形成团簇提供了证据]，导致 CN_{min} ≤ 2 的颗粒也有很高的塑性重排倾向。

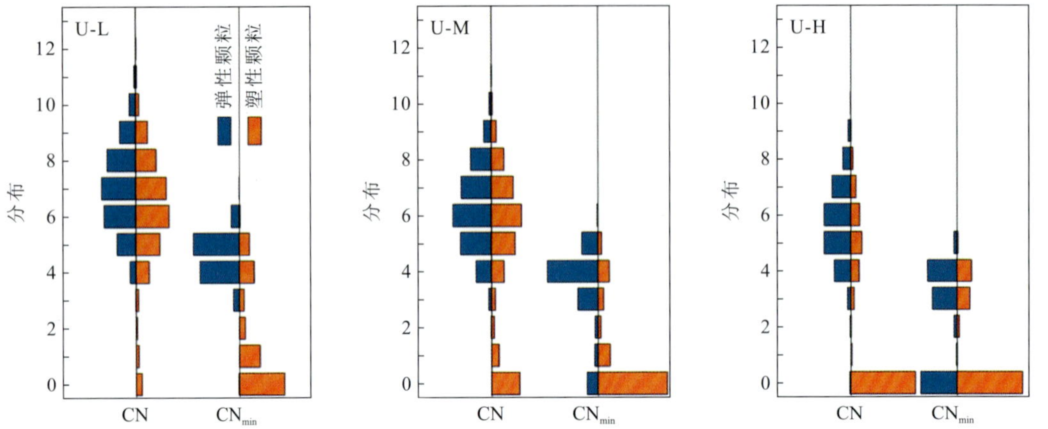

（a）不同试样中弹性和塑性颗粒的CN和 CN_{min} 概率分布

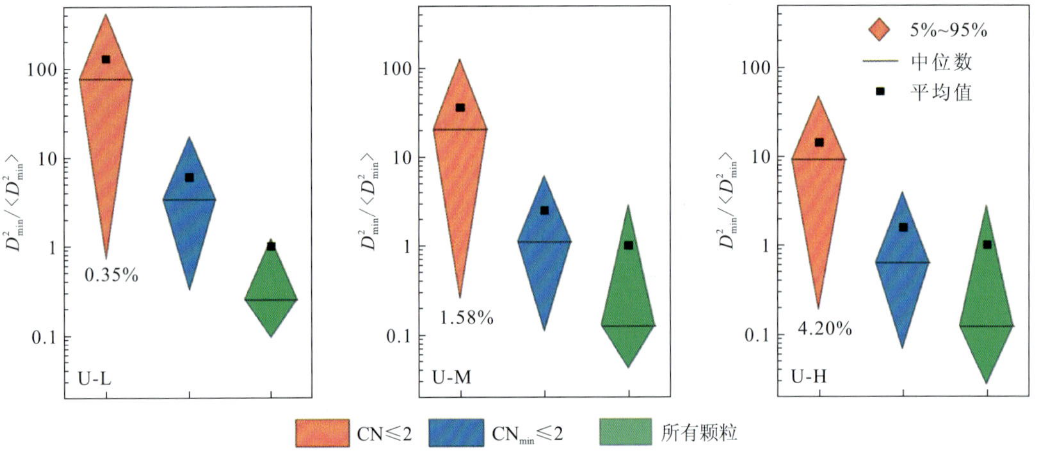

（b）不同配位数特征的3组颗粒的 D_{min}^2 分布

图 5.4.5　不同试样中弹性和塑性颗粒的 CN 和 CN_{min} 概率分布及不同配位数特征的 3 组颗粒的 D_{min}^2 分布

图中四边形的上下边界代表 5%～95%的置信区间，实线和黑点分别为中位数和平均值

除预测初始的微观塑性变形外，学者们还关心初始结构对未来塑性变形的影响跨度，尝试通过初始结构预测较大应变下的微观塑性变形（Xiao et al.，2021；Wang and Jain，2019）。由于颗粒结构在剪切过程中会不断变化，所以实现这种预测是相当困难的。图 5.4.6 为初始塑性颗粒（$\varepsilon_1/\varepsilon_p = 0.1$）在后续加载过程中仍然保持塑性颗粒的比例，即初始塑性颗粒的存活率。需要说明的是，这里的塑性颗粒是一个相对概念，代表了系统中塑性活动最强的部分颗粒（前 5%）。最初表现出强烈塑性重排的颗粒在剪切过程中可能会被其他颗粒超越，从而由塑性颗粒变为非塑性颗粒。可以看出，存活率随着应变增大迅速衰减，这表明塑性区在快速演变。这也意味着在小应变和大应变下的塑性变形的结构来源

可能不一致。然而值得注意的是，峰值状态下的存活概率大于 0.05（随机取 5%的颗粒与初始塑性颗粒重叠比例的期望值），这说明峰值状态下的塑性区和初始状态下的塑性区仍存在一定相关性。

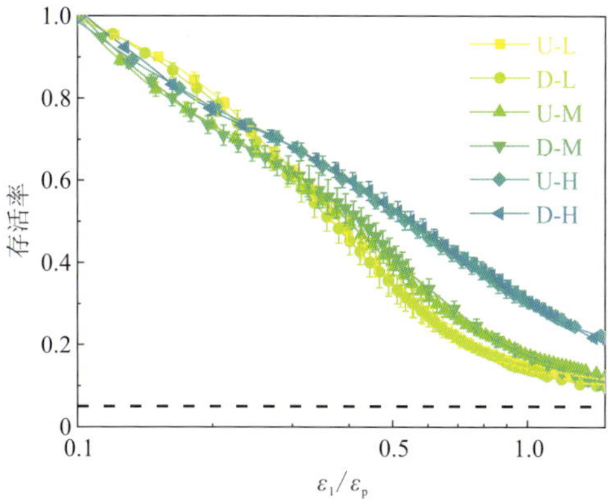

图 5.4.6　初始塑性颗粒的存活率演化曲线

本节提出的机器学习模型在不同的应变下都表现出较高的预测精度（图 5.4.3），这为研究大应变下塑性重排的结构起源提供了强有力的工具。尽管前面的分析中揭示了配位数是预测小应变塑性变形的最重要结构特征，但接触结构在预测大应变下塑性变形时并没有发挥太大的作用，因为接触网络在剪切过程中会迅速演变。图 5.4.7（a）给出了影响 U-L 试样峰值状态塑性变形的最重要的 10 个结构特征排序。可以注意到，局部体积分数取代了配位数，成为最重要的结构特征。图 5.4.7（a）中的插图给出了弹性颗粒和塑性颗粒在初始状态时 ϕ_{local} 和 $\phi_{\mathrm{local,mean}}$ 的概率分布。相较于配位数在预测小应变塑性变形的贡献[图 5.4.5（a）]，局部体积分数在预测颗粒系统的大应变塑性变形上并不是一个非常好的分类指标，但仍可发现，局部体积分数大的区域在大应变下更容易发生塑性变形。

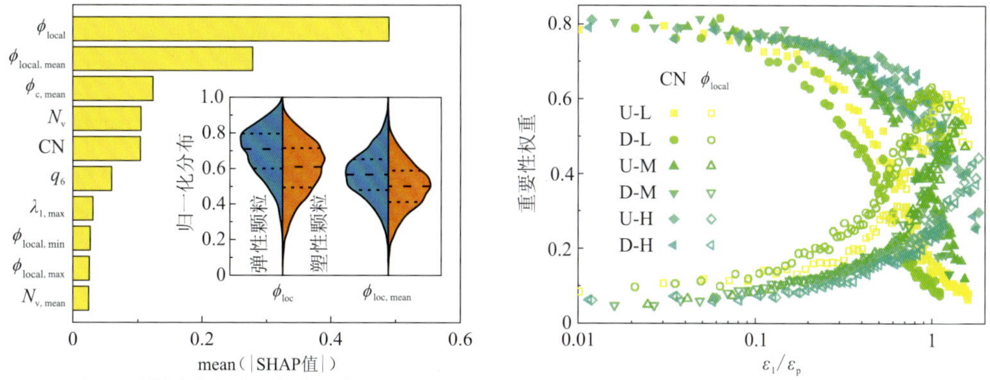

（a）影响U-L试样峰值状态塑性变形的最重要的10个结构特征排序
（插图为弹性颗粒和塑性颗粒的ϕ_{local}和$\phi_{\mathrm{local,\,mean}}$的概率分布）

（b）配位数和局部体积分数（包含SRO和MRO）的重要性权重随应变的演化

图 5.4.7　影响 U-L 试样峰值状态塑性变形的最重要的 10 个结构特征排序及配位数和局部体积分数（包含 SRO 和 MRO）的重要性权重随应变的演化

结合前面的分析，可以知道配位数和局部体积分数是预测颗粒体系中塑性变形的两个最重要的结构特征。进一步研究它们在剪切过程中的重要性权重的演化。图 5.4.7（b）给出了配位数和局部体积分数的重要性权重的演化过程。可以看到，随应变增大，配位数的权重下降，而局部体积分数的权重上升。这表明虽然塑性区起源于不稳定的接触结构，但随着剪切进行会逐渐扩散到具有大自由体积的地方。此外，可以观察到配位数的重要性权重的演变趋势与 AUC-ROC 很相似[图 5.4.3（a）]，这意味着配位数的重要性权重与预测准确性相关。图 5.4.8（a）给出了 AUC-ROC 和配位数的重要性权重的关系。尽管改变了颗粒弹性模量和排水条件，但是所有的数据点都坍缩至一条主曲线上，并显示出明显的单调关系，这表明机器学习模型的预测能力主要由配位数的贡献控制。

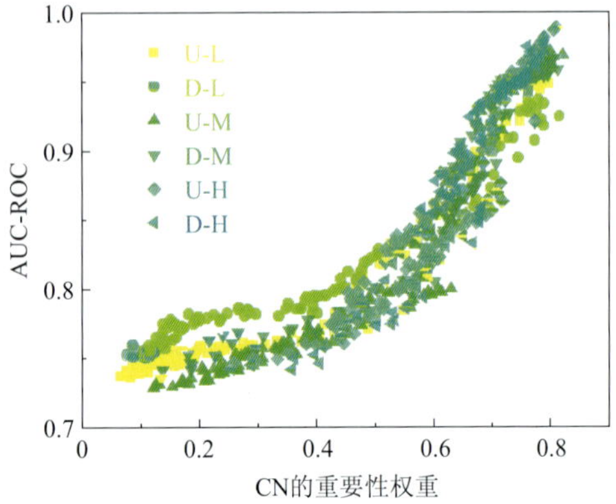

（a）AUC-ROC与配位数的重要性权重的关系

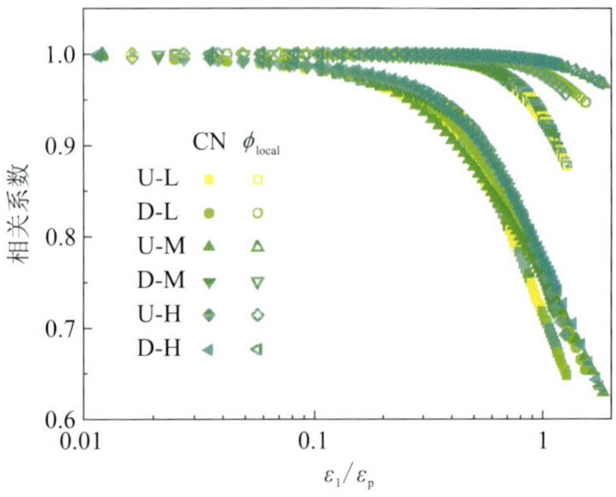

（b）配位数和局部体积分数的时间相关性演化

图 5.4.8 AUC-ROC 与配位数的重要性权重的关系及配位数和局部体积分数的时间相关性演化

主导塑性变形的结构特征的变化意味着不同结构特征对塑性动力学影响的时间尺度是不同的，这可以归因于各种结构特征的记忆效应存在差异。图 5.4.8（b）给出了配位数和局部体积分数的时间相关性演化。时间相关性用初始结构指标和剪切后的结构指标之间的皮尔逊（Pearson）相关系数来量化。与局部体积分数相比，配位数的时间相关性衰减得更快，这解释了为什么最重要的结构特征逐渐从配位数变为局部体积分数。此外，可以观察到所有配位数的数据点（相关系数与归一化应变的关系）呈现一一对应关系，这意味着初始接触结构的记忆与宏观应力状态相关，并且峰值状态出现的时刻可以通过 CN 的时间相关系数（约 0.75）来预测。虽然颗粒体系对初始状态的记忆随着应变的增大而逐渐消失，但大应变下的颗粒结构与初始状态仍表现出一定的相关性，尤其是局部体积分数，这也是大应变下机器学习模型预测精度仍然较高的原因。

5.5 微观塑性逾渗演化

除结构与塑性变形的关系外，学者们还相当关注无序材料在应力或位移荷载下塑性屈服的微观机制（Parisi et al.，2017；Jaiswal et al.，2016；Nagamanasa et al.，2014；Knowlton et al.，2014）。目前，对颗粒动力学的研究一般集中在稳定状态（在土力学中称为临界状态）。该状态下，微观屈服事件是以幂律分布的间歇性应力雪崩的形式出现的（Ma et al.，2022，2020；Murphy et al.，2019），且颗粒运动表现类似复杂流体（Kou et al.，2017）。而颗粒材料在静止状态时表现类似固体，这种固体到流体的屈服转变仍没有得到很好的理解。大量的颗粒流变学研究表明，屈服和颗粒重排密切相关（Petekidis et al.，2003，2002；Hébraud et al.，1997）。但是目前还不清楚的是这些局部重排区域如何随着应变增长而演化，以及其与宏观应力响应之间的联系。

前文通过将 $D^2_{\min}$ 排序选择一定比例的颗粒作为塑性颗粒，这适用于研究不同加载阶段塑性活动最强烈的颗粒的性质，但是这种做法忽略了塑性区在加载过程中的大小演化。这里为了研究塑性区的演化过程，参考 Ghosh 等（2017）的研究，将塑性颗粒判别准则替换为大于 $D^2_{\min}$ 均值的颗粒作为塑性颗粒。由前文分析可知塑性颗粒在空间中的分布不是均匀的，而是聚集在一起形成团簇体，表现出强烈的动力学异质性。本节通过将相邻的塑性颗粒连接在一起来识别这些团簇体，以获取颗粒材料在加载过程中塑性区的演化特征。

图 5.5.1（a）～（c）为 U-L 试样在不同应变条件下塑性团簇体的示意图。在剪切初期，整个试样中产生一些弥散的小团簇体。随后这些团簇体的尺寸逐渐增大，并且在空间中出现一些新的团簇体。加载过程中这些团簇体逐渐合并，直至最后一个大的团簇体占据整个试样。图 5.5.1（d）所示为不同试样在加载过程中塑性颗粒占比与归一化应变的关系。在小应变下，塑性颗粒数目几乎没有变化，这意味着试样整体塑性变形非常小，宏观应力响应表现出类弹性行为。当应变超过一定值后，塑性颗粒迅速增多并在峰值状态附近逐渐收敛，这与胶体体系非常相似（Ghosh et al.，2017）。图 5.5.1（e）给出了最大团簇体和第二大团簇体占塑性颗粒比例的演化过程。两个团簇体都在短暂的稳定后开始快速增大，在某个临界应变下，第二大团簇体停止增大并被最大团簇体吸收。随后，最大团簇体继续生长，最终占据整个试样。总而言之，塑性区演化过程是一种由局部到整体的逾渗行为。

从上一节的分析中可以知道，颗粒结构是存在记忆效应的，这种结构的记忆效应也会导致颗粒的运动存在记忆效应，也即颗粒在当前时刻的运动受到上个时刻运动的影响。这里对颗粒的塑性活动进行时间相关性研究，引入非仿射位移向量：

$$\boldsymbol{d}_{\mathrm{n}}(t,\Delta t)=\frac{1}{N_i}\sum_{j}^{N_i}\{\boldsymbol{r}_j(t+\Delta t)-\boldsymbol{r}_i(t+\Delta t)-\boldsymbol{J}[\boldsymbol{r}_j(t)-\boldsymbol{r}_i(t)]\} \tag{5.5.1}$$

式中：$\boldsymbol{d}_{\mathrm{n}}(t,\Delta t)$ 为 $[t,t+\Delta t]$ 时间区间内颗粒非仿射位移向量。由于加载方向是 z 方向，这里重点关注 z 方向上的非仿射位移 $d^z_{\mathrm{n}}(t,\Delta t)$。

图 5.5.2（a）～（c）给出了不同应变阶段下两个连续时间区内($[t-\Delta t,t]$, $[t,t+\Delta t]$)非仿射位移的散点图，时间间隔 $\Delta t=0.01\,\mathrm{s}$。两个时间区间内的非仿射位移表现出显著的正相关，表明现阶段具有大非仿射位移的颗粒有很大概率在随后的加载过程中也表现出大的非仿射位移。

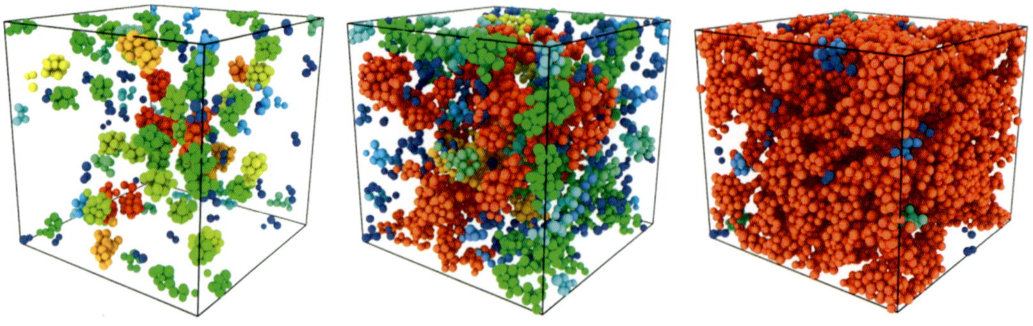

（a）ε_1=0.7%　　（b）ε_1=2.0%　　（c）ε_1=7.2%

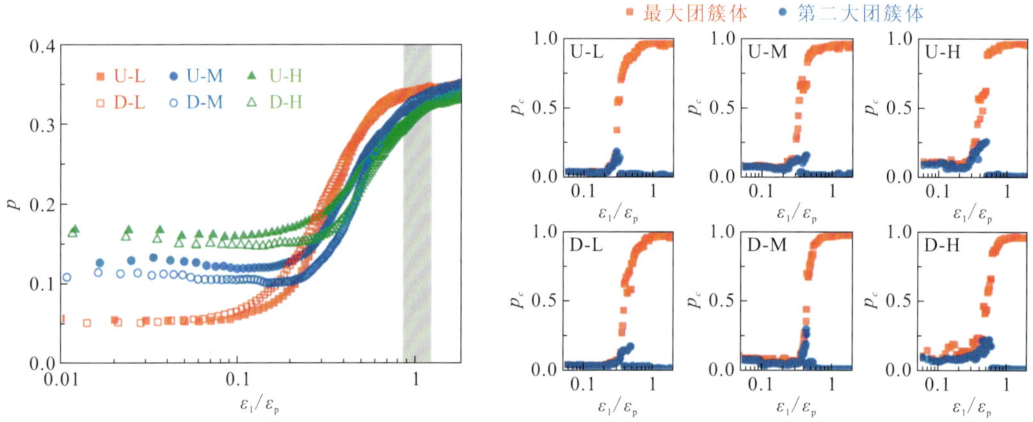

（d）剪切过程中塑性颗粒比例的演化　　（e）塑性颗粒中最大团簇体和第二大团簇体的颗粒占比的演化过程

图 5.5.1　加载过程中塑性区的演化、剪切过程中塑性颗粒比例的演化及塑性颗粒中最大团簇体和第二大团簇体的颗粒占比的演化过程

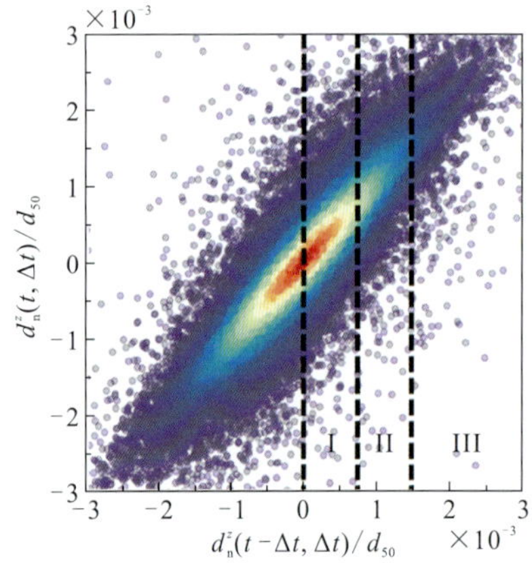

（a）$\varepsilon_1/\varepsilon_p$=0.1散点图

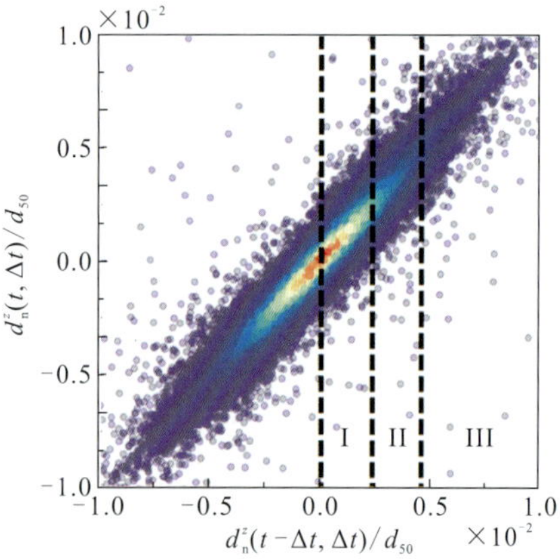

（b）$\varepsilon_1/\varepsilon_p$=0.5散点图

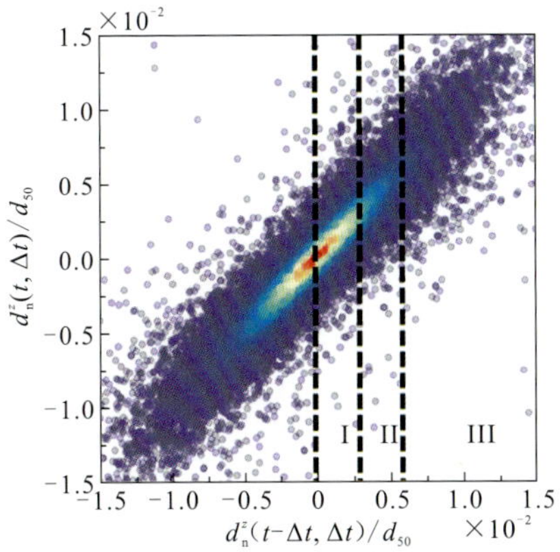

（c）$\varepsilon_1/\varepsilon_p$=1.0散点图

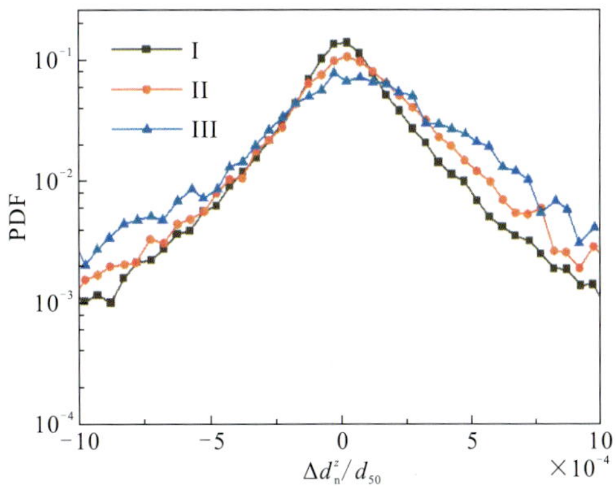

（d）$\varepsilon_1/\varepsilon_p$=0.1概率密度分布

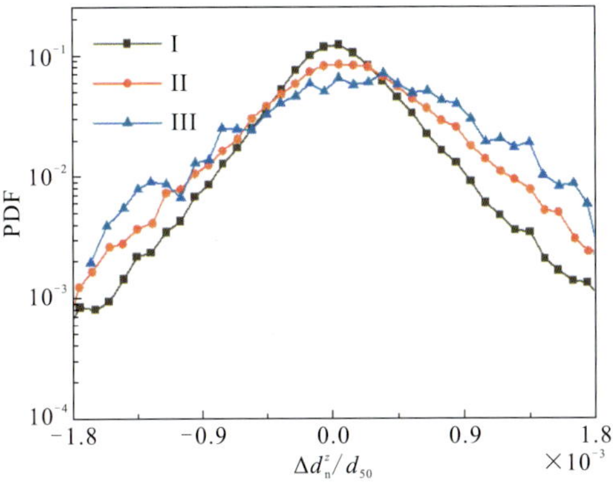

（e）$\varepsilon_1/\varepsilon_p$=0.5概率密度分布

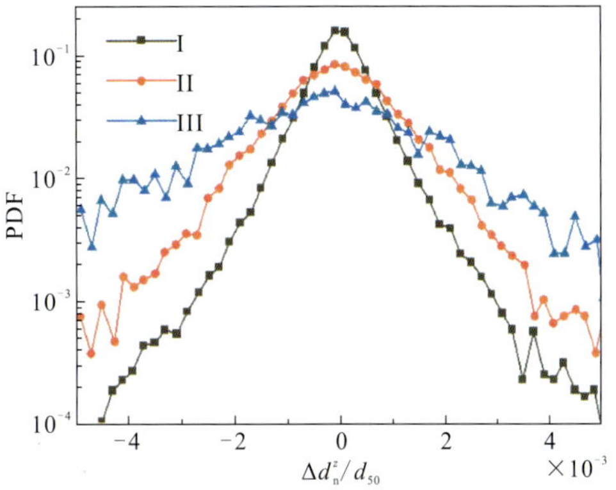

（f）$\varepsilon_1/\varepsilon_p$=1.0概率密度分布

图 5.5.2　不同应变阶段下两个连续时间区间内的非仿射位移的关系散点图及两个连续时间区间内非仿射位移差的概率密度分布

因为加载过程是对称的，所以散点图也表现出中心对称性。如图 5.5.2（a）～（c）所示，这里取 $d_n^z(t-\Delta t,\Delta t)$ 正值区间划分为三个区间，用来分析不同非仿射位移的颗粒在下个时段的位移特征。三个区间内 $d_n^z(t-\Delta t,\Delta t)$ 范围分别为 $[0,0.5d_{\text{III}}]$、$[0.5d_{\text{III}},d_{\text{III}}]$ 和 $[d_{\text{III}},+\infty)$，通过保证区间 III 内的颗粒的 $d_n^z(t-\Delta t,\Delta t)$ 为前 5%来确定 d_{III}。图 5.5.2（d）～（f）给出了不同区间内两个连续时段非仿射位移的差值（$\Delta d_n^z=d_n^z(t,\Delta t)-d_n^z(t-\Delta t,\Delta t)$）的概率密度分布。从图 5.5.2（d）～（e）可以看出，随 $d_n^z(t-\Delta t,\Delta t)$ 的增大（区间 I→区间 III），Δd_n^z 分布的非对称性逐渐增强，Δd_n^z 有更大的概率大于 0，这意味着非仿射位移较大的颗粒在未来加载过程中会表现出比当前更大的非仿射位移。这说明在加载前期（$\varepsilon_1/\varepsilon_p\leqslant 0.5$），颗粒材料的缺陷结构在发生失稳重排后很大概率不会形成相对稳定的结构，而是变得更“软”，在后续的剪切过程中塑性活动表现更为强烈。然而，这种正反馈调节的塑性活动在大应变阶段发生了转变。从图 5.5.2（f）可以看出在峰值状态，虽然区间 I 内颗粒的 Δd_n^z 的概率分布仍然是偏右的，但是区间 III 内颗粒的 Δd_n^z 的概率分布明显是偏左的。这意味着在这个阶段，高塑性颗粒的塑性活动在逐渐减弱，而其余颗粒的塑性活动在增强。

颗粒强烈的塑性活动不仅会影响自身在后续剪切过程中的运动，也会影响其他颗粒的运动。图 5.5.3 给出了不同加载阶段下两个连续时间区间内塑性颗粒周围非塑性颗粒的 $D^2_{\min}$ 变化（$\Delta D^2_{\min} = \Delta D^2_{\min}(t, \Delta t) - \Delta D^2_{\min}(t - \Delta t, \Delta t)$），图中 r 是与塑性颗粒的距离。可以看出，靠近塑性区的颗粒在后续剪切过程中非仿射运动显著增强。这表明强烈的塑性活动会使周围的区域变得更“软”，塑性区在剪切过程中逐渐向外扩大。这种时空影响随颗粒与塑性区的距离增大而逐渐减小，达到一定距离后逐渐收敛。值得注意的是，距离塑性区非常远的颗粒的非仿射运动也有小幅度增大，这意味着微观塑性活动对颗粒体系有长程影响，使颗粒体系整体变“软”。这可能是因为微观塑性失稳会造成局部接触力的波动，而这种波动会随着力链传播到很远的区域（van Hecke，2015）。

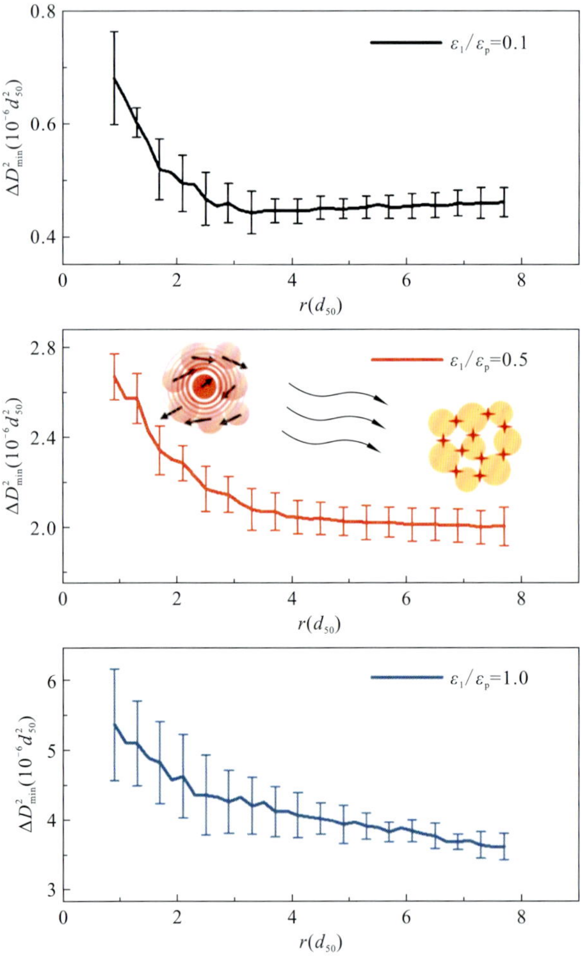

图 5.5.3 塑性颗粒周围的非塑性颗粒在两个连续时间区间内 $\Delta D^2_{\min}$ 的变化

在剪切过程中，塑性颗粒本身与其周围颗粒的非仿射运动均得到增强，这意味着非仿射运动存在一种正反馈调节。为量化系统整体的运动能力，这里引入均方位移（mean squared displacement，MSD），定义为一定时间段内颗粒位移的平方的均值。MSD 描绘了颗粒系统的平均运动能力，其与时间的关系曲线又称扩散曲线。因为本章研究重点关注非仿射运动，所以这里计算 MSD 的颗粒位移扣除了仿射位移部分。图 5.5.4 给出了不同试样的 MSD 随应变的演化。为了方便观看，图中排水剪切的数据向上移动了一定距离。可以看出，MSD 与应变呈现出幂律关系 $\mathrm{MSD}(\varepsilon_1) \sim \varepsilon_1^{\alpha}$。因为正反馈调节，颗粒体系的非仿射运动都表现出超扩散行为（α>1）。之前的研究发现，剪切颗粒系统在临界状态时的非仿射运动会由超扩散逐渐转变为正常扩散（α>1→α=1）（Ma et al.，2021；Cao et al.，2018）。峰值状态之前的 MSD 演化与临界状态有明显的差异，α随应变增长没有向 1 过渡，而是在峰值状态前的某个阶段开始增大，这个转变点接近于图 5.5.1（e）中最大团聚体合并第二大团聚体的时刻。虽然不同试样α的增幅有所差别，但是这种转变点是鲁棒的，均出现在 $\varepsilon_1/\varepsilon_\mathrm{p} \approx 0.5$ 附近。

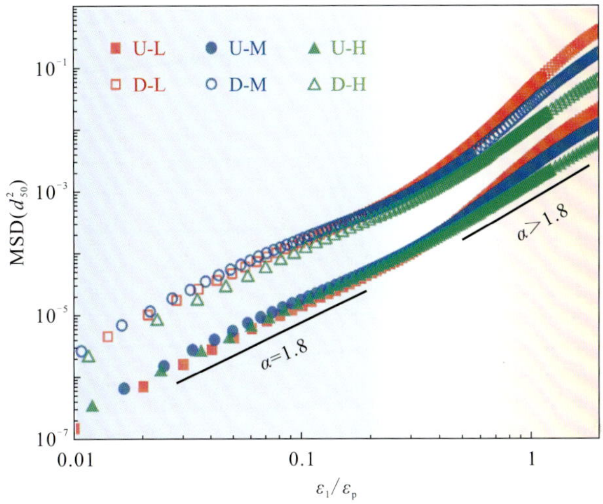

图 5.5.4　不同试样的均方位移演化

根据前面的分析可知，塑性活动在剪切初期局限在小范围内，但是随着剪切逐渐扩散到宏观尺度。其中均方位移的转变点暗示着塑性逾渗过程中颗粒体系的结构发生了某种变化。从 5.2.3 小节中细观组构的介绍可知，组构各向异性桥接了颗粒材料的结构特征与宏观应力响应，是颗粒材料重要的特征之一。为厘清颗粒材料塑性逾渗演化过程，进一步分析组构各向异性的演化。这里首先对 SFF 模型进行验证。Zhao 等（2018a）通过对比简化 SFF 模型[式（5.2.39）]与未简化的 SFF 模型[式（5.2.28）]的适用性，发现对于圆球颗粒体系，简化 SFF 模型能够保证足够的精度。由于本章的研究采用的是圆球颗粒体系，所以这里使用简化 SFF 模型。图 5.5.5 给出了不同试样在加载过程宏观应力与 SFF 模型预测的应力比 $(q/p)_\mathrm{SFF}$ 的演化关系，图中散点为实际应力比，曲线为 SFF 预测的应力比。可以看出两者吻合得非常好，表明 SFF 模型具有很强的鲁棒性。

以 U-L 试样为例，分析剪切过程中的各个各向异性系数的演化及与宏观响应的联系。图 5.5.6 给出了宏观应力比、平均配位数和各向异性系数的演化曲线。由于圆球颗粒体系中枝向量的方向与接触法向是同向的，所以其各向异性系数往往较小，这里不做讨论。

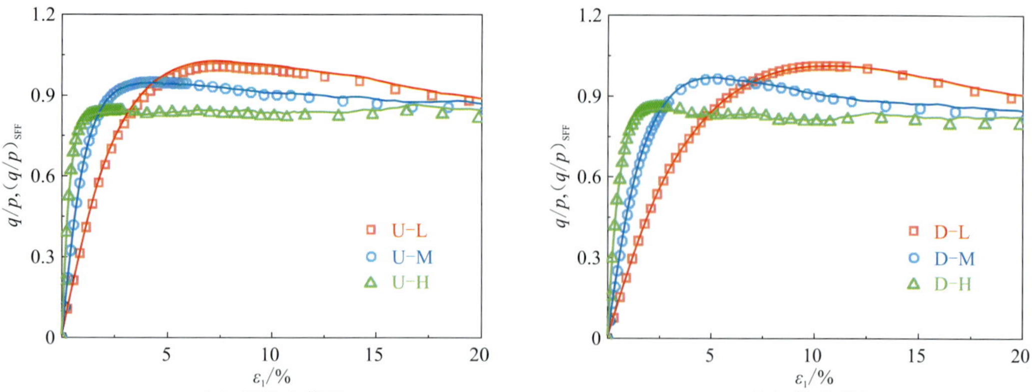

（a）不排水剪切　　（b）排水剪切

图 5.5.5　SFF 模型验证

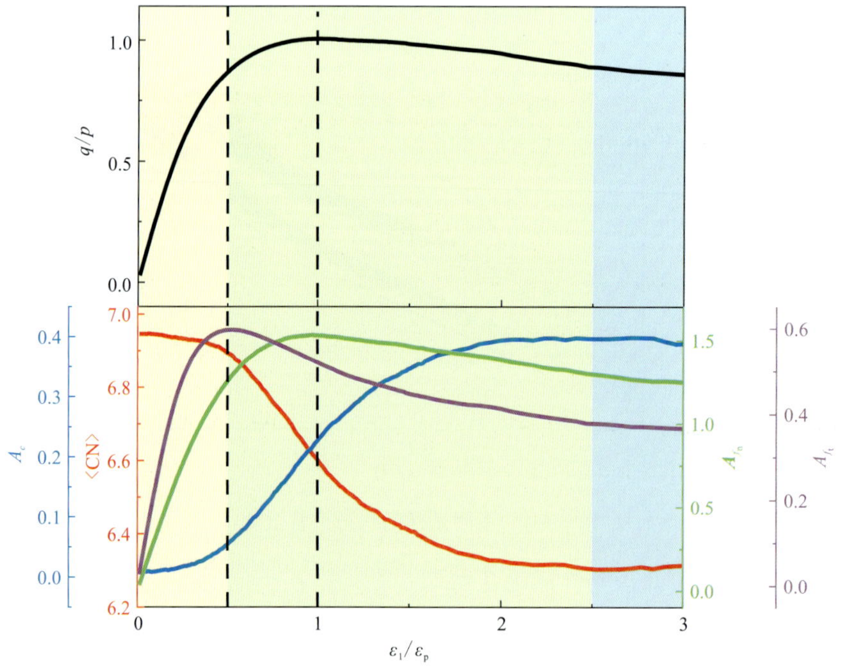

图 5.5.6　宏观应力比、平均配位数、接触法向各向异性系数、法向接触力各向异性系数和切向接触力各向异性系数的演化过程

图中仅给出接触法向、法向接触力和切向接触力的各向异性系数（A_c、A_{f_n} 和 A_{f_t}）的演化曲线。可以看出在加载前期（$\varepsilon_1/\varepsilon_p \leqslant 0.5$），平均配位数⟨CN⟩和接触法向各向异性系数 A_c 均仅有微小变化，表明颗粒体系的接触拓扑结构几乎没有变化。与之相反，法向接触力各向异性系数 A_{f_n} 和切向接触力各向异性系数 A_{f_t} 表现出强烈的上升趋势，表明颗粒体系中的传力路径发生了改变，部分接触处的接触力发生大的变化以平衡外部载荷。这个阶段对应图 5.5.4 中 $\alpha=1.8$ 的阶段，尽管存在局部塑性活动，但是接触结构没有大的变化。当 $\varepsilon_1/\varepsilon_p=0.5$ 时，A_{f_t} 达到峰值，意味着摩擦力（切向接触力）各向异性对应力比的贡献达到了极限。当 $\varepsilon_1/\varepsilon_p>0.5$ 后，由于系统无法激励出更大的摩擦力去维持结构

稳定，颗粒整体结构开始失稳，平均配位数发生大幅下降，应力比的增长几乎停滞。这对应图 5.5.4 中$\alpha>1.8$的阶段，颗粒系统非仿射运动增强。在这个阶段，颗粒体系极不稳定，各向异性系数、平均配位数都在加载过程中发生持续、长期的演变。法向接触力各向异性系数的峰值要比切向接触力各向异性系数出现得晚一些，其对应着宏观应力比的峰值。这是由于法向接触力对偏应力的贡献占据主导地位（Thornton，2000），即使在无摩擦体系，颗粒材料仍然具备一定的抗剪能力（Binaree et al.，2020；Göncü and Luding，2013）。大约在$\varepsilon_1/\varepsilon_p>2.5$后，宏观应力比、平均配位数和各向异性系数都逐渐趋于稳定，这对应土力学中的临界状态。

5.6 本章小结

本章通过一系列的三轴剪切数值模拟，对颗粒材料中由剪切引起的塑性变形的结构起源进行了研究。与一般的连续介质不同（弹性变形和塑性变形之间有明显的界限），颗粒材料在加载过程中几乎没有纯粹的弹性应变区间。剪切颗粒材料在非常小的应变时就开始出现微观塑性变形。这种塑性变形倾向蕴含在初始结构信息中，也即颗粒结构和塑性动力学之间存在因果关系。由于颗粒结构过于复杂，无法用单一的结构指标来完全描述，所以借助机器学习模型在结构特征和塑性重排之间建立联系。使用了包含短程和中程特征的 55 个结构指标来训练机器学习模型，模型可以根据颗粒体系初始状态结构准确预测不同应变下的塑性区。

通过采用不同加载条件对同一试样进行剪切，证实了颗粒体系中存在一些与加载条件无关的结构缺陷，它们对外部载荷更加敏感。当受到荷载时，塑性区会在这些缺陷结构中迅速激活，导致在小应变区间内出现非常局部化的塑性活动。机器学习模型不仅提供了一个可靠的分类器来识别这些结构缺陷，而且还具有很高的可解释性。通过特征重要性权重分析，发现决定初始塑性变形倾向的最重要结构特征是配位数。由于在三维颗粒体系中$\mathrm{CN}\leqslant 2$的颗粒不能稳定传力，它们和其邻域颗粒（$\mathrm{CN}_{\min}\leqslant 2$）呈现出较高的塑性重排倾向。

塑性区随着加载进行而迅速演变。尽管在峰值状态和初始状态下的塑性区显示出一定的相关性，但它们的结构来源是不一致的。随着应变的增大，塑性变形逐渐从配位数主导过渡到局部体积分数主导，也即尽管塑性区起源于不稳定的接触结构，但它们随着剪切会逐渐扩散到具有大自由体积的地方。这一演化过程伴随着机器学习模型预测能力的下降。由于模型的预测能力主要依赖配位数的分类能力，所以模型预测能力的下降及主控结构特征的转变都归因于剪切过程中配位数的弱记忆效应。相比之下，颗粒体系对初始局部体积分数的记忆保留时间更长，这使其成为预测大应变下塑性变形最重要的结构特征。

剪切颗粒材料的塑性区演化是一种由局部到整体的逾渗过程。在剪切初期，试样中产生一些弥散的塑性小团簇体。随应变增大，这些团簇体的尺寸逐渐增大，并且在空间中出现一些新的团簇体。随后，这些团簇体逐渐合并，最终一个大的团簇体占据整个试样。在峰值状态之前，微观塑性变形的演化处于一种正反馈过程，即塑性重排的区域很大概率在后续的剪切过程中塑性活动表现得更为强烈。在塑性逾渗过程中，颗粒体系存在一个动力学转变点，越过该点后颗粒的运动能力明显增强。该转变点对应切向力各向异性系数的峰值，也是接触法向各向异性的萌发点。

参考文献

李广信, 2004. 高等土力学. 北京: 清华大学出版社.

张一博, 2022. 颗粒材料局部结构对宏细观力学特性的影响机制研究. 武汉: 武汉大学.

Binaree T, Azéma E, Estrada N, et al., 2020. Combined effects of contact friction and particle shape on strength properties and microstructure of sheared granular media. Physical Review E, 102(2): 022901.

Cao Y, Li J, Kou B, et al., 2018. Structural and topological nature of plasticity in sheared granular materials. Nature Communications, 9(1): 1-7.

Chen T, Guestrin C, 2016. XGBoost: A scalable tree boosting system//Proceedings of the 22nd ACM SIGKDD International Conference on Knowledge Discovery and Data Mining. San Francisco.

Chikkadi V, Gendelman O, Ilyin V, et al., 2015. Spreading plastic failure as a mechanism for the shear modulus reduction in amorphous solids. EPL (Europhysics Letters), 110(4): 48001.

Dasgupta R, Karmakar S, Procaccia I, 2012. Universality of the plastic instability in strained amorphous solids. Physical Review Letters, 108: 075701.

Falk M L, Langer J S, 1998. Dynamics of viscoplastic deformation in amorphous solids. Physical Review E, 57(6): 7192-7205.

Falk M L, Langer J S, 2011. Deformation and failure of amorphous, solidlike materials. Annual Review of Condensed Matter Physics, 2: 353-373.

Fan Z, Ding J, Ma E, 2020. Machine learning bridges local static structure with multiple properties in metallic glasses. Materials Today, 40: 48-62.

Gao G, Meguid M A, Chouinard L E, 2020. On the role of pre-existing discontinuities on the micromechanical behavior of confined rock samples: A numerical study. Acta Geotechnica, 15(12): 3483-3510.

Gendelman O, Jaiswal P K, Procaccia I, et al., 2015. Shear transformation zones: State determined or protocol dependent? EPL (Europhysics Letters), 109(1): 16002.

Ghosh A, Budrikis Z, Chikkadi V, et al., 2017. Direct observation of percolation in the yielding transition of colloidal glasses. Physical Review Letters, 118(14): 148001.

Göncü F, Luding S, 2013. Effect of particle friction and polydispersity on the macroscopic stress strain relations of granular materials. Acta Geotechnica, 8(6): 629-643.

Guo N, Zhao J D, 2013. The signature of shear-induced anisotropy in granular media. Computers and Geotechnics, 47: 1-15.

Hassani M, Lagogianni A E, Varnik F, 2019. Probing the degree of heterogeneity within a shear band of a model glass. Physical Review Letters, 123(19): 195502.

Hébraud P, Lequeux F, Munch J P, et al., 1997. Yielding and rearrangements in disordered emulsions. Physical Review Letters, 78(24): 4657-4660.

Jaiswal P K, Procaccia I, Rainone C, et al., 2016. Mechanical yield in amorphous solids: A first-order phase transition. Physical Review Letters, 116(8): 085501.

Knowlton E D, Pine D J, Cipelletti L, 2014. A microscopic view of the yielding transition in concentrated emulsions. Soft Matter, 10(36): 6931-6940.

Kou B Q, Cao Y X, Li J D, et al., 2017. Granular materials flow like complex fluids. Nature, 551(7680): 360-363.

Larson, 1999. The structure and rheology of complex fluids. Oxford: Oxford University Press.

Ma G, Mei J Z, Gao K, et al., 2022. Machine learning bridges microslips and slip avalanches of sheared granular gouges. Earth and Planetary Science Letters, 579: 117366.

Ma G, Zou Y X, Chen Y, et al., 2021. Spatial correlation and temporal evolution of plastic heterogeneity in sheared granular materials. Powder Technology, 378: 263-273.

Ma G, Zou Y X, Gao K, et al., 2020. Size polydispersity tunes slip avalanches of granular gouge. Geophysical Research Letters, 47(23): e2020GL090458.

MiDi G, 2004. On dense granular flows. The European Physical Journal E, 14(4): 341-365.

Mitra S, Marín-Aguilar S, Sastry S, et al., 2022. Correlation between plastic rearrangements and local structure in a cyclically driven glass. The Journal of Chemical Physics, 156(7): 074503.

Murphy K A, Dahmen K A, Jaeger H M, 2019. Transforming mesoscale granular plasticity through particle shape. Physical Review X, 9(1): 011014.

Nagamanasa K H, Gokhale S, Sood A K, et al., 2014. Experimental signatures of a nonequilibrium phase transition governing the yielding of a soft glass. Physical Review E, Statistical, Nonlinear, and Soft Matter Physics, 89(6): 062308.

Ng T T, 2009. Particle shape effect on macro-and micro-behaviors of monodisperse ellipsoids. International Journal for Numerical and Analytical Methods in Geomechanics, 33(4): 511-527.

Nicolas A, Ferrero E E, Martens K, Barrat J L, 2018. Deformation and flow of amorphous solids: Insights from elastoplastic models. Reviews of Modern Physics, 90(4): 045006-1-045006-63.

Oda M, 1982. Fabric tensor for discontinuous geological materials. Soils and Foundations, 22(4): 96-108.

Ouadfel H, Rothenburg L, 2001. Stress force fabric' relationship for assemblies of ellipsoids. Mechanics of Materials, 33(4): 201-221.

Pandit A, Ghosh A, Chikkadi V, et al., 2019. Modelling of strain fields in sheared colloidal glasses using Eshelby inclusions. arXiv: 1909. 08405.

Parisi G, Procaccia I, Rainone C, et al., 2017. Shear bands as manifestation of a criticality in yielding amorphous solids. Proceedings of the National Academy of Sciences of the United States of America, 114(22): 5577-5582.

Petekidis G, Moussaïd A, Pusey P N, 2002. Rearrangements in hard-sphere glasses under oscillatory shear strain. Physical Review E, Statistical, Nonlinear, and Soft Matter Physics, 66(5 Pt 1): 051402.

Petekidis G, Vlassopoulos D, Pusey P N, 2003. Yielding and flow of colloidal glasses. Faraday Discussions, 123: 287-302.

Pouragha M, Wan R, 2017. Non-dissipative structural evolutions in granular materials within the small strain range. International Journal of Solids and Structures, 110: 94-105.

Qu T M, Wang M, Feng Y T, 2022. Applicability of discrete element method with spherical and clumped particles for constitutive study of granular materials. Journal of Rock Mechanics and Geotechnical Engineering, 14(1): 240-251.

Ren C X, Dorostkar O, Rouet-Leduc B, et al., 2019. Machine learning reveals the state of intermittent frictional dynamics in a sheared granular Fault. Geophysical Research Letters, 46(13):7395-7403.

Schoenholz S S, Cubuk E D, Sussman D M, et al., 2016. A Structural approach to relaxation in glassy liquids. Nature Physics, 12(5): 469-472.

Shrivastav G P, Chaudhuri P, Horbach J, 2016. Yielding of glass under shear: A directed percolation transition precedes shear-band formation. Physical Review E, 94(4): 42605.

Thornton C, 2000. Numerical simulations of deviatoric shear deformation of granular media. Géotechnique, 50(1): 43-53.

van Hecke M, 2015. Slow granular flows: The dominant role of tiny fluctuations. Comptes Rendus Physique, 16(1): 37-44.

Wang Q, Jain A, 2019. A transferable machine-learning framework linking interstice distribution and plastic heterogeneity in metallic glasses. Nature Communications, 10(1): 5537.

Wang Y H, Ma G, Mei J Z, et al., 2021. Machine learning reveals the influences of grain morphology on grain crushing strength. Acta Geotechnica, 16(11): 3617-3630.

Xiao S Q, Liu H, Bao E, et al., 2021. Finding defects in disorder: Strain-dependent structural fingerprint of plasticity in granular materials. Applied Physics Letters, 119(24): 241904.

Zhang Y B, Ma G, Tang L W, et al., 2021. Predicting the crystalline phase generation effectively in monosized granular matter using machine learning. Granular Matter, 24(1): 18.

Zhang Y B, Zhou W, Ma G, et al., 2022. The structure property relationship of granular materials with different friction coefficients: Insight from machine learning. Extreme Mechanics Letters, 54: 101759.

Zhao S W, Evans T M, Zhou X W, 2018a. Shear-induced anisotropy of granular materials with rolling resistance and particle shape effects. International Journal of Solids and Structures, 150: 268-281.

Zhao S W, Zhao J D, Guo N, 2020. Universality of internal structure characteristics in granular media under shear. Physical Review E, 101(1): 12906.

Zhao S W, Zhou X W, 2017. Effects of particle asphericity on the macro- and micro-mechanical behaviors of granular assemblies. Granular Matter, 19(2): 1-18.

Zhao S, Evans T M, Zhou X, 2018b. Effects of curvature-related DEM contact model on the macro- and micro-mechanical behaviours of granular soils. Géotechnique, 68(12): 1085-1098.

Zhao T, Crosta G B, 2018. On the dynamic fragmentation and lubrication of coseismic landslides. Journal of Geophysical Research-Solid Earth, 123(11): 9914-9932.

第 6 章
颗粒形态与颗粒破碎强度的关系

由于矿物机制、磨损机理及工程爆破等原因，自然界中的砂石、土壤等颗粒材料具有多种多样的复杂形态。近些年的X射线微型计算机断层扫描和三维激光扫描技术等三维成像技术可以在微米尺度下高分辨率地研究颗粒的形态特征，为颗粒形态的研究提供重要技术支撑，加速了研究人员在颗粒形态领域的研究进程。已有研究表明，不同形态颗粒具有不同的接触力链演化规律，进而会对颗粒破碎强度、破碎模式及韦布尔（Weibull）参数产生显著的影响，而颗粒破碎特性则会进一步影响颗粒材料的宏观力学响应特征。因而，厘清颗粒形态与破碎强度的关系是研究颗粒材料宏细观力学特性的重要纽带。本章采用机器学习方法建立颗粒形状与颗粒破碎强度的定性关系：基于岩石颗粒的白光三维扫描仪数据构建训练数据集，将颗粒的形状描述作为机器学习模型的输入，将颗粒的破碎强度作为机器学习模型的输出，建立可解释的机器学习模型，深入分析颗粒形态对颗粒破碎强度的影响。

6.1 颗粒三维扫描

选取新疆大石峡砂砾石坝 S3 天然砂砾料场的 3BA 区砂砾料及 3BC 区左岸坝肩料场微晶灰岩夹紫红色厚层灰质砾岩混合料（下文统称灰岩混合料）总共 400 个形状各异的颗粒作为试验样本，如图 6.1.1 所示。颗粒的等效粒径在 40～60 mm。

（a）3BA 区砂砾料

（b）3BC 区灰岩混合料

图 6.1.1　新疆大石峡砂砾石坝 S3 天然砂砾料场石料

采用如图 6.1.2 所示的先临三维 Einscan-S 扫描仪获取每个单颗粒的形态特征。该扫描仪的分辨率为 100 μm，足够获取等效粒径为 40～60 mm 的岩石颗粒[图 6.1.3（a）]较高精度的形态特征。三维扫描仪将颗粒表面暴露在一系列白色光栅上[图 6.1.3（b）]，然后将所有扫描图像与点云连接[图 6.1.3（c）]，并离散成表面三角网格[图 6.1.3（d）]。利用三维图像处理软件 MeshLab 对生成的表面网格文件进行处理，从而对岩石颗粒进行重构。

为了获取表征颗粒形态的形状参数，首先基于扫描颗粒点云数据计算每个颗粒的外表面积、体积、外接凸壳体积及三主轴边长[图 6.1.4（a）]。然后基于三维图像处理技术，将 Zheng 和 Hryciw（2015）利用颗粒二维投影计算颗粒最小外接球半径及最大内切球半径的方法扩展到三维，计算每个颗粒的最大内切球半径[图 6.1.4（b）]及最小外接球半径[图 6.1.4（c）]。获取的颗粒几何特征如表 6.1.1 所示。

图 6.1.2　先临三维 Einscan-S 扫描仪

（a）真实颗粒　（b）渲染图

（c）点云图　（d）网格图

图 6.1.3　颗粒三维重构图

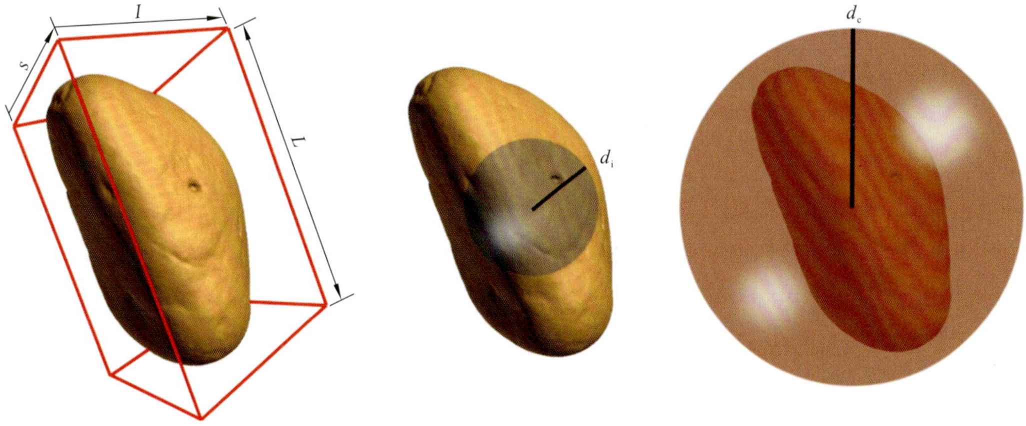

（a）颗粒三主轴　（b）最大内切球　（c）最小外接球

图 6.1.4　颗粒几何特征

表 6.1.1 颗粒几何特征

几何特征	参数
三主轴最长边长	L
三主轴次长边长	I
三主轴最短边长	S
体积	V
表面积	S_A
等体积球直径	d_s
外接凸壳体积	V_{con}
最大内切球直径	d_i
最小外接球直径	d_c

6.2 颗粒形状统计分析

6.2.1 形状参数获取

Blott 和 Pye(2008)将表征颗粒形态的形状描述符分为:形状(form)、圆度(roundness)和球度（sphericity）三类。由于颗粒形态的复杂性，一种形状描述符不足以全面地表征颗粒的所有形态特征，并且不同的形状描述符由于表征的形态特征存在重叠，因此在一定程度上存在关联性。基于 6.1 节所计算的颗粒的几何特征，根据前述颗粒形状描述符的分类及不同文献的资料收集，本小节计算了 400 个颗粒的 25 个形状参数，如表 6.2.1～表 6.2.3 所示。可以看出，所有的形状（form）形状参数都是由颗粒三主轴长度计算而来，而圆度（roundness）和球度（sphericity）形状参数主要与表征颗粒整体形态的几何特征有关，如颗粒体积和外表面积。

表 6.2.1 形状参数

参数	参考文献	公式
F_1	Wentworth（1924）	$F_1=\dfrac{L+I}{2S}$
F_2	Krumbein（1941）	$F_2=\sqrt[3]{\dfrac{IS}{L^2}}$
F_3	Folk（1955）	$F_3=\sqrt[3]{\dfrac{S^2}{LI}}$

续表

参数	参考文献	公式
F_4	Aschenbrenner（1956）	$F_4=\dfrac{12.8\sqrt[3]{P^2Q}}{1+P(1+Q)+6\sqrt{1+P^2(1+Q^2)}}$ $\left(P=\dfrac{S}{I},Q=\dfrac{I}{L}\right)$
F_5	Aschenbrenner（1956）	$F_5=\dfrac{LS}{I^2}$
F_6	Williams（1965）	$F_6=\left\|1-\dfrac{LS}{I^2}\right\|$
F_7	Janke（1966）	$F_7=\dfrac{S}{\sqrt{\dfrac{L^2+I^2+S^2}{3}}}$
F_8	Dobkins 和 Folk（1970）	$F_8=\dfrac{10\left(\dfrac{L-I}{L-S}-0.5\right)}{S/L}$
F_9	Bagheri 等（2015）	$F_9=\dfrac{S}{\sqrt{LI}}$
F_{10}	Huang 等（2020）	$F_{10}=I/L$
F_{11}	Huang 等（2020）	$F_{11}=S/I$
F_{12}	Domokos 等（2015）	$F_{12}=\left(\dfrac{1}{S}+\dfrac{1}{I}+\dfrac{1}{L}\right)\sqrt{S^2+I^2+L^2}\Big/\sqrt{3}$
F_{13}		$F_{13}=\dfrac{I/L+S/I}{2}$

表 6.2.2　圆度形状参数

参数	参考文献	公式
R_1	Pouranian 等（2020）	$R_1=\lg\left(\dfrac{V}{V_{\text{con}}-V}\right)$
R_2	Huang 等（2020）	$R_2=\dfrac{V}{V_{\text{con}}}$
R_3	Zhao 等（2017）	$R_3=\dfrac{\sum\left(A_n\dfrac{k_i}{k_m}\right)}{\sum A_n}$

表 6.2.3　球度形状参数

参数	参考文献	公式
S_1	Pentland（1927）	$S_1=\dfrac{6V}{\pi L^3}$
S_2	Cox（1927）	$S_2=\dfrac{6\sqrt{\pi}V}{S_A^{3/2}}$
S_3	Tickell（1931）	$S_3=\dfrac{6V}{\pi d_c^3}$
S_4	Wadell（1933）	$S_4=\sqrt{\dfrac{6V}{\pi d_c^3}}$
S_5	Pouranian 等（2020）	$S_5=\sqrt{\dfrac{d_i}{d_c}}$
S_6	Yang 和 Luo（2015）	$S_6=\dfrac{(LSI)^{2/3}}{\left[\dfrac{(LS)^p+(LI)^p+(SI)^p}{3}\right]^{1/p}}$，　$p=1.607\,5$
S_7	Zheng 和 Hryciw（2015）	$S_7=\dfrac{9S_A}{\pi(L+S+I)^2}$
S_8	Huang 等（2020）	$S_8=\sqrt[3]{36\pi V^2}/S_A$
S_9	Zhang 等（2020）	$S_9=\dfrac{d_s}{d_c}$

已有研究表明，在单颗粒压缩试验中，颗粒与加载板接触处的颗粒表面形态特征对颗粒破碎有很大的影响（Sharma and Penumadu，2020；Wang and Coop，2016）。因此为了更加全面地探讨颗粒形态对单颗粒压缩试验的影响，除了计算表征颗粒整体形态的形状参数，还需要量化加载板与颗粒接触处的局部特征。局部曲率可以量化颗粒表面与平面之间的偏差。基于局部曲率这一概念，本小节计算了颗粒与加载板接触处的局部圆度。如图 6.2.1（a）所示，在三维正则曲面 S 上，有无数条通过点 p 的曲线，每一条都与点 p 的法向曲率相关。计算颗粒表面上下接触点的双环邻域点的曲率，如图 6.2.1（b）所示。颗粒的局部圆度（R_3）表达式如下：

$$R_3=\frac{\sum\left(A_n\dfrac{k_i}{k_m}\right)}{\sum A_n} \tag{6.2.1}$$

式中：A_n 为接触区域第 n 个三角网格的面积，考虑计算效率及计算精度，本小节定义接触区域为接触点附近双环邻域三角网格；k_m 为顶点处最大曲率和最小曲率的平均值；k_i 为颗粒最大内切球的曲率。每个曲率大于 k_i 的三角网格将被视为不规则角，从而用于局部圆度的计算。当颗粒的局部曲率小于或等于其最大内切球的曲率时，颗粒的局部圆度将接近 1.0。对于具有大于 2 个接触点的不规则颗粒，计算各接触区域的局部圆度平均值作为颗粒的最终局部圆度。

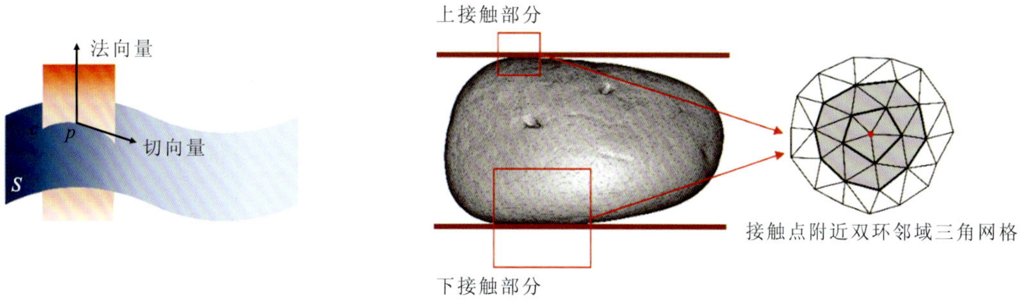

（a）p点附近局部几何特征　　（b）颗粒与加载板接触点附近双环邻域三角网格示意图

图 6.2.1　局部圆度示意图

6.2.2　聚类分析

本小节构建由 400 个颗粒组成的颗粒库，每一个岩石颗粒都由表 6.2.1～表 6.2.3 列出的形状参数进行形态表征。如图 6.2.2 所示，大多数形状参数都服从高斯分布，比如扁平率（F_{11}）、球度（S_8）、Domokos 系数（F_{12}）和伸长率（F_{10}）。因此，利用中值绝对偏差（median absolute deviation，MAD）法对离群值进行清理，从而减小离群值对机器学习模型的影响。

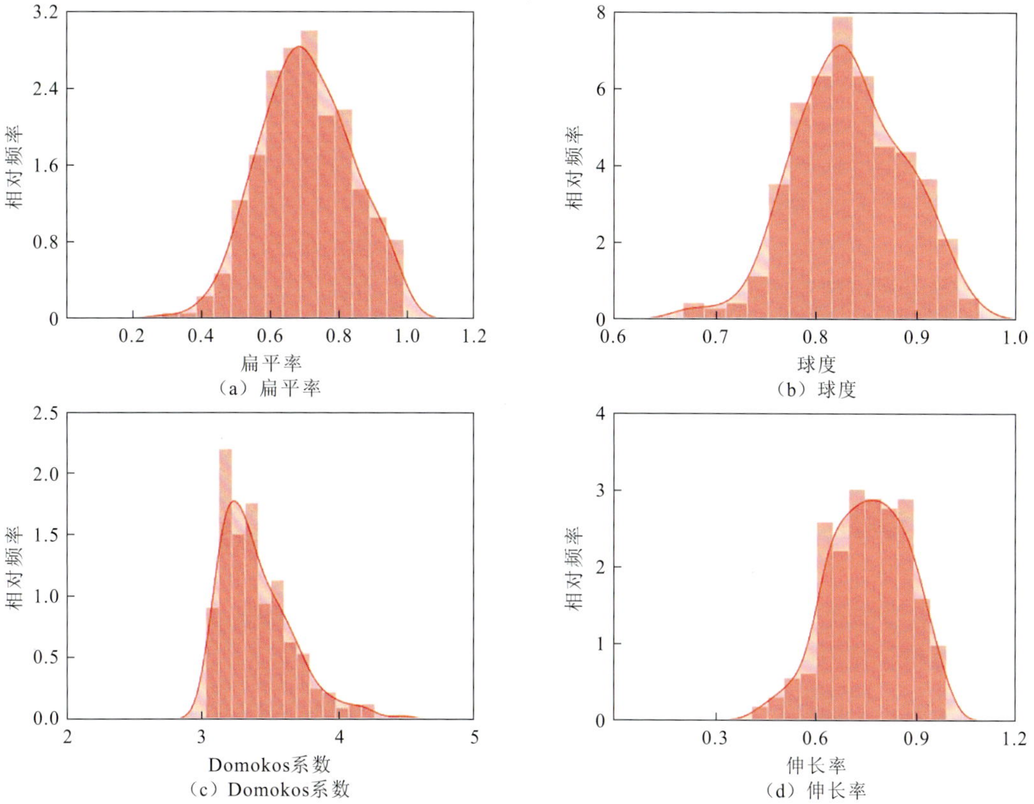

（a）扁平率　（b）球度　（c）Domokos系数　（d）伸长率

图 6.2.2　颗粒形状参数频率分布图

如前所述，这些形状参数并不是相互独立的，由于公式之间的联系，部分形状参数之间存在相关性。图 6.2.3 为各形状参数之间皮尔逊相关系数的热力图。单元格颜色越深，表示相关性越大。由图可知，大多数形状参数都与其他形状参数之间存在一定程度的相关性。例如 F_1 和 F_3 之间存在较强的相关性。对于机器学习训练而言，具有强相关性的特征会导致信息的重复和冗余，从而影响后期的训练精度。

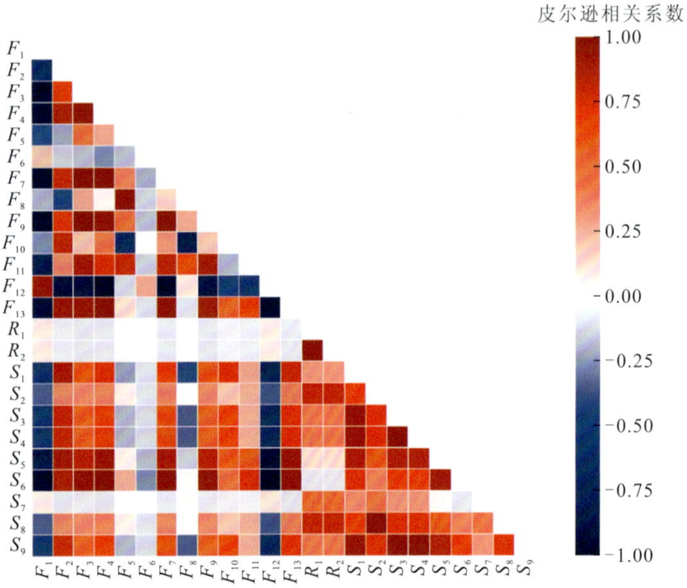

图 6.2.3　形状参数皮尔逊相关系数热力图

为了减小形状参数之间的相关性对训练结果的影响，需要对前述得到的所有形状参数进行筛选，从而得到用于后期训练的特征变量。本小节采用层次聚类及主成分分析（principal component analysis，PCA）的方法对 25 个形状参数进行筛选。层次聚类这种方法主要用来识别个体之间的相关性。聚类的核心是个体之间的相似度，而相似度是通过类与类之间的欧氏距离来度量的。在层次聚类中，首先将每个个体视为一个类，继而将相似度较高的类聚合成同一个类（Hentschel and Page，2003）。重复此步骤，直至所有的类最终聚合成同一个类。本章利用 Python 中的 Scikit-learn 库实现层次聚类分析，聚类结果如图 6.2.4（a）所示。可以看出，同一类别的形状参数具有较强的相关性，并且计算公式相似的形状参数关联性较强。形状参数的主成分分析点状图如图 6.2.4（b）所示。每两个形状参数之间的相关性可通过图上两者之间的欧氏距离进行度量。距离相近的形状参数倾向于被分配到同一类别。

基于层次聚类及主成分分析的结果，本小节将形状参数分为如表 6.2.4 所示的 5 个组别。计算得到每一形状参数与该组其他形状参数之间相关系数的平均值，如图 6.2.5 所示。对于第一组的形状参数，F_{12} 与组内其他成员的相关系数最高，因此选择 F_{12} 作为第一组中最具代表性的特征。F_{11}、S_9 和 R_2 也是用同样的方法被选为其所在组的代表性特征。由于第一组的 F_6 和第五组的 S_7 与该组其他成员的相关性较弱，为了避免信息缺失，这两个特征都被选为机器学习特征变量。第 3 组中的 F_8 被选为该组的代表性特征。由于

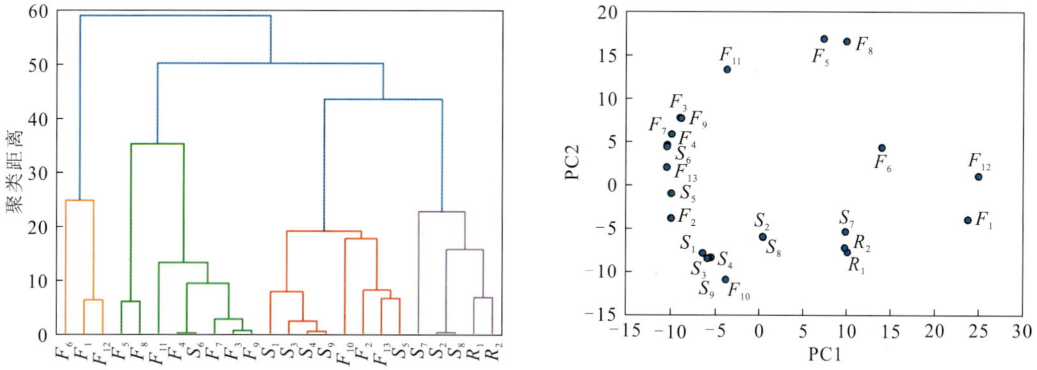

（a）层次聚类树状图　　（b）主成分分析点状图

图 6.2.4　形状参数特征选择

局部圆度 R_3 与其他形状参数的计算方式及所包含信息存在较大差异，R_3 也被选为代表性特征参与后期的机器学习训练。最终选取 F_6、F_8、F_{11}、F_{12}、R_2、S_7、S_9、R_3 这 8 个形状参数作为机器学习的特征变量。

表 6.2.4　形状参数分类

组别	形状参数
1	F_1，F_6，F_{12}
2	F_3，F_4，F_7，F_9，F_{11}，F_{13}，S_6
3	F_5，F_8
4	F_2，F_{10}，S_1，S_3，S_4，S_5，S_9
5	R_1，R_2，S_2，S_7，S_8

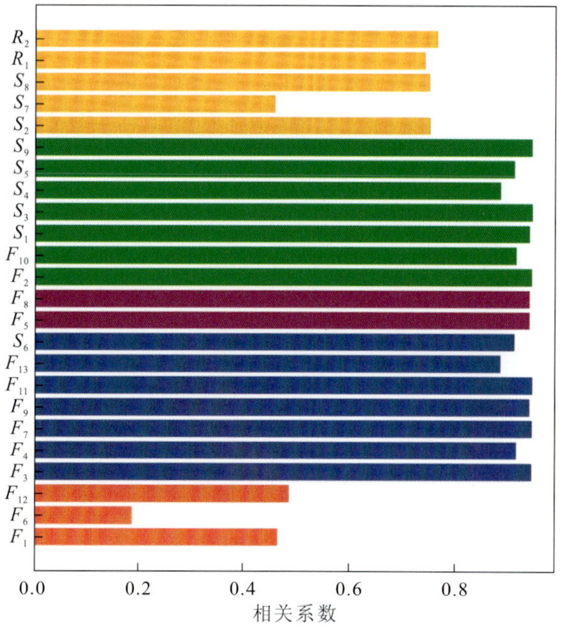

图 6.2.5　相关系数柱状图

6.3 单颗粒单轴压缩试验数值模拟

6.3.1 数值试样及材料参数

为了避免材料特性对颗粒压缩试验的影响，本章采用 FDEM 数值模拟获取颗粒的破碎强度。如图 6.3.1 所示，分别将单个颗粒放置于两刚性加载板之间，在上加载板加载之前，所有颗粒在重力的作用下进行沉降以达到稳定状态，从而防止加载过程中颗粒发生旋转。加载过程中，下加载板固定，上加载板通过位移控制对颗粒进行加载，加载速度为 0.01 m/s，加载的最小时间步长设为 1.0×10^{-7} s，从而保证颗粒和加载板处于准静态并且消除动态加载的影响。加载连续进行直到上加载板位移达到 6 mm 停止。

（a）颗粒重力沉降前　（b）颗粒重力沉降后　（c）加载过程

图 6.3.1　单颗粒单轴压缩试验过程示意图

所有颗粒采用同一套材料参数(表 6.3.1)，该套材料参数来自 FDEM 的相关研究(Ma et al.，2017)。为了消除尺寸效应对颗粒破碎的影响，将 400 个扫描的岩石颗粒按比例缩放到等效粒径 60 mm。如图 6.3.2 所示，将每个颗粒离散为二阶四面体单元，并在相邻的四面体单元中间插入无厚度内聚力界面单元。四面体实体单元采用线弹性模型，界面单元采用内聚力模型，如图 6.3.3 所示，通过界面单元受力达到破坏强度准则时发生失效来模拟颗粒的断裂和破碎。靠近断裂尖端的界面单元尺寸应小于断裂过程区长度。根据穆斯海里什维里（Muskhelishvili）和韦斯特加德（Westergaard）的解决方案，可以对张拉断裂的断裂过程区长度的最大值和最小值进行估算（Ma et al.，2018）。根据表 6.3.1 列出的材料参数，本试验断裂过程区长度为 9.7～24.8 mm。因此单元的平均边缘长度被设置为 3 mm，从而可以将断裂过程区离散成 3～8 个界面单元。

表 6.3.1　FDEM 输入参数

参数		符号	单位	数值
实体单元	密度	ρ	kg/m^3	2 700
	弹性模量	E	GPa	40
	泊松比	ν	—	0.2

续表

参数		符号	单位	数值
界面单元	CIE 法向罚函数	k_n	N/m^3	4.8×10^{13}
	CIE 切向罚函数	k_s	N/m^3	2.0×10^{13}
	CIE 抗拉强度	f_t	MPa	11
	整体摩擦角	φ_i	(°)	40°
	裂纹摩擦角	φ_f	(°)	30°
	CIE 内聚力	c	MPa	$15f_t(1-\sin\varphi_i)/(2\cos\varphi_i)$
	模式 I 断裂能	G_I	N/m	100
	模式 II 断裂能	G_{II}	N/m	500
接触法则	粒间滑动摩擦系数	μ	—	0.58

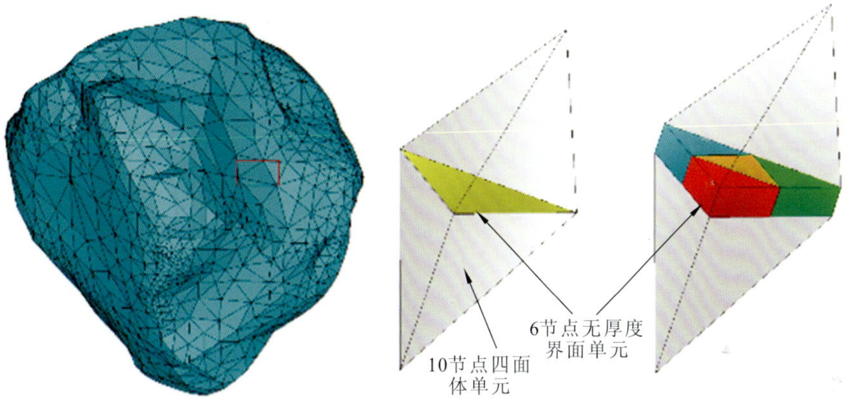

图 6.3.2　引入无厚度界面单元的颗粒网格示意图

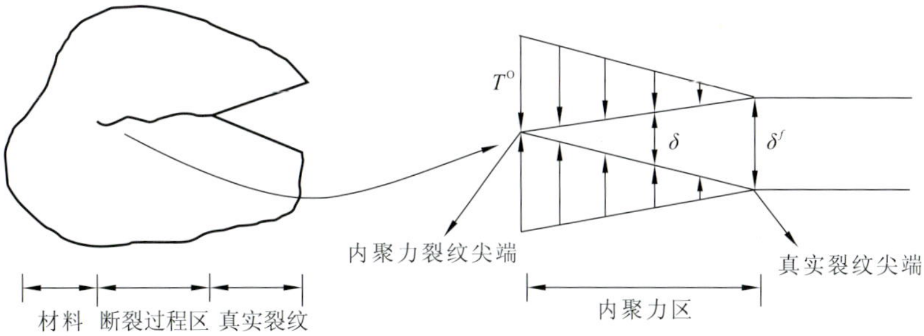

图 6.3.3　界面单元破坏起裂示意图

6.3.2　破碎强度 Weibull 分布

为了探讨颗粒在加载过程中的载荷-位移的演化过程，绘制颗粒加载过程中典型的载荷-位移曲线图，如图 6.3.4 所示。颗粒的破碎强度的计算公式如下：

$$\sigma = \frac{F}{\alpha d^2} \tag{6.3.1}$$

式中：F 为峰值载荷；α 为一种形状相关系数；d 为一种颗粒边长尺度的度量。本章中 α 取值为 1，d 设定为两个加载板之间的距离（Huang et al.，2020；Hiramatsu and Oka，1966）。压缩过程中失效界面单元个数的变化表明，颗粒破碎是一个渐进的过程。载荷的显著下降总是伴随着大量界面单元的失效。载荷中较小的峰值是指颗粒表面小凹凸体的剥落或断裂，而较大的峰值一般表示颗粒发生了主要断裂并出现贯穿裂纹。一般情况下，形状浑圆的颗粒的载荷-位移曲线只有一个峰值，而形状不规则的颗粒的破坏机理较为复杂，载荷-位移曲线有多个峰值。对于载荷-位移曲线具有多个峰值的颗粒，通过结合考虑破碎界面单元的数量、载荷-位移曲线和整个破碎过程来确定颗粒的破碎点。

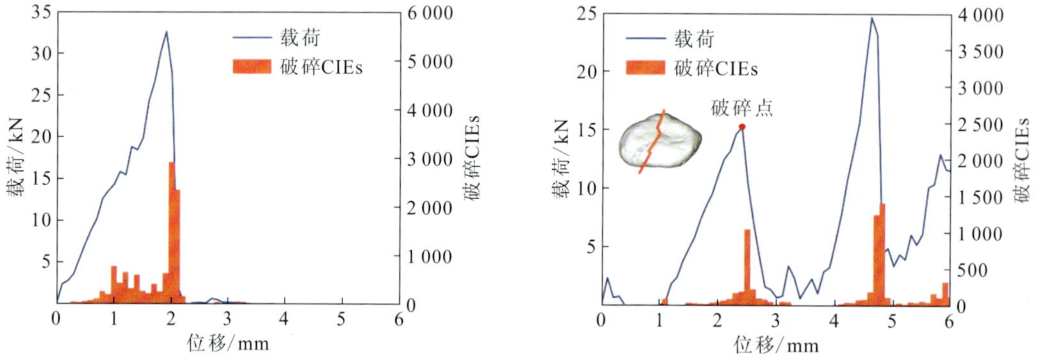

（a）单峰载荷-位移曲线图　（b）多峰载荷-位移曲线图

图 6.3.4　典型载荷-位移曲线图及失效界面单元 CIEs 过程图

已有研究从物理试验和数值试验多方面验证了颗粒破碎强度服从 Weibull 分布（McDowell and Amon，2000；Marshall and Olkin，1967）。直径为 d_s 的颗粒在单轴压缩条件下的生存概率 P_s 定义如下：

$$P_s = \exp\left[-\left(\frac{d_s}{d_0}\right)^3\left(\frac{\sigma}{\sigma_0}\right)^m\right] \tag{6.3.2}$$

式中：σ_0 为粒径 d_0 的颗粒生存概率达 37%的特征强度；m 为 Weibull 模数；σ 为颗粒破碎强度。颗粒的累计生存概率 P_s 通常表示为

$$P_s = 1 - \frac{i}{n+1} \tag{6.3.3}$$

式中：n 为颗粒的总数；i 为颗粒破碎强度按照升序排列的次序。当所有颗粒的粒径保持一致时（$d_s = d_0$），可以得到线性关系表达式如下：

$$\ln[\ln(1/P_s)] = m\ln\sigma - m\ln\sigma_0 \tag{6.3.4}$$

如图 6.3.5 所示，绘制 $\ln[\ln(1/P_s)]$ 随 $\ln\sigma$ 变化的最佳拟合线，拟合的相关系数 $R^2 = 0.9888$，这表明除部分异常值以外，颗粒的破碎强度服从 Weibull 分布，Weibull 模数为最佳拟合线的斜率 2.369。图 6.3.5 中的插图表明 400 个颗粒的破碎强度分布服从 Weibull 分布，平均破碎强度为 11.82 MPa，标准差为 6.01 MPa。

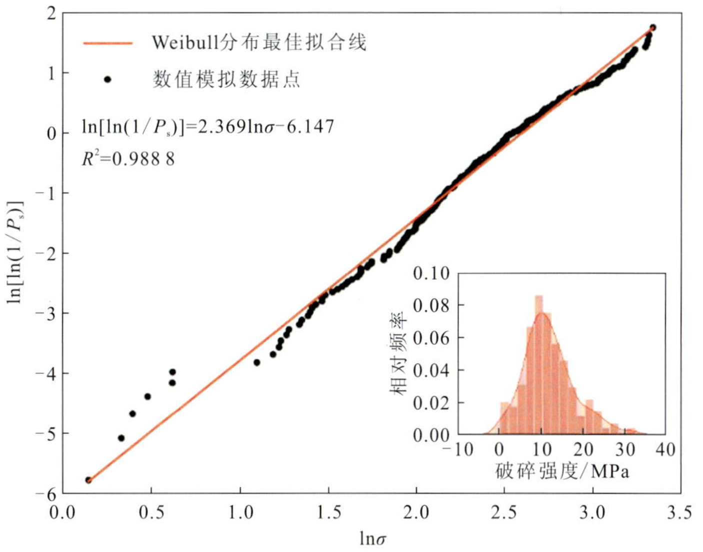

图 6.3.5　400 个颗粒破碎强度 Weibull 分布图以及频率分布图

6.4　机器学习回归分析

6.4.1　颗粒稳定性分析

将 6.2 节选取的 8 个代表性形状参数作为机器学习模型的输入特征，其中 7 个为整体形状参数，1 个为局部圆度。除此之外，研究表明，颗粒的稳定性也对颗粒破碎过程有很大的影响。由于颗粒外表面的不规则性，颗粒可能会有不同的平衡状态，此时颗粒可能会处于稳定状态、不稳定状态或者临界稳定状态。当颗粒处于稳定的平衡状态时，会对施加的载荷产生较为稳定的力学响应，颗粒不会发生旋转，在加载板接触处会产生较大的反力。相反，当颗粒处于不稳定的平衡状态时，对颗粒施加载荷，颗粒的平衡状态将被瞬间打破，颗粒会发生旋转或者位移，从而对整体的压缩试验产生影响。因此需要探讨并量化颗粒的稳定性，并将其作为特征变量作为机器学习模型的输入特征。

通过在三维空间中对颗粒进行旋转，计算颗粒可以达到的最大重力势能及最小重力势能。如图 6.4.1 所示，颗粒在最不稳定状态下具有最大的重力势能，在最稳定状态下具有最小重力势能。定义颗粒的不稳定性参数 M 如下：

$$M = \frac{E_{ini} - E_{min}}{E_{max} - E_{min}} \tag{6.4.1}$$

式中：E_{max} 和 E_{min} 分别为颗粒的最大重力势能和最小重力势能；E_{ini} 为颗粒压缩之前所处状态的重力势能；M 的取值范围为 0～1，M 越小代表颗粒所处状态越稳定。如图 6.4.1（c）所示，本章大部分颗粒的 M 小于 0.1，代表大部分颗粒在压缩试验之前都处于较稳定的状态。由于颗粒的稳定性在一定程度上会影响颗粒的破碎过程，不稳定性参数 M 也将作为机器学习模型的输入特征。

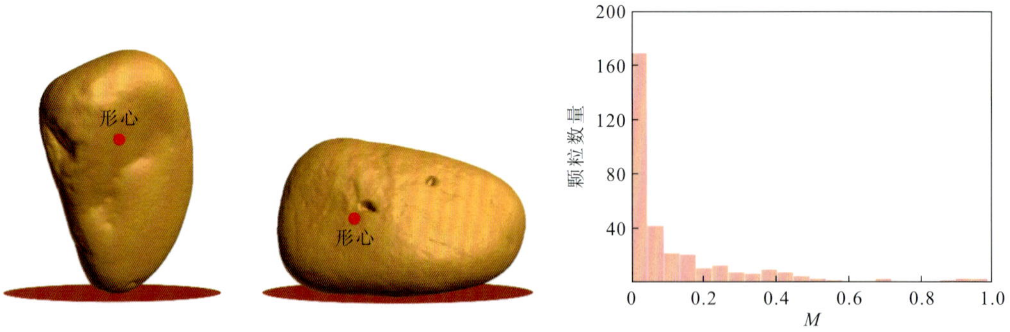

（a）最不稳定状态　（b）最稳定状态　（c）M频率分布图

图 6.4.1　颗粒稳定性示意图

6.4.2　机器学习模型训练

在机器学习领域有多种模型可以用来解决多元回归问题。本小节对比 5 种机器学习算法的预测精度和计算效率，包括线性回归模型、岭回归模型、随机森林模型、XGBoost 模型及 LightGBM 模型。前面两个模型为线性模型，后面三个模型为树形模型。

机器学习回归分析的流程如图 6.4.2 所示。将整个数据集随机分为训练集（70%）和测试集（30%），采用五折交叉验证来进行参数调整和模型选择，采用贝叶斯优化算法对树形模型的超参数进行优化，均方根误差（root mean square error，RMSE）作为模型训练的损失函数。计算每个回归模型的平均绝对误差（mean absolute error，MAE）、均方根误差及相关系数（R^2），如表 6.4.1 所示。树形模型的 R^2 显著大于线性回归模型和岭回归模型的 R^2，这也说明树形模型解决回归问题的能力更强。此外，XGBoost 模型和 LightGBM 模型训练的耗时比其他模型更短，并且 XGBoost 模型的训练精度高于其他 4 种机器学习模型。图 6.4.3 绘制了训练集和测试集的实际强度与 XGBoost 模型预测值的散点值，可以看到散点与 $x=y$ 这条线拟合得较好，因此说明 XGBoost 模型预测的准确性。

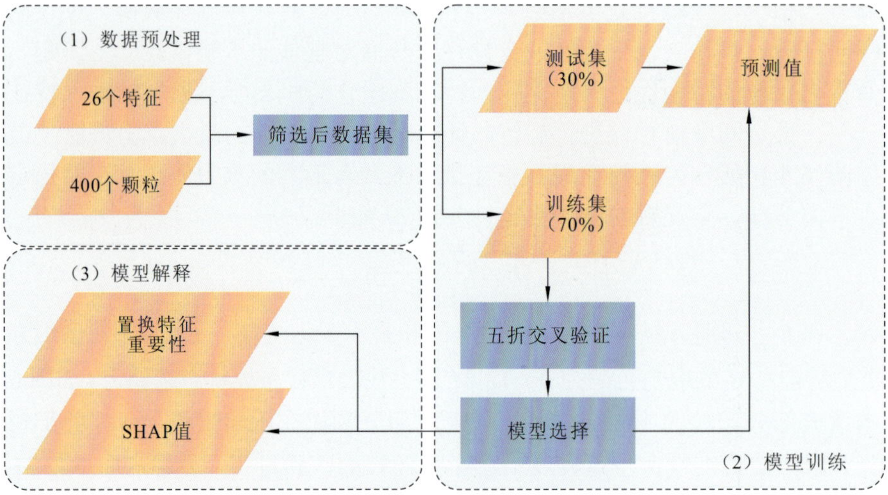

图 6.4.2　机器学习回归分析流程图

表 6.4.1　5 种回归模型训练结果

模型	R^2（0～1）		MAE/MPa		RMSE/MPa	
	训练集	测试集	训练集	测试集	训练集	测试集
线性回归	0.451 2	0.279 3	3.354 8	3.328 2	4.305 7	4.012 3
岭回归	0.438 9	0.267 4	3.369 5	3.446 4	4.370 4	4.160 1
随机森林	0.587 2	0.256 6	2.756 8	2.791 7	3.782 4	3.655 6
XGBoost	0.606 3	0.428 0	2.814 7	2.737 6	3.770 4	3.511 7
LightGBM	0.569 6	0.324 5	2.929 3	2.811 8	3.900 3	3.693 1

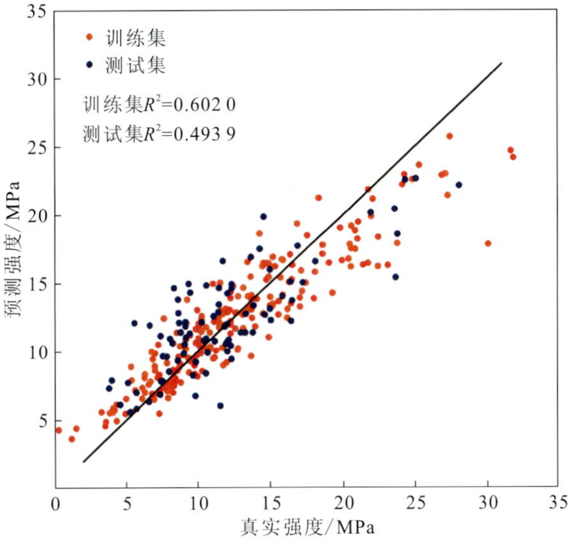

图 6.4.3　XGBoost 模型预测颗粒破碎强度

6.4.3　机器学习模型解释

为了探讨形状特征对破碎强度的影响，从机器学习的黑盒模型中挖掘更多的信息，需要引入机器学习模型的可解释性。Molnar（2020）提出了几种可解释的机器学习模型，例如置换特征重要性（permutation feature importance）和 SHAP 值。置换特征重要性衡量了特征值重排后预测误差的变化。如果对特征的值进行“洗牌”后预测误差没有变化，则说明该特征对最后的预测效果影响不大，该特征被视为不重要特征。该方法可以对模型的行为进行全面深入的观察和挖掘。SHAP 值是一种基于博弈论的方法，该方法假设整个模型预测为一场比赛，特征则为参加比赛的运动员。每个特征的 SHAP 值表示该特征对所有可能出现的情况的平均边界效应，即对最终预测值的正负效应。

为了评估各形状参数的相对重要性，本章对各特征进行了置换特征重要性及 SHAP 值的计算，特征重要性的排序如图 6.4.4 所示。可以看出，两种方法得到的排序结果相似，尤其对于重要性位列前 5 的形状特征，两种方法得到的结果相同。图 6.4.4（a）中置换特征重要性按照降序进行排列，颗粒的不稳定性参数 M 对最终的预测效果具有最大的边界效益，即对颗粒破碎强度的影响最大。SHAP 值的范围越大，说明随着该特征值的变化，预测结果的差异性越大，即代表该特征的重要性越大。SHAP 值的正负代表该特征对预测结果作用的正负性，SHAP 值的绝对值则表示该特征值对预测结果影响的大小。如图 6.4.4（b）所示，SHAP 值同样显示代表颗粒不稳定性的指标 M 对颗粒破碎强度的影响最大。具有更大不稳定性的颗粒（图中红色圆点）倾向于有更小的颗粒破碎强度，相反不稳定性更小的颗粒（图中蓝色圆点）倾向于有更大的颗粒破碎强度。该结论也与前述结论一致。对形状参数而言，F_{11} 和 S_7 对预测结果的影响最大，接下来影响较大的形状参数依次为 F_{12}、R_3 及 R_2。这一结论可以帮助研究人员在研究颗粒材料形态特征时选取更具代表性的形状参数，从而提高研究结果的准确性。

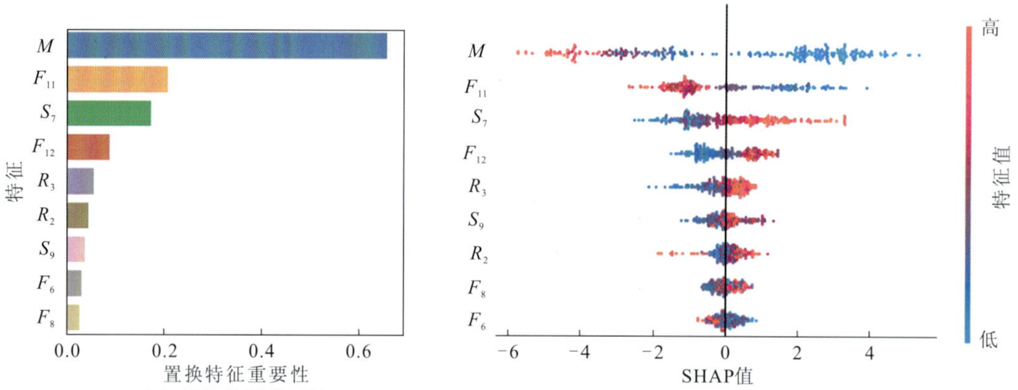

（a）置换特征重要性　（b）SHAP值

图 6.4.4　XGBoost 模型预测颗粒破碎强度各特征重要性排序

重要性排序前 6 位的特征 SHAP 值变化如图 6.4.5 所示，图中的点划线显示了 SHAP 值的变化趋势。如图 6.4.5（a）所示，代表不稳定性的指标 M 对破碎强度的影响与指标 M 的值呈负相关。M 值越大说明颗粒处于较不稳定的状态，这种情况下颗粒可能会在加载作用下发生颗粒旋转和接触滑动，此时颗粒会发生外表面凹凸体损坏类似的轻微破坏。此外，较稳定的颗粒与加载板之间的接触部分较为平坦，因此可以抵抗更大的载荷。特征 F_{11} 的 SHAP 值随着 F_{11} 值的增大而减小[图 6.4.5（b）]，这说明更加扁平的颗粒通常有更大的破碎强度。显然 F_{11} 值更小的颗粒在加载过程中往往其形心位置较低，通常倾向于处于较稳定的状态。F_{12} 是 Domokos 等（2015）提出的一种表征颗粒形态的参数，当 F_{12} 取值为 3 时，代表颗粒的形状为一个规则圆球或者规则正方体。由图 6.4.5（d）可知，颗粒的 F_{12} 值越大，颗粒的破碎强度越大，也就是说更加细长的颗粒在压缩过程中更不易破坏。当 F_{12} 值达到 3.6，颗粒的破碎强度变化对 F_{12} 值的变化敏感性逐渐降低。

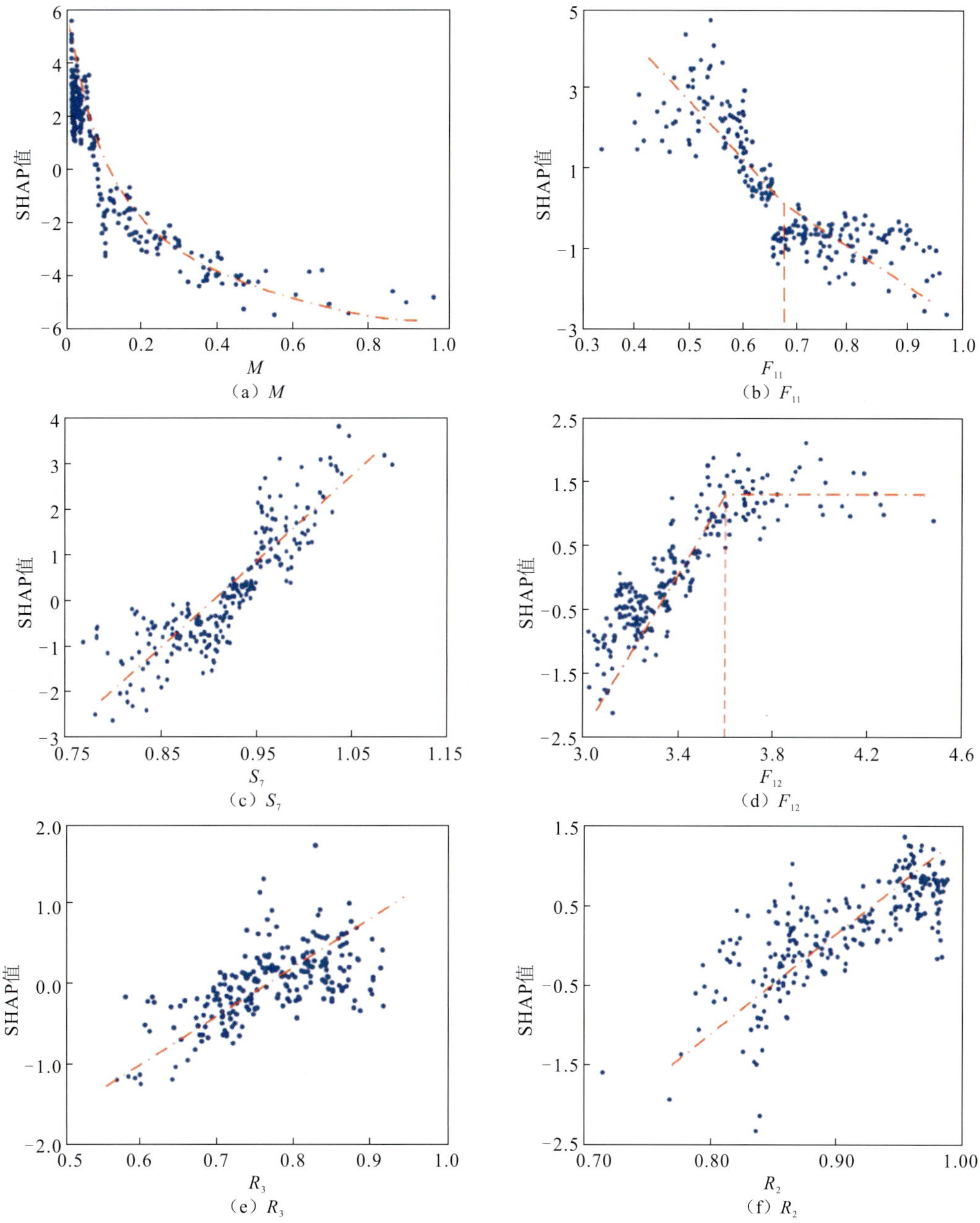

图 6.4.5　各特征值变化散点图

如图 6.4.5（c）所示，特征 S_7 的 SHAP 值随着特征值的增大而增大，即颗粒的破碎强度随着 S_7 值的增大而增大。形状参数 S_7 表征了颗粒形状与圆球的相似程度，这也表明棱角状不规则颗粒比类球状或者浑圆的颗粒更易发生破碎，这一结论与 Sun 等（2021）的相关研究一致。当破碎发生，裂纹在球度更高的颗粒表面扩散得更均匀。相反，当颗粒外表面呈棱角状，外力更易在颗粒中随机不规则地传递，细小的裂纹更易出现。接触处局部圆度对颗粒破碎强度的影响如图 6.4.5（e）所示。R_3 的 SHAP 值的变化表明随着局部圆度的增大，R_3的边界效益也在增大，即对颗粒破碎强度的影响变大。这一结果很好地印证了 Wang 和 Coop（2016）做的物理试验的结论。除局部圆度以外，颗粒破碎强度和R_2之间也表现为正相关关系。形状参数R_2代表颗粒体积与其外接凸壳体积的比值，当颗粒R_2值越大说明颗粒表面具有更少的微凸体和棱角，因此应力集中出现的概率就会越小，从而在压缩试验中更不易发生破碎。

6.5 颗粒碎片形态特征统计分析

破碎是指通过施加物理或者化学荷载将一个实体破碎成碎片。这一过程涉及脆性材料的快速膨胀和破裂。岩石颗粒的破碎广泛地存在于自然界及工程实际当中，如堆石坝、山体滑坡、矿业开采等。往更大的尺度延伸，地球表面覆盖着各种大小不一的岩石碎片，从黏土粉砂到鹅卵石大块石，都与颗粒的破碎息息相关。尽管对颗粒破碎碎片的质量分析已经被广泛地应用于碎片的研究中，碎片的形态量化对科学研究依旧是一大挑战。

单颗粒压缩试验常被用于探讨各种颗粒材料的断裂和破碎行为，如砂石（Cavarretta et al.，2010）、岩石骨料（Lim et al.，2004）、玻璃（Huang et al.，2014）、化学粉末（Russell et al.，2014）等。为了进一步探讨颗粒破碎的机理，数值模拟常被用来进行单颗粒压缩试验模拟颗粒材料的破碎。常采用的数值模拟方法有离散单元法（Hanley et al.，2011）、分子动力学（Nguyen et al.，2015）模拟方法、FDEM（Ma et al.，2019）等。物理试验和数值模拟的目标都是更好地理解单颗粒断裂行为和颗粒整体力学响应之间的关系。

X 射线微型计算机断层扫描和三维激光扫描等三维扫描技术被广泛应用于各种材料的变形和断裂机制的研究当中，如生物材料、建筑材料、复合材料、合成纤维等。对于岩土颗粒材料，图像数字化可以为破碎前后颗粒形态的定量分析提供大量数据。然而至今较少有研究系统地探讨颗粒破碎碎片的形态特征及碎片形态的影响因素，原因主要有以下几点：①碎片数量庞大，识别和扫描每个碎片过于耗时耗力；②研究样本较少。颗粒破碎产生的碎片形态在许多应用中受到广泛关注，如堆石坝（Zhou et al.，2013）和采矿行业。在这两种情况下，为了控制岩石颗粒的尺寸，爆破、破碎和研磨都是颗粒的必经过程。除此之外，设计人员希望在粉碎过程中对碎片形状进行一定程度的控制，这种情况下就需要大量的数据样本来量化和分析碎片的形态特征。

本节主要目的是探讨岩石颗粒破碎后碎片的形态特征。以 400 个岩石颗粒为样本，通过三维激光扫描仪获取每个颗粒的形态特征，并对每个颗粒进行单颗粒压缩试验的连续-离散单元法数值模拟。通过网格敏感度分析，研究并选择合适的有限元网格尺寸进行有限元分析。提取破碎后所有碎片的形态特征进行形状分析。为了提高计算效率，在进行碎片分析时选取了相对简单但实用的形状参数。由于颗粒几何特征的不规则性和微观结构的非均质性，本节通过数值模拟的结果对碎片尺寸、碎片形态及两者之间的联系进行系统的研究。

6.5.1　基于颗粒形态的颗粒分类

1. 参数获取

数值模拟过程中考虑颗粒真实形状可以更好地探讨颗粒的破碎和断裂行为。通过三维激光扫描仪获取 400 个岩石颗粒的形态，如图 6.5.1（a）所示。颗粒的外表面积可直接通过扫描后颗粒表面无重叠的离散网格面积求和进行计算，颗粒的体积为组成颗粒的所有四面体单元体积之和。通过主成分分析法确定颗粒的三主轴方向，从而计算颗粒的三主轴边的长度，分别为 $L > I > S$ 。可以通过同样的方法获取颗粒破碎后所有碎片的几何特征和形状参数。以上所有颗粒形态处理过程均由内部编写的 Python 算法实现。数值模拟方法显著提高了获取碎片的效率和准确度，从而防止重要碎片数据的丢失及过度人力物力的消耗。

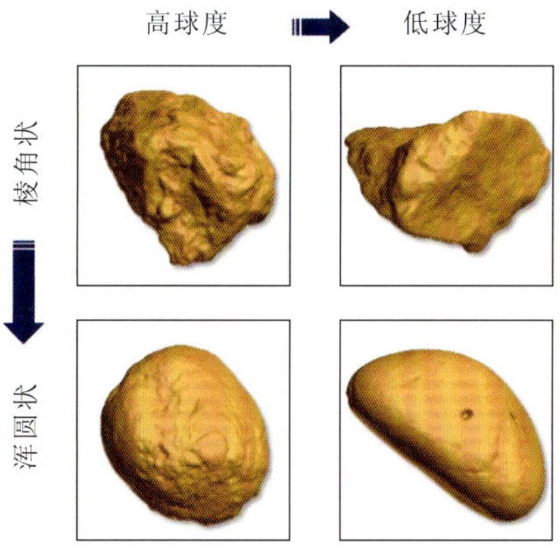

（a）颗粒典型形态特征

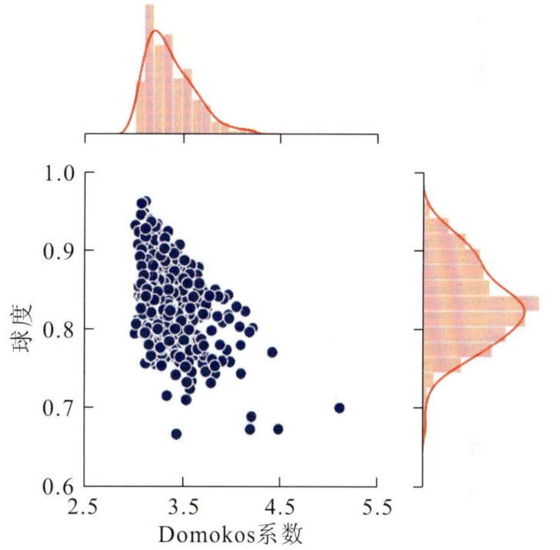

（b）Domokos系数和球度频率分布图及散点相关图

图 6.5.1　颗粒形态特征

获取了颗粒及碎片的三主轴长度、体积和外表面积后，计算几种颗粒的整体形状参数来对颗粒的整体形态进行统计分析。为了节省篇幅，主要考虑颗粒的整体形态特征，不考虑颗粒的表面纹理等局部形态特征。整体形态特征足以用来研究和探讨一般的工程实际材料。如 6.2 节所述，颗粒的形态特征通常被分类为三种类型：形状（form）、球度（sphericity）及圆度（roundness）。颗粒的形状通常由三主轴长度不同的组合形式进行表征。通过对伸长率 $\mathrm{EI} = I / L$ 及扁平率 $\mathrm{FI} = S / L$ 的重新组合，此处主要选取 Krumbein 系数（ $\sqrt[3]{IS / L^2}$ ）、Corey 系数（ $S / \sqrt{LI}$ ）和 Projection 系数（ $\sqrt[3]{S^2 / (LI)}$ ）三种参数表征颗粒的形状。除此之外，另外三种形状参数 Domokos 系数 S_{f} 、球度 $\psi_{3\mathrm{D}}$ 及凸度 C_x 也被用来表征颗粒的整体形态。Domokos 系数的计算公式为 $S_{\mathrm{f}} = (1/S + 1/I + 1/L)\sqrt{S^2 + I^2 + L^2} / \sqrt{3}$ 。对于立方体的颗粒， $L \approx I \approx S$ ， S_{f} 取值为 3。 S_{f} 值大于 3 代表颗粒的形状为细长状（Domokos et al., 2015）。球度 $\psi_{3\mathrm{D}}$ 的计算公式为 $\psi_{3\mathrm{D}} = A_{\mathrm{s}} / A = \sqrt[3]{36\pi V^2} / A$ ，其中， V 和 A 分别为颗粒及碎片的体积和外表面积，A_s 为与颗粒等体积圆球的外表面积。对完整圆球颗粒而言，颗粒的球度取得最大值 1.0。凸度 C_x 的计算公式为 $C_x = V / V_{con}$，其中，V_{con} 为颗粒的外接凸壳体积。如图 6.5.1（b）所示，Domokos 系数和球度 ψ_{3D} 的分布都服从高斯分布，并且 Domokos 系数越大的颗粒倾向于有更小的球度。

2. k-means 聚类分析

如图 6.5.1（a）所示，大石峡堆石坝料场获取的 400 个颗粒形状各异，具有不同的形状参数。为了使颗粒的形态表征更加清晰，本节采用了 k-means 聚类的方法将颗粒按照形状的相似度进行分类。其中 k 为聚类的个数，一般采用肘部法则、轮廓系数法及差距统计方法进行估算（Zhou and Gao，2014）。通常情况下，类间误差平方和（sum of the squares of errors，SSE）会随 k 值的增大而减小，当 k 值接近真实值时，这种下降趋势会发生一个突然的变化，从而使 SSE 随 k 值变化的曲线斜率发生突变，类似一条肘形折线，k 的真实值即肘部所对应的数值。k-means 聚类方法本质是一个包含两个步骤的迭代算法：第一步选取 k 个类的中心点并将每个个体归于最近的类别中；第二步更新每一类的中心点并且重复第一步直至算法收敛。将每个颗粒的形态特征视为一个长度为 6 的向量，每一个单位即代表上节提到的一种形状参数。采用肘部法则估算 k 的最佳取值为 4，如图 6.5.2（a）所示。k-means 聚类方法的具体过程通过 Scikit-learn 库来实现。由于表征颗粒形态特征的向量是一个六维向量，为了可视化颗粒的分类情况，本小节采用 t-SNE 可视化的方法对向量进行降维，将高维向量投影到二维空间中，从而达到颗粒分类情况的可视化，如图 6.5.2（b）所示。

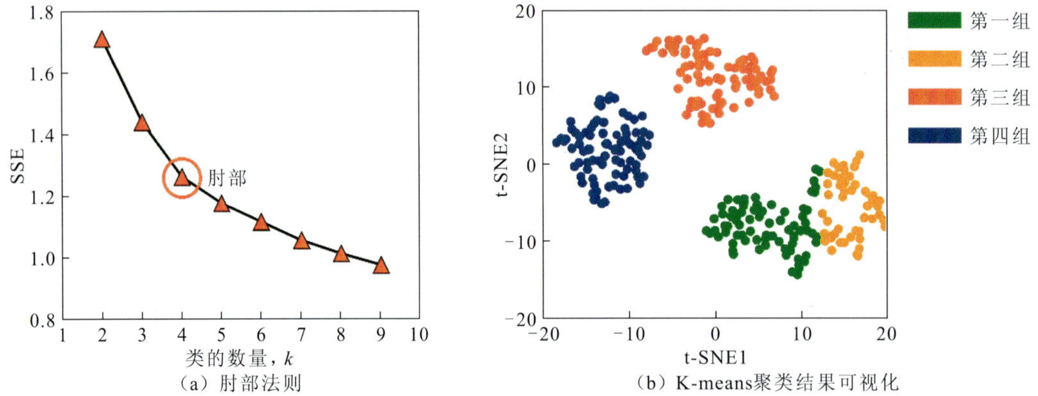

（a）肘部法则　　（b）K-means聚类结果可视化

图 6.5.2　k-means 聚类

每一组颗粒形状参数的均值如表 6.5.1 所示，标准化形状参数的箱形图如图 6.5.3 所示。可以看出，四组颗粒的形状参数有明显的差异。第三组的颗粒球度和凸度较大，颗粒形状比较浑圆规则。相反第四组颗粒球度和凸度最低，颗粒形状不规则呈棱角状。由图 6.5.2（b）所示，通过评估图中组别之间的欧氏距离，可以发现第三组和第四组颗粒差别较大并且有明显的分界，因此最终选择第三组的 82 个浑圆颗粒和第四组的 61 个棱角状颗粒进行后期的碎片形状统计分析。

表 6.5.1　四组颗粒形状参数平均值

组别	Krumbein 系数 $\sqrt[3]{\frac{IS}{L^2}}$	Corey 系数 $\frac{S}{\sqrt{LI}}$	Projection 系数 $\sqrt[3]{\frac{S^2}{LI}}$	Domokos 系数 S_f	球度 ψ_{3D}	凸度 C_x
1	0.817 7	0.722 4	0.804 5	3.151 6	0.824 5	0.875 5
2	0.631 6	0.466 7	0.600 4	3.807 0	0.806 5	0.928 6
3	0.756 9	0.644 5	0.745 2	3.281 5	0.896 3	0.969 7
4	0.703 7	0.575 7	0.691 4	3.431 1	0.789 0	0.861 6

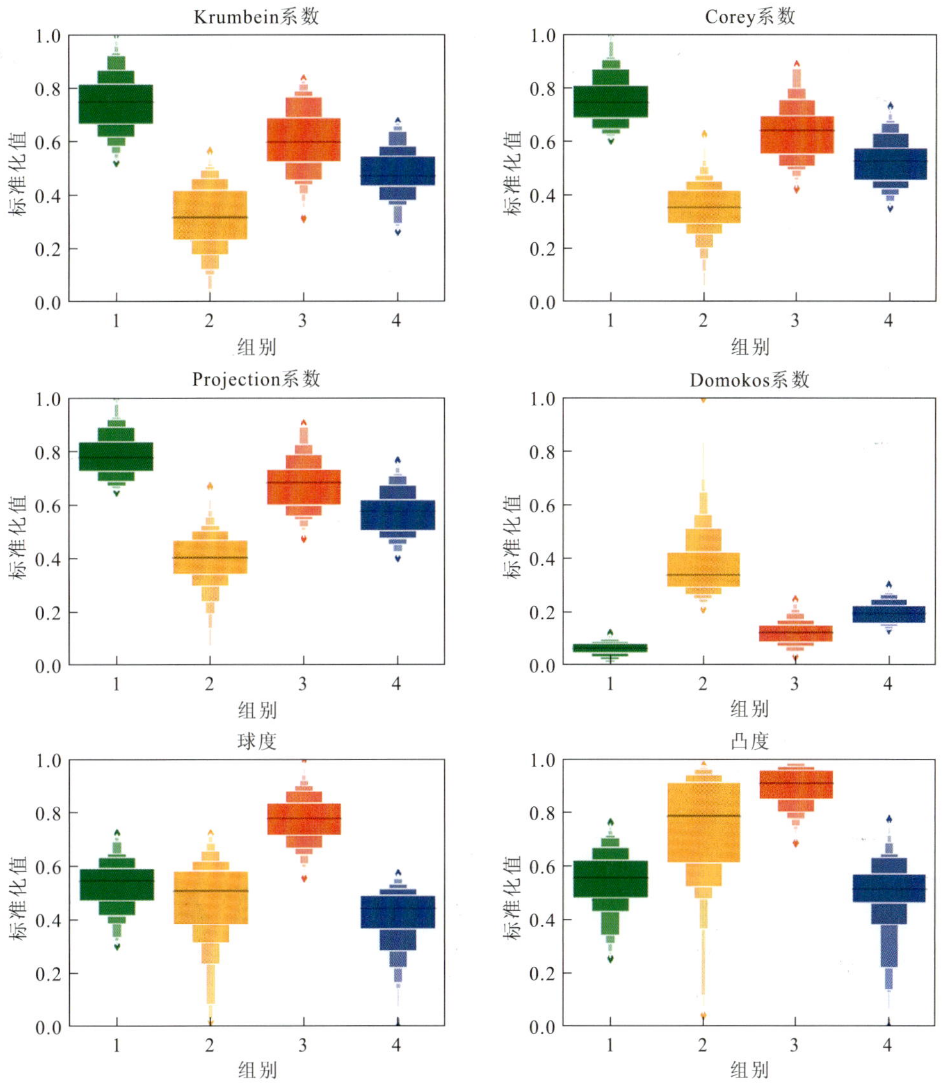

图 6.5.3　四组颗粒标准化形状参数箱形图

6.5.2 FDEM 数值模拟

1. 网格敏感性分析

在数值模拟有限元分析中，由于断裂尖端的高应力梯度，只能得到近似的应力场和应变场。为了准确地表示断裂尖端附近的拉力，有限元的尺寸必须要远远小于断裂过程区的实际尺寸。实际断裂尖端前的断裂过程区的近似长度被视为一种量化断裂扩展过程的方法。对于准脆性材料，张拉断裂时断裂过程区长度的最大值和最小值分别由 Muskhelishvili 解决方法和 Westergaard 解决方法求得

$$l_{\mathrm{FPZ}}^{\mathrm{upper}}=\frac{3EG_{\mathrm{f}}}{4f_{\mathrm{t}}^{2}} \tag{6.5.1}$$

$$l_{\mathrm{FPZ}}^{\mathrm{lower}}=\frac{3\pi EG_{\mathrm{f}}}{32f_{\mathrm{t}}^{2}} \tag{6.5.2}$$

式中：$l_{\mathrm{FPZ}}^{\mathrm{upper}}$ 和 $l_{\mathrm{FPZ}}^{\mathrm{lower}}$ 分别为通过 Muskhelishvili 解决方法和 Westergaard 解决方法估计的断裂过程区长度最大值和最小值；E 为连续体的弹性模量；f_{t} 为抗拉强度；G_{f} 为拉伸断裂能。

需要注意的是，式（6.5.1）和式（6.5.2）主要适用于二维的情况，三维情况相对而言更加复杂。本小节为了简化计算，主要通过式（6.5.1）和式（6.5.2）对断裂过程区长度进行估算。采用的数值模拟参数如表 6.3.1 所示，依据所列参数，可以估算断裂过程区长度理论值的最大值和最小值分别为 $l_{\mathrm{FPZ}}^{\mathrm{upper}}=24.8\ \mathrm{mm}$ 和 $l_{\mathrm{FPZ}}^{\mathrm{lower}}=9.7\ \mathrm{mm}$。断裂过程区的长度取值应该在最大值和最小值之间，即 $l_{\mathrm{FPZ}}^{\mathrm{lower}}\leqslant l_{\mathrm{FPZ}}\leqslant l_{\mathrm{FPZ}}^{\mathrm{upper}}$。

为了选择合适的单元尺寸，对有限元网格的尺寸进行敏感性分析。通过对四组形状相同、网格尺寸不同的颗粒模型进行单轴压缩试验，保证压缩条件一致。四组网格单元平均长度分别为 5.12 mm、4.45 mm、3.10 mm 和 2.18 mm，如图 6.5.4 所示。每一组模型的具体信息见表 6.5.2。需要注意的是，这里使用了二阶四面体单元来离散岩石颗粒，因此在每个实体单元边缘有两个界面单元。断裂过程区的划分数量可以粗略估算在 $2l_{\mathrm{FPZ}}^{\mathrm{lower}}/l_{\mathrm{element}}\sim 2l_{\mathrm{FPZ}}^{\mathrm{upper}}/l_{\mathrm{element}}$ 范围内。对于网格单元平均长度为 5.12 mm 的模型，断裂带大致可以被离散成 3.76～9.57 个界面单元。通过采用界面单元的非均匀分布阈值考虑材料的非均匀性，对每个单元尺寸模型进行了数十次模拟，对模拟结果进行统计分析。

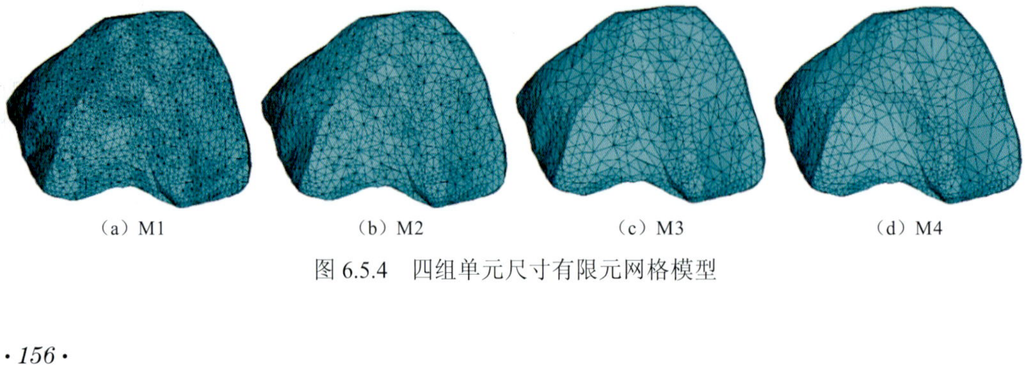

（a）M1　　（b）M2　　（c）M3　　（d）M4

图 6.5.4　四组单元尺寸有限元网格模型

表 6.5.2　四组单元尺寸有限元网格信息

组别	单元平均长度/mm	节点数量	单元数量	FPZ 最小离散数量（$2l_{FPZ}^{lower}/l_{element}$）
M1	5.12	21 452	13 551	3.76
M2	4.45	31 712	21 142	4.34
M3	3.10	91 664	63 527	6.28
M4	2.18	249 721	176 378	8.82

对颗粒进行如图 6.3.1 所示的单颗粒单轴压缩破碎的 FDEM 数值模拟。由于颗粒几何形状的不规则性和内部材料的非均质性，颗粒的载荷-位移曲线常常有较大的波动。如图 6.5.5（a）所示，形状不规则的颗粒发生破碎后载荷-位移曲线会出现多个局部峰值，而对于单纯的球形颗粒破碎，载荷-位移曲线往往只含有一个明显的峰值。通过计算载荷-位移曲线与横坐标轴之间的面积可得压缩过程中颗粒所受的外力功。图 6.5.5（b）为四组单元网格颗粒模型压缩过程中所受外力功的箱形图。可以看出，不同网格密度情况下颗粒破碎所需要的外力功有较大差异，外力功随着单元尺寸的减小而降低，当单元尺寸足够小，外力功稳定在一定值。因此，当断裂过程区至少存在 5～6 个界面单元时，网格的敏感度就可以消除，否则由于断裂过程区内部的单元数不足，断裂尖端处的应力梯度难以精确捕捉。

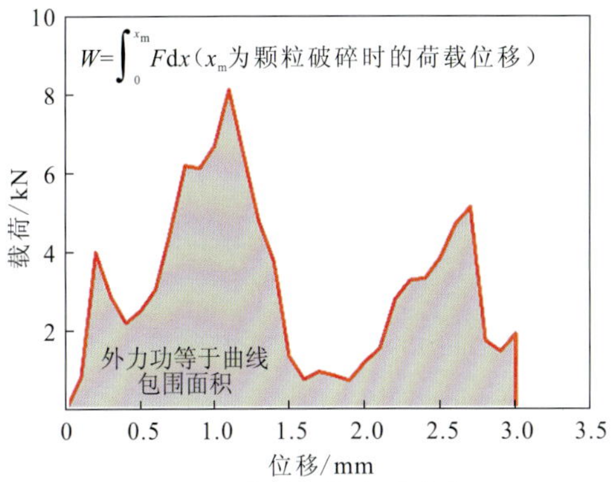

（a）典型载荷-位移曲线

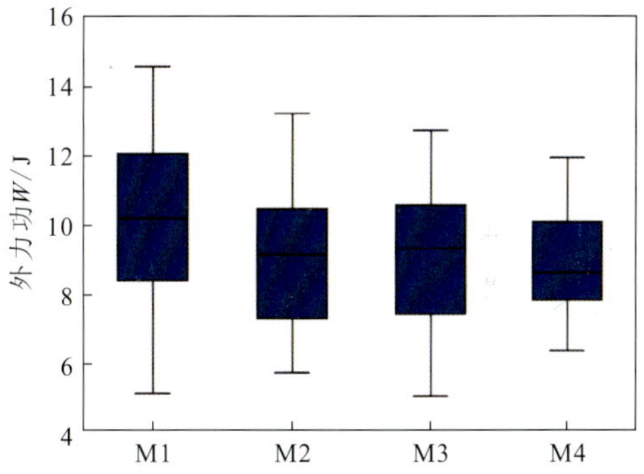

（b）四组单元网格颗粒模型所受外力功箱形图

图 6.5.5　网格敏感性分析

2. 破碎强度 Weibull 分布

图 6.5.6（a）记录了每 0.1 mm 垂直位移上加载板的载荷及破碎的界面单元数量。该载荷-位移曲线呈现典型的锯齿状。较小的峰值代表颗粒外表面小凹凸体的破碎和断裂，大峰值通常代表颗粒发生了主要断裂。当颗粒的承载能力发生骤降，通常会出现一个新的弹性响应阶段，在这一阶段中，颗粒的力学性能与破碎后颗粒碎片的几何形状有一定的联系，并且对破碎过程中产生的新的内部缺陷较为敏感。图 6.5.6（b）显示了三次大断裂发生后颗粒碎片的示意图。不同的碎片用不同的颜色进行区分，从而使颗粒的断裂模型显示得更加明显。由于压缩作用和碎片之间的相互作用，颗粒内部可能会发生不同

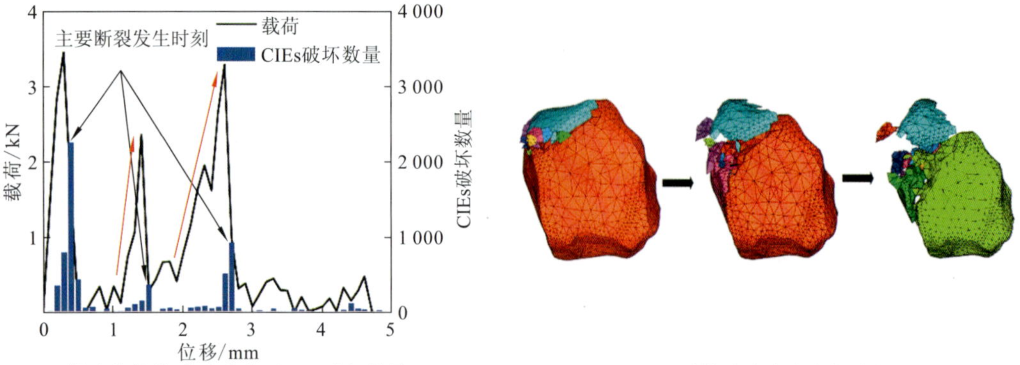

（a）锯齿状载荷-位移曲线及CIEs破坏数量　　（b）颗粒破碎碎片演化过程

图 6.5.6　颗粒破碎示意图

的断裂机制，包括切削、张拉及弯曲。许多交叉和分支的裂纹在颗粒内部传播，到达颗粒的表面形成裂纹平面，从而导致颗粒破碎，形成少量的大碎片和大量的小碎片。

选取模拟过程中颗粒首次出现子午型裂纹时刻产生的所有碎片进行碎片的统计分析。对两组颗粒的破碎强度进行 Weibull 分布统计分析，Weibull 分布的具体内容见 6.3.2 小节。绘制浑圆颗粒和棱角状颗粒 $\ln[\ln(1/P_s)]$ 随 $\ln\sigma$ 变化的散点图及最佳拟合线，如图 6.5.7 所示。可以看出，浑圆颗粒具有相对棱角状颗粒更高的 Weibull 模数 m，这一规律也与 Wang 和 Coop（2016）的研究结论相同。

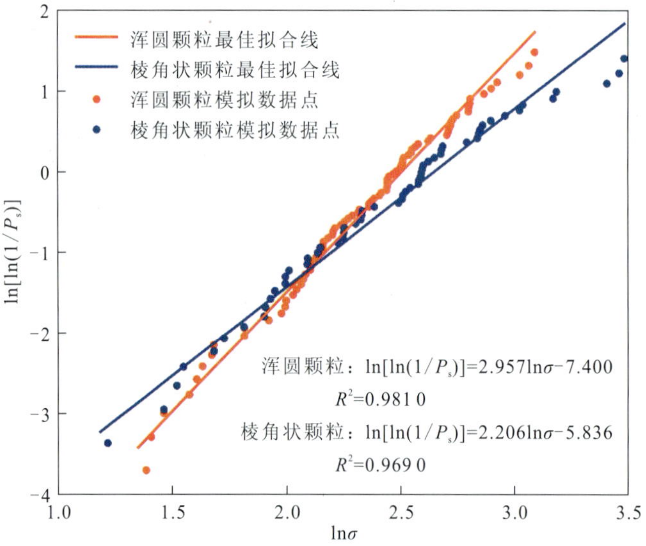

图 6.5.7　两类颗粒破碎强度 Weibull 分布图

6.5.3　统计分析

1. 碎片尺寸

通过测量和获取碎片的尺寸，可以评估每个颗粒的破碎程度。碎片集合体的 P 阶矩的定义如下：

$$M_p = \sum_i^n m_i^p - m_{max}^p \tag{6.5.3}$$

式中：n 为碎片的数量；m_i 为第 i 个碎片的质量；p 为指数项；m_{max} 为压缩结束后最大碎片的质量。平均碎片质量的计算公式（Chen et al.，2018）为

$$m_{av} = M_2 / M_1 \tag{6.5.4}$$

计算压缩后碎片的最大质量碎片的标准化值 m_{1st} / m_{tot}（m_{1st} 为最大碎片质量，m_{tot} 为颗粒的初始质量）、次大质量碎片的标准化值 m_{2nd} / m_{tot}（m_{2nd} 为次大碎片质量）、碎片的二阶矩 M_2 及平均碎片质量 m_{av}，并绘制 4 个变量的累积分布曲线，如图 6.5.8 所示。可以看出棱角状颗粒的最大碎片比浑圆颗粒的最大碎片更大，棱角状颗粒的最大碎片标准值的平均值为 0.729 1，浑圆颗粒的最大碎片标准值平均值为 0.660 8。通过数值试验可以观察到，80%左右的棱角状颗粒在破碎过程中没有破碎完全，因此最大碎片尺寸接近完整颗粒。这一现象主要是由于棱角状颗粒形状较不规则，表面存在很多的小凹凸体，当表面的小棱角或者凹凸体发生断裂，颗粒表面会产生不均匀的裂纹，从而产生大量的小碎片。这一现象也与现存关于棱角状颗粒破碎的研究结论一致（Zhou et al.，2019）。对次大碎片而言，浑圆颗粒的标准值相对棱角状颗粒具有更大的数值。这主要是因为两种颗粒破碎模式不同。浑圆颗粒形状较为规则，更易破碎为两块主要碎片，较少有小碎片产生。

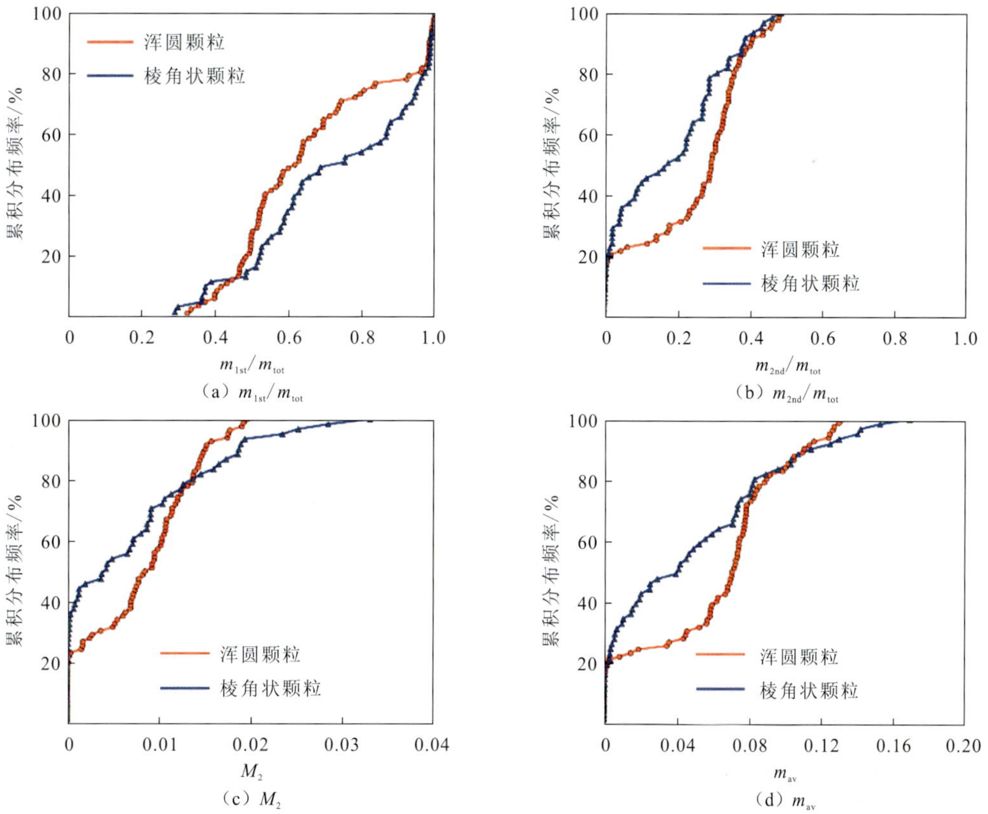

图 6.5.8　m_{1st} / m_{tot}、m_{2nd} / m_{tot}、M_2 和 m_{av} 累积分布曲线

而对于棱角状颗粒，破碎后的碎片主要由一块主碎片和大量小碎片组成，此时次大碎片的尺寸要远小于主碎片。相对最大碎片和次大碎片而言，碎片的二阶矩和平均质量更能反映颗粒整个破碎过程的破碎程度。如图 6.5.8 所示，可以看出颗粒碎片的二阶矩和平均碎片质量与颗粒初始形状特征没有太大联系，并且两者的碎片平均质量较为接近。母颗粒形状参数与颗粒破碎程度参数的关系热力图如图 6.5.9 所示。可以看出，两者的相关性较弱，基本上可以忽略。最大碎片和次大碎片的标准值与初始颗粒的圆度和球度存在一定的相关性，这也与上述得到的结论相似。总体而言，颗粒的初始形态对颗粒破碎产生的碎片尺寸及破碎程度基本上没有影响。

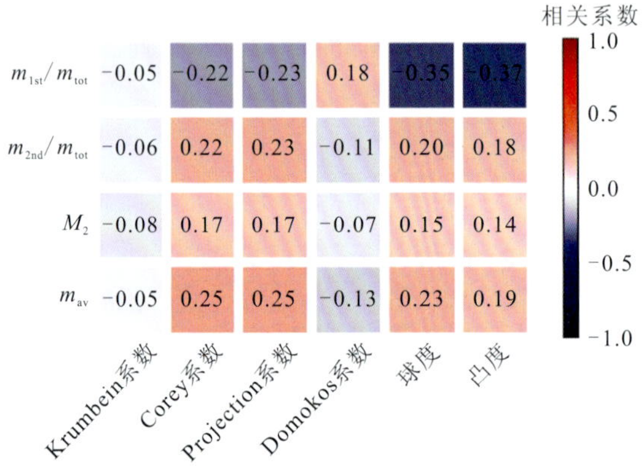

图 6.5.9　母颗粒形状参数与破碎程度参数的关系热力图

2. 碎片形状

通过 Python 编写算法识别了所有颗粒破碎后产生的每个碎片的几何特征，包括碎片的外表面面积 A、体积 V、外接凸体体积 V_{con} 及三主轴边长 $L>I>S$（周剑等，2021）。为了量化碎片集合体的形态特征，本小节对颗粒破碎后产生的碎片进行定量的形态统计分析，计算每个碎片的伸长率 $\mathrm{EI}=I/L$、扁平率 $\mathrm{FI}=S/I$、凸度 $C_x=V/V_{con}$、球度 $\psi_{3D}=\sqrt[3]{36\pi V^2}/A$ 及 Domokos 系数 $S_f=(1/S+1/I+1/L)\sqrt{S^2+I^2+L^2}/\sqrt{3}$。为了排除单元尺寸对碎片形态统计的影响，只统计尺寸大于 3 mm 的碎片。尺寸接近单元大小的碎片形状更大程度取决于单元的形状而非颗粒的破碎机制。除测量数据的比较之外，同样可以对碎片的形状参数进行概率分布函数的拟合，从而更加清晰地对数据的分布和范围进行比较与分析。这里需要指出的是，并没有充分的论据证明哪一种分布函数适合对碎片的形状参数分布进行拟合，因此可根据测量数据的实际情况选取分布函数（Hiramatsu and Oka，1966）。

颗粒破碎后碎片 Domokos 系数频率分布图如图 6.5.10（a）所示。可以看出，本次模拟中碎片 Domokos 系数分布特征与风化以及爆破开采过程中岩石破碎产生的碎片 S_f 的分布类似（Domokos et al.，2015）。他们发现，在所有的物理试验当中，颗粒破碎后产生的碎片的 S_f 分布符合对数正态分布特征。而在本次模拟当中，所有的颗粒碎片的 S_f

都遵循对数正态分布，浑圆颗粒的均值为 3.497，棱角状颗粒的均值为 3.465。大多数碎片 S_f 的分布都集中在分布曲线的头部，因此分布曲线的尾部较为细长。这个现象表明颗粒破碎后产生的扁平或者细长的碎片相对立方的碎片数量少。Pen 等（2013）通过 Weibull 分布分析了花岗岩碎石形状的纵横比及圆度的分布特征，发现 Weibull 模数的取值在 3～4，因此也呈现与高斯分布类似的形状分布。如图 6.5.10（b）所示，两组颗粒破碎产生的碎片的球度 ψ_{3D} 都呈现典型的高斯分布，球度均值都为 0.624。与原始颗粒的形状参数（表 6.5.1）对比，可以发现颗粒破碎后产生的碎片相对原始颗粒更加不规则，棱角状更加明显。

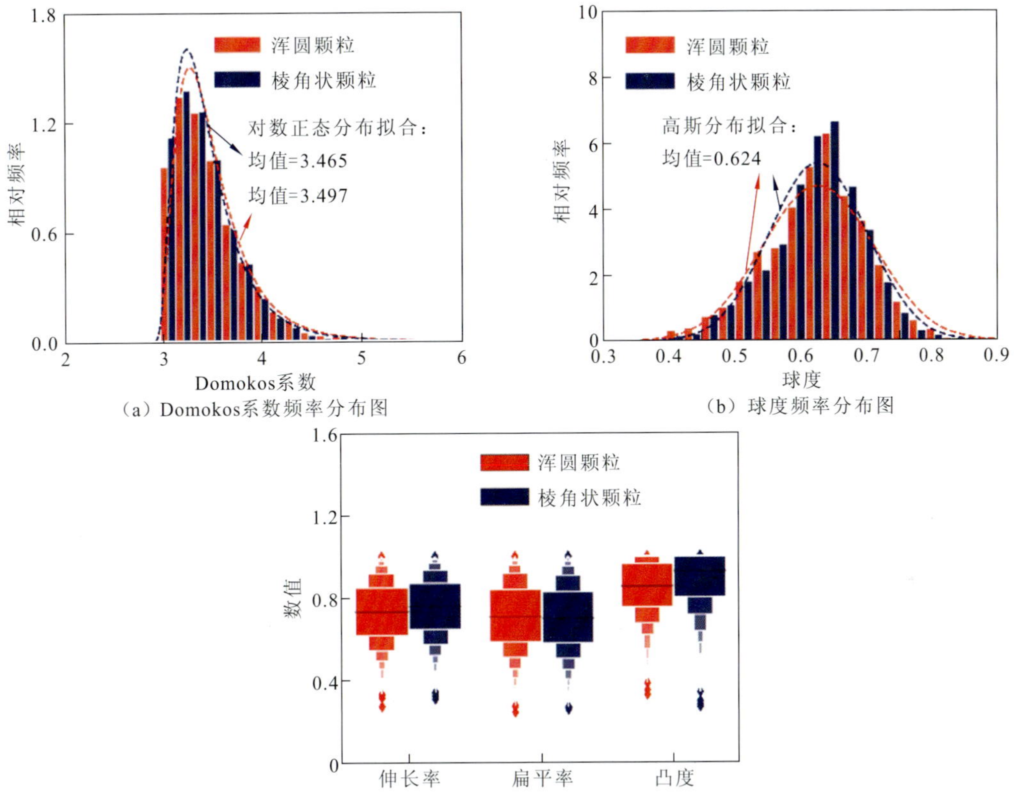

（a）Domokos系数频率分布图

（b）球度频率分布图

（c）碎片形状参数箱形图

图 6.5.10　两组颗粒破碎后碎片形状参数频率分布图及箱形图

两组颗粒破碎后产生的碎片的形状特征 S_f 和 ψ_{3D} 都呈现类似的分布，这说明碎片的形状特征与母颗粒的形态没有直接的关系。这也表明除母颗粒形态之外，还有其他的因素对颗粒破碎生成碎片的过程产生影响，如主导破碎机制、颗粒细观结构等。换句话说，颗粒破碎是一个很复杂的过程，有许多外界和内在因素会对该过程产生影响，因此很难用一个单一的对照关系去形容这样一个复杂的破碎体系。

两组颗粒破碎后碎片的伸长率 EI、扁平率 FI 及凸度 C_x 的分布箱形图如图 6.5.10（c）所示。两组颗粒碎片的伸长率和扁平率分布没有明显的区别，并且两者的均值相近。对碎片凸度而言，棱角状颗粒破碎后产生的碎片相对而言具有更高的凸度，均值约为 0.80，相较颗粒的原始凸度小。对大多尺寸较小的碎片而言，碎片的凸度接近 1.0。这主要是因为组成小碎片的单元数目较少，因此碎片的形状更接近单元本身的形状，而四面体单元凸度较大，因此小碎片的凸度相对而言较大。针对这一瑕疵，基于高分辨率摄影的物理试验相较于数值模拟具有更好的效果和更高的精度。

3. 碎片形状与尺寸关系

工程实际中堆石坝材料和岩石碎渣样本对三轴测试仪器而言尺寸过大，因此大多数室内三轴压缩物理试验难以完整地进行。开发更大型的仪器不但耗费更多的资源，而且难度较大难以实现。因此可以考虑对试验样本进行缩尺，控制样本的尺寸大小。但是在对试验材料进行缩尺的过程中，需要保证材料的力学特性不发生变化。由于颗粒材料具有明显的尺寸效应，所以有必要对碎片尺寸和碎片形态之间的关系进行评估和研究。

为了探讨碎片形态与碎片尺寸之间的关系，将所有 400 个颗粒破碎后产生的碎片混合后进行研究，图 6.5.11 给出了不同尺寸碎片的 Domokos 系数和球度的累积分布曲线，可以看出不同尺寸碎片的 Domokos 系数和球度的分布范围存在较明显的差异。如图 6.5.11（b）所示，尺寸更大的碎片倾向于有更小的球度，即形状棱角状更明显，这也与 Pen 等（2013）得到的结论一致。尺寸更小的碎片形状更加浑圆或者立方。

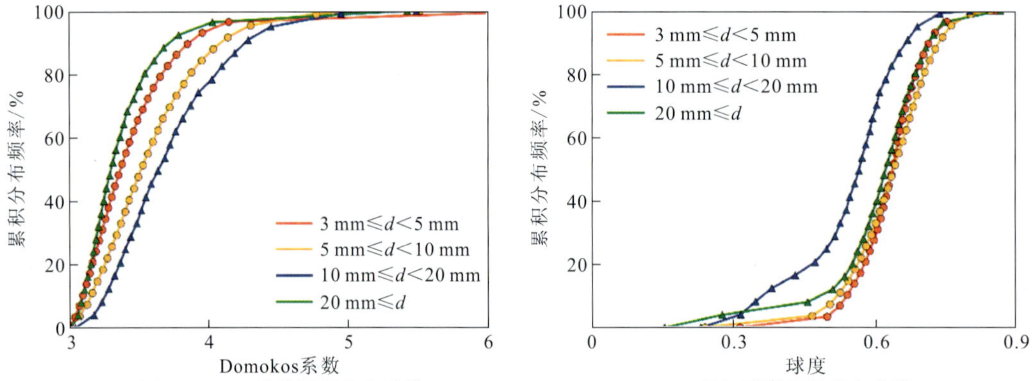

（a）Domokos系数累积分布曲线　（b）球度累积分布曲线

图 6.5.11　不同尺寸碎片形状特征累积分布曲线

本小节对不同尺寸的碎片进行 Kruskal-Wallis 检验（Kruskal et al.，1952）。Kruskal-Wallis 检验是经典单因素方差分析（ANOVA）的非参数版检验，也是 Wilcoxon 秩和检验的拓展（Corder and Foreman，2009）。该方法比较了各组数据的中位数，从而确定样本是否来自同一分布。Kruskal-Wallis 检验通过数据的排序而非数值本身来对数据进行统计分析。对所有组别中的数据进行从小到大的排序，获取排序过程中的数字索引。零假设表示不同组别的数据来自同一分布，选择性假设则代表所有组别服从不同的分布。

图 6.5.12 绘制了不同的水平线来表示不同尺寸碎片 Domokos 系数和球度中位数 99% 的置信区间。x 轴表示每个碎片的形状参数在 7 361 个碎片数据集中占据的相对位置。y

轴表示碎片按照尺寸大小的分组。如果置信区间之间没有重叠就表明有 99%的可能性证明两组数据的中位数不同。如图 6.5.12（a）所示，垂直虚线更加明显地表示了$10 \leqslant d < 20$组 99%的置信区间，可以看出$10 \leqslant d < 20$组与$d \geqslant 20$组之间存在较为明显的差异，因此 Kruskal-Wallis 检验拒绝了零假设，即所有数据来自同一分布的可能性不到 1%。同样的结论同样适用于$5 \leqslant d < 10$组与$d \geqslant 20$组，$5 \leqslant d < 10$组与$10 \leqslant d < 20$组。然后，$3 \leqslant d < 5$组和$d \geqslant 20$组之间没有明显的分布差异。不同尺寸碎片球度的 Kruskal-Wallis 检验结果如图 6.5.12（b）所示，与S_f得到的结论类似，不同尺寸碎片的球度分布有较为明显的差别。碎片尺寸和球度分布之间没有表现出明显的相关性。

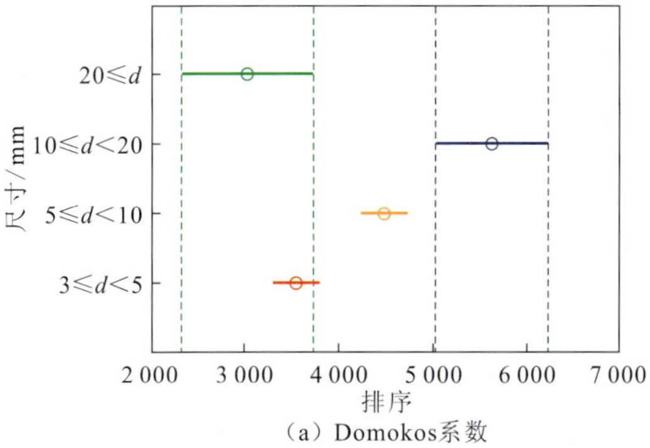

（a）Domokos系数　　（b）球度

图 6.5.12　不同尺寸碎片形状参数 Kruskal-Wallis 检验

浑圆颗粒和棱角状颗粒不同尺寸碎片的 Zingg 分类图如图 6.5.13 所示。绘制直线$S/I = 0.67$及直线$I/L = 0.67$，从而将所有的碎片分为 4 种类型：扁平状、叶片状、球状和柱状。由图可知，大多数碎片都是呈现球状，叶片状的碎片较少。两组颗粒碎片形状 Zingg 分类图的整体分布较为类似，大多数碎片都集中在图的右上角。每一个尺寸的碎片在图中的分布比较分散，没有呈现特别的分布规律。因此可以看出颗粒破碎后的碎片形状分布与颗粒的原始形状没有太大的相关性。

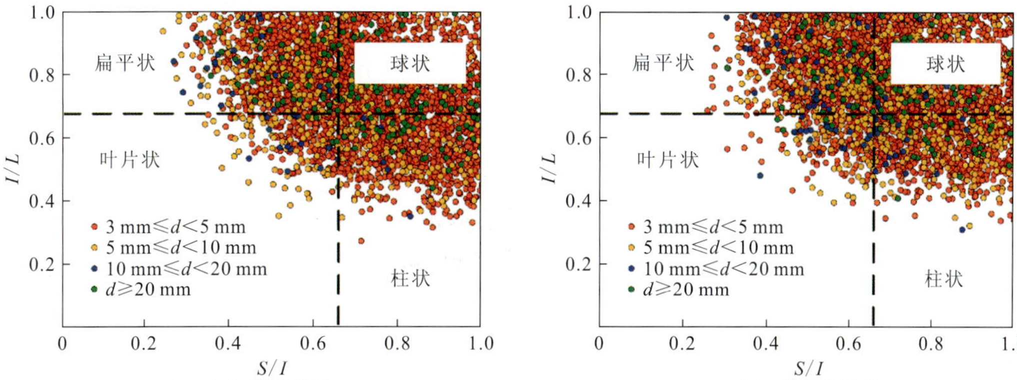

（a）浑圆颗粒　　（b）棱角状颗粒

图 6.5.13　两组颗粒不同尺寸碎片 Zingg 分类图

6.6 本章小结

本章通过可解释的机器学习揭示了颗粒形态与单颗粒破碎强度之间的关系。颗粒的形态由24个整体形状参数来表征。基于层次聚类和主成分分析法，本章从24个整体形状参数中筛选出了7个相互独立的整体形状参数，并与局部圆度一起作为颗粒的代表性形状特征。此外，本章量化了颗粒的不稳定性并作为机器学习特征变量进行输入。对400个形状各异的颗粒进行单颗粒压缩试验FDEM数值模拟，颗粒的破碎强度作为机器学习模型的输出量。主要结论如下。

（1）不考虑材料参数及尺寸效应对颗粒破碎的影响，机器学习回归模型可以有效地分析颗粒形态和破碎强度之间的关系。本章比较了5种机器学习回归模型的预测精度，包括线性模型、岭回归模型、随机森林模型、XGBoost模型及LightGBM模型，所有模型在误差允许范围内都可以较准确地揭示颗粒形状与颗粒破碎强度之间的关系。其中，XGBoost模型具有最优越的预测精度和泛化能力。

（2）为了从机器学习黑盒模型中挖掘更多的信息，可以通过机器学习解释模型分析各特征对预测结果的影响。本章引入了置换特征重要性和SHAP值两种解释性机器学习模型。特征重要性排序表明颗粒不稳定性对颗粒的破碎强度影响最大。颗粒的重心越低，颗粒所处状态越稳定，颗粒的破碎强度越大。各特征的SHAP值变化图表明更加扁平、浑圆及凸体的颗粒在压缩试验中更不易发生破碎。颗粒与加载板接触处的局部圆度对颗粒的破碎强度也有一定的影响，接触处局部圆度越大，颗粒的破碎强度越大。

（3）机器学习训练结果表明，扁平率S/I、球度$9S_A/\pi(L+S+I)^2$、Domokos形状参数$(1/S+1/I+1/L)\sqrt{S^2+I^2+L^2}/\sqrt{3}$及凸度$V/V_{con}$四种整体形状参数对颗粒破碎强度的影响最大。具有较低S/I及较高$9S_A/\pi(L+S+I)^2$、$(1/S+1/I+1/L)\sqrt{S^2+I^2+L^2}/\sqrt{3}$和$V/V_{con}$的颗粒具有较高的抗压缩破碎能力。与以往的定性研究相比，可解释的机器学习模型是定量研究复杂颗粒状物质的有力工具。

（4）颗粒形态对颗粒破碎强度有较为显著的影响，与棱角状颗粒相比，浑圆颗粒破碎强度的Weibull模数更大。由于断裂模式的差异，原始形态球度和凸度更高的颗粒相较于棱角状颗粒破碎后产生的最大碎片更小，次大碎片更大。而对于整个压缩过程的压缩程度，两组颗粒并没有表现明显的差异。

（5）利用对数正态分布可以较好地拟合碎片的Domokos系数S_f和球度ψ_{3D}的分布。浑圆颗粒组和棱角状颗粒组产生的碎片形状参数分布之间没有较明显的差异。通过将400个颗粒破碎后产生的所有碎片混合，本章探讨了碎片尺寸和碎片形状之间的关系。碎片形状累积分布曲线显示不同尺寸的碎片的形状存在较为明显的差异。尺寸较大的碎片倾向于有更小的球度。Kruskal-Wallis检验表明不同尺寸的碎片服从于不同的分布。碎片的Domokos系数S_f分布与碎片尺寸之间没有明显的单调关系，球度ψ_{3D}的分布显示尺寸较大的碎片相对于小碎片倾向于有更小的球度，形状呈现棱角状。Zingg分类图显示颗粒破碎后大部分碎片呈现球状，少部分碎片呈现叶片状。

参 考 文 献

周剑, 马刚, 周伟, 等, 2021. 基于 FDEM 的岩石颗粒破碎后碎片形状的统计分析. 浙江大学学报(工学版), 55(2): 348-357.

Aschenbrenner B C, 1956. A new method of expressing particle sphericity. Journal of Sedimentary Research, 26(1): 15-31.

Bagheri G H, Bonadonna C, Manzella I, et al., 2015. On the characterization of size and shape of irregular particles. Powder Technology, 270: 141-153.

Blott S J, Pye K, 2008. Particle shape: A review and new methods of characterization and classification. Sedimentology, 55(1): 31-63.

Cavarretta I, Coop M, O'Sullivan C, 2010. The influence of particle characteristics on the behaviour of coarse grained soils. Géotechnique, 60(6): 413-423.

Chen X, Ma G, Zhou W, et al., 2018. Effects of material disorder on impact fragmentation of brittle spheres. Acta Physica Sinica, 67(14): 146102.

Corder G W, Foreman D I, 2009. Nonparametric statistics for non-statisticians: A step-by-step approach. Hoboken, New Jersey: John Wiley & Sons, Inc.

Cox E A, 1927. A method of assigning numerical and percentage values to the degree of roundness of sand grains. Journal of Paleontology (GeoScienceWorld), 1(3): 179-183.

Dobkins J E，Folk R L, 1970. Shape development on Tahiti-Nui. Journal of Sedimentary Research, 40(4): 1167-1203.

Domokos G, Kun F, Sipos A Á, et al., 2015. Universality of fragment shapes. Scientific Reports, 5: 9147.

Folk R L, 1955. Student operator error in determination of roundness, sphericity, and grain size. Journal of Sedimentary Research, 25(4): 297-301.

Hanley K J, O'Sullivan C, Oliveira J C, et al., 2011. Application of Taguchi methods to DEM calibration of bonded agglomerates. Powder Technology, 210(3): 230-240.

Hentschel K M, Page W N, 2003. Selection of descriptors for particle shape characterization. Particle and Particle Systems Characterization, 20(1): 25-38.

Hiramatsu Y, Oka Y, 1966. Determination of the tensile strength of rock by a compression test of an irregular test piece. International Journal of Rock Mechanics and Mining Sciences & Geomechanics Abstracts, 3(2): 89-90.

Huang J, Xu S, Yi H, et al., 2014. Size effect on the compression breakage strengths of glass particles. Powder Technology, 268: 86-94.

Huang Q S, Zhou W, Ma G, et al., 2020. Experimental and numerical investigation of Weibullian behavior of grain crushing strength. Geoscience Frontiers, 11(2): 401-411.

Janke N C, 1966. Effect of shape upon the settling velocity of regular convex geometric particles. Journal of Sedimentary Research, 36(2): 370-376.

Krumbein W C, 1941. Measurement and geological significance of shape and roundness of sedimentary particles. Journal of Sedimentary Research, 11(2): 64-72.

Kruskal W H, Wallis W A, 1952. Use of ranks in one-criterion variance analysis. Journal of the American Statistical Association, 47(260): 583-621.

Lim W L, McDowell G R, Collop A C, 2004. The application of Weibull statistics to the strength of railway ballast. Granular Matter, 6(4): 229-237.

Ma G, Chen Y, Yao F H, et al., 2019. Evolution of particle size and shape towards a steady state: Insights from FDEM simulations of crushable granular materials. Computers and Geotechnics, 112: 147-158.

Ma G, Zhou W, Regueiro R A, et al., 2017. Modeling the fragmentation of rock grains using computed tomography and combined FDEM. Powder Technology, 308: 388-397.

Ma G, Zhou W, Zhang Y D, et al., 2018. Fractal behavior and shape characteristics of fragments produced by the impact of quasi-brittle spheres. Powder Technology, 325: 498-509.

Marshall A W, Olkin I, 1967. A multivariate exponential distribution. Journal of the American Statistical Association, 62(317): 30-44.

McDowell G R, Amon A, 2000. The application of weibull statistics to the fracture of soil particles. Soils and Foundations, 40(5): 133-141.

Molnar C, 2020. Interpretable machine learning: A guide for making black box models explainable. Raleigh: Lulu Press.

Nguyen D H, Azéma E, Sornay P, et al., 2015. Bonded-cell model for particle fracture. Physical Review E, 91(2): 022203.

Pen L L, Powrie W, Zervos A, et al., 2013. Dependence of shape on particle size for a crushed rock railway ballast. Granular Matter, 15(6): p. 849-861.

Pentland A, 1927. A method of measuring the angularity of sands. Royal Society of Canada Proceedings and Transactions, 3(21): 93.

Pouranian M R, Shishehbor M, Haddock J E, 2020. Impact of the coarse aggregate shape parameters on compaction characteristics of asphalt mixtures. Powder Technology, 363: 369-386.

Russell A, Müller P, Tomas J, 2014. Quasi-static diametrical compression of characteristic elastic plastic granules: Energetic aspects at contact. Chemical Engineering Science, 114: 70-84.

Sharma A, Penumadu D, 2020. Role of particle shape in determining tensile strength and energy release in diametrical compression of natural silica grains. Soils and Foundations, 60(5): 1299-1311.

Sun Z Z, Ma G, Zhou W, et al., 2021. Effect of particle shape on size effect of crushing strength of rockfill particles. Rock and Soil Mechanics, 42(2): 430-438.

Tickell F G, 1931. The examination of fragmental rocks. Stanford: Stanford University Press.

Wadell H, 1933. Sphericity and roundness of rock particles. Journal of Geology, 41(3): 310-331.

Wang W, Coop M R, 2016. An investigation of breakage behaviour of single sand particles using a high-speed microscope camera. Géotechnique, 66(12): 984-998.

Wentworth C K, 1924. The shapes of beach pebbles. Reston, VA: United States Geological Survey.

Williams E M. 1965. A method of indicating pebble shape with one parameter. Journal of Sedimentary Research, 35(4): 993-996.

Yang J, Luo X D, 2015. Exploring the relationship between critical state and particle shape for granular materials. Journal of the Mechanics and Physics of Solids, 84: 196-213.

Zhang X Y, Baudet B A, Yao T, 2020. The influence of particle shape and mineralogy on the particle strength, breakage and compressibility. International Journal of Geo-Engineering, 11(1): 1.

Zhao S W, Zhang N, Zhou X W, et al., 2017. Particle shape effects on fabric of granular random packing. Powder Technology, 310: 175-186.

Zheng J, Hryciw R D, 2015. Traditional soil particle sphericity, roundness and surface roughness by computational geometry. Géotechnique, 65(6): 494-506.

Zhou H B, Gao J T, 2014. Automatic method for determining cluster number based on silhouette coefficient. Advanced Materials Research, 951: 227-230.

Zhou W, Ma G, Chang X L, et al., 2013. Influence of particle shape on behavior of rockfill using a three-dimensional deformable DEM. Journal of Engineering Mechanics, 139(12): 1868-1873.

Zhou W, Xu K, Ma G, et al., 2019. On the breakage function for constructing the fragment replacement modes. Particuology, 44: 207-217.

第7章 颗粒材料宏观力学行为预测

本章采用机器学习方法建立可用于精确预测颗粒材料小应变刚度的模型。首先基于不同的预设条件构造多种特征向量，对比和评估不同特征下模型的预测能力。除对颗粒材料的最大剪切模量进行预测外，还对不同剪应变条件下的剪切模量进行建模和预测，探究模型的泛化能力。通过准确率验证和性能比较，验证模型的优异性能。此外，使用特征重要性分析和特征依赖性分析，对模型的预测机制和关键影响因素进行探讨，揭示不同特征对颗粒材料刚度预测的影响程度。

7.1 机器学习预测小应变刚度

7.1.1 建模过程

前述章节中已使用极端梯度提升机（XGBoost）模型（Chen and Guestrin，2016）分别建立了可用于预测颗粒材料微观塑性行为和最密堆积演化的机器学习模型，并取得了优异的效果。相关研究证明，XGBoost 模型在处理复杂的非线性关系中表现出色，因此本节继续采用 XGBoost 建立针对颗粒材料小应变刚度的预测模型。

试验方案考虑 5 种可能对颗粒材料小应变刚度存在重要影响的因素：颗粒级配分布、摩擦系数、初始体积分数、颗粒间弹性接触模量和围压。本小节分三种情况进行考虑：首先，当对上述 5 种因素有完备的了解时，构建包含上述 5 种因素的机器学习模型；然后，考虑实际应用中可能缺乏某些因素的详细信息，研究是否可以仅依靠颗粒体系的局部结构特征来构建机器学习模型；最后，基于颗粒体系的局部结构特征与其级配分布和初始体积分数的较强相关性，将局部结构特征与颗粒接触参数（颗粒间弹性模量和摩擦系数）及围压相结合，建立一个新的机器学习模型。

因此，共构建三种不同的特征向量，分别用于机器学习模型训练，三种特征向量所包含的特征分别如表 7.1.1 所示。其中，类别 A 包含 5 个特征，类别 B 包含 12 个特征，类别 C 包含 15 个特征。

表 7.1.1 不同特征向量表

类别	包含特征
A	I_G（颗粒体系级配分布）、μ、ϕ（初始体积分数）、E_{ptc}（弹性模量）、σ_3（围压）
B	ϕ_{local}（平均值 mean、方差 var、偏度 skew、峰度 kurt）、CN^2（平均值 mean、方差 var、偏度 skew、峰度 kurt）、CN（平均值 mean、方差 var、偏度 skew、峰度 kurt）
C	ϕ_{local}（平均值 mean、方差 var、偏度 skew、峰度 kurt）、CN^2（平均值 mean、方差 var、偏度 skew、峰度 kurt）、CN（平均值 mean、方差 var、偏度 skew、峰度 kurt）、μ、E_{ptc}、σ_3

完成特征向量构造后，进行模型训练、测试和评估，建模分析流程如图 7.1.1 所示。首先，对数值模拟得到的数据进行预处理，包括特征向量的构建和不同剪应变条件下小应变刚度的提取，进一步构造数据集；然后，将数据集划分为训练集和测试集，并通过五折交叉验证和网格搜索的方法优化超参数，确定表现最优的模型，超参数取值范围如表 7.1.2 所示；将输出的机器学习模型应用于测试集进行验证；最后，为了进一步理解模型的构造原理，分别进行特征重要性分析和特征依赖性分析。

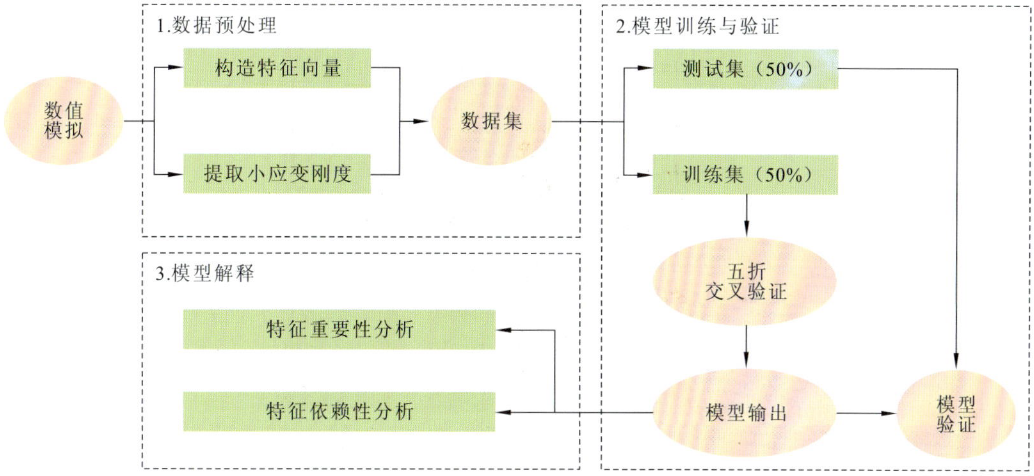

图 7.1.1　机器学习建模分析流程图

表 7.1.2　XGBoost 模型所需要调试的超参数取值范围

超参数	含义	取值范围
Max_depth	最大深度	2，4，6，8，10
N_estimators	树的数量	50，150，250，350，450
Min_child_weight	最小叶子权重	1，2，3，4，5
Subsample	子采样比例	0.7，0.8，0.9
Eta	学习率	0.01，0.05，0.1

7.1.2　模型预测能力对比

1. 不同特征情况

分析不同特征情况对模型预测能力的影响，并以决定系数 R^2 为评估指标衡量模型的拟合程度。如图 7.1.2 所示，图中红色柱体展示了不同特征情况下模型对最大剪切模量的预测能力，其中特征集 B 的预测能力最低（$R^2\approx0.6$），特征集 A 与特征集 C 的预测能力均较高（$R^2>0.95$），特征集 C 的预测能力最高（$R^2\approx0.99$）。Wang 等（2021）采用 XGBoost 模型预测单颗粒的破碎强度，其模型准确率 R^2 为 0.49，仍被认为达到不错的预测效果。因此，可以得出，仅使用局部结构特征作为特征输入时，模型仍具有不错的预测能力；当使用较为完备的数值模拟参数作为特征输入时，模型已具有较强的预测能力；将局部结构特征和颗粒接触参数（摩擦系数和弹性模量相结合）以及颗粒体系所受围压相结合作为特征输入时，模型预测能力达到最强。因此，可以认为，结合局部结构特征、颗粒接触参数和颗粒体系所受围压为特征向量，可以使机器学习模型的预测能力显著提高。

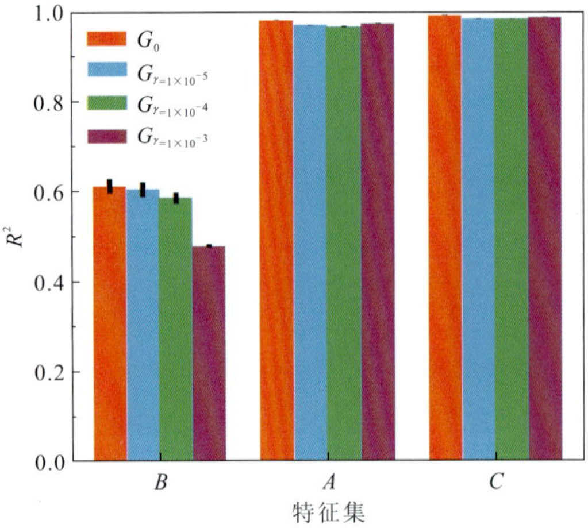

图 7.1.2　模型预测能力对比

图 7.1.3 对不同特征集合构建的机器学习模型进行可视化，展示了模型在测试集上最大剪切模量预测值与实际值对比。图 7.1.3（a）～（c）分别对应特征集 A～C。特征集 C 显示了预测值与实际值之间的强烈线性关系；特征集 A 的线性关系减弱；特征集 B 的预测值与实际值在趋势上存在相关关系，但在数值上却相差较大。该部分信息内容进一步佐证了不同特征集对模型预测能力的影响。

2. 不同剪应变条件

本小节不仅对最大剪切模量进行了预测，还扩展到不同剪应变条件下对颗粒材料剪切模量的预测。图 7.1.2 展示了不同剪应变条件下模型预测能力的变化。由图可得，模型利用局部结构特征预测的准确性随剪应变增大而降低，这表明随着剪应变的增大，局部结构特征与剪切模量的相关性减弱。相比之下，另外两种特征集合的预测能力在剪应变增大时保持稳定。可以得出结论，该模型能在整个刚度退化区间内有效预测颗粒材料的剪切模量。

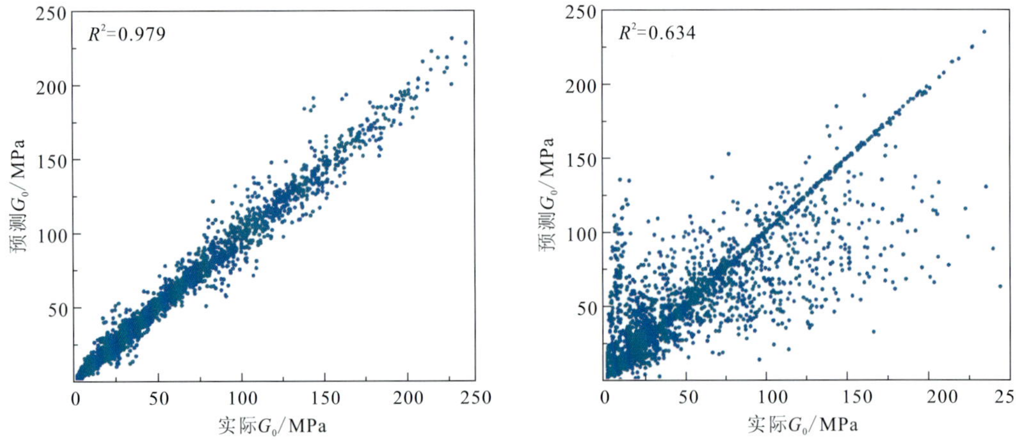

（a）特征集A　　（b）特征集B

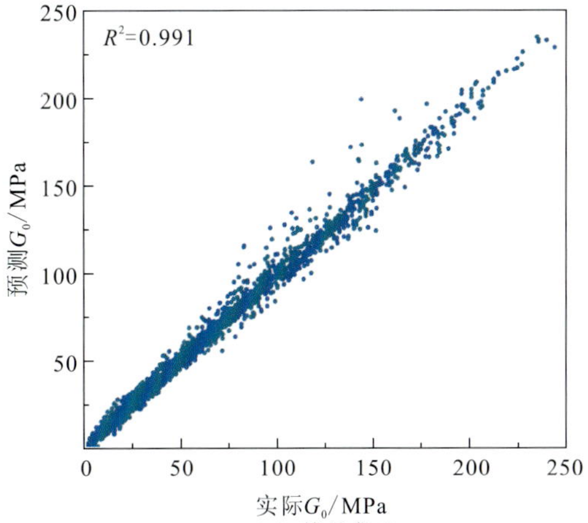

（c）特征集C

图 7.1.3　不同特征情况下模型预测最大剪切模量与实际最大剪切模量对比

7.1.3　机器学习模型解释

如上所述，开发一个用于预测颗粒材料小应变刚度的机器学习模型。为了深入理解模型的原理，分别对模型进行特征重要性分析和特征依赖性分析。如 7.1.2 小节所述，基于特征集 C 的机器学习模型具有最佳的预测性能，其特征集包含了局部结构特征、颗粒接触参数（摩擦系数和弹性模量相结合）及围压。本小节将对基于特征集 C 的机器学习模型进行详细模型解释。

1. 特征重要性

使用 SHAP 方法对模型的特征重要性进行评估和分析（Lundberg and Lee，2017）。图 7.1.4 为预测最大剪切模量情况下的模型特征重要性排序图。由图可得，围压的重要性最高，弹性模量次之，配位数的系综均值和方差也有较高的重要性。相较而言，接触数宏观统计量的重要性大于配位数宏观统计量，局部体积分数宏观统计量的重要性最低；摩擦系数的重要性也处于较低水平，这反映摩擦系数对最大剪切模量影响较小。

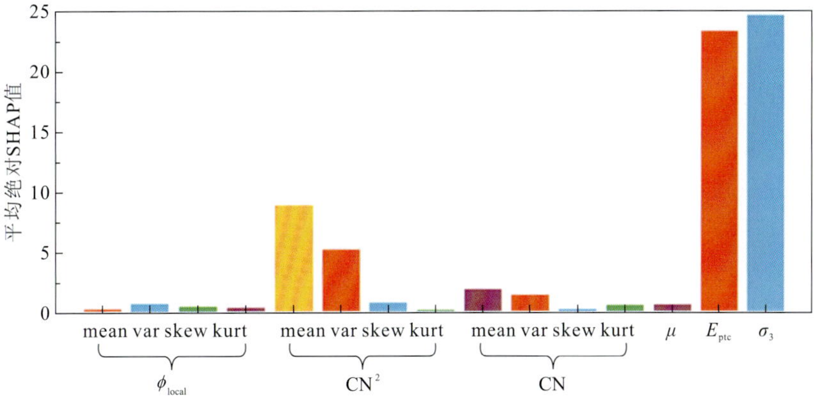

图 7.1.4　预测最大剪切模量情况下模型特征重要性排序图

此外，分析不同剪应变条件下的模型特征重要性，如表 7.1.3 所示。由表可知，在不同剪应变条件下，围压和弹性模量为最重要的两个特征，配位数的系综均值和方差也有较高的重要性。值得注意的是，随着剪应变的增大，摩擦系数的重要性呈上升趋势，而局部结构特征的重要性相对减弱，这表明摩擦系数在高剪应变状态下对预测剪切模量的影响更为重要。

表 7.1.3　不同剪应变条件下模型特征重要性排序表

重要性排序	G_0	$G_{\gamma=1\times10^{-5}}$	$G_{\gamma=1\times10^{-4}}$	$G_{\gamma=1\times10^{-3}}$
1	σ_3	σ_3	σ_3	σ_3
2	E_{ptc}	E_{ptc}	E_{ptc}	E_{ptc}
3	$\text{CN}^2_{\text{mean}}$	$\text{CN}^2_{\text{mean}}$	$\text{CN}^2_{\text{mean}}$	μ
4	CN^2_{var}	CN^2_{var}	CN^2_{var}	$\text{CN}^2_{\text{mean}}$
5	CN_{mean}	CN_{mean}	μ	CN^2_{var}
6	CN_{var}	μ	CN_{mean}	CN_{mean}
7	$\text{CN}^2_{\text{skew}}$	CN_{var}	CN_{var}	CN_{var}
8	$\phi_{\text{local,var}}$	$\phi_{\text{local,var}}$	$\phi_{\text{local,var}}$	$\text{CN}^2_{\text{skew}}$
9	μ	$\text{CN}^2_{\text{skew}}$	$\text{CN}^2_{\text{skew}}$	$\phi_{\text{local,var}}$
10	CN_{kurt}	CN_{kurt}	CN_{kurt}	CN_{kurt}
11	$\phi_{\text{local,skew}}$	$\phi_{\text{local,skew}}$	$\phi_{\text{local,kurt}}$	$\phi_{\text{local,kurt}}$
12	$\phi_{\text{local,kurt}}$	$\phi_{\text{local,kurt}}$	$\phi_{\text{local,skew}}$	$\phi_{\text{local,skew}}$
13	$\text{CN}^2_{\text{skew}}$	CN_{skew}	$\phi_{\text{local,mean}}$	$\phi_{\text{local,mean}}$
14	$\phi_{\text{local,mean}}$	$\phi_{\text{local,mean}}$	CN_{skew}	$\text{CN}^2_{\text{kurt}}$
15	$\text{CN}^2_{\text{kurt}}$	$\text{CN}^2_{\text{kurt}}$	$\text{CN}^2_{\text{kurt}}$	CN_{skew}

2. 特征依赖性

如上节所述，对颗粒材料的小应变刚度预测而言，围压 σ_3、弹性模量 E_{ptc} 和配位数的统计量 $\text{CN}^2_{\text{mean}}$、$\text{CN}^2_{\text{var}}$ 被识别为最重要的 4 个特征。为了进一步探究上述 4 个特征如何影响模型的预测效果，对这 4 个特征进行特征依赖性分析。分析结果显示，不同剪应变条件下的特征依赖性仅存在定量上的差异，不存在定性上的差异。因此，本小节仅展示最大剪切模量情况下的特征依赖性分析结果，其他剪应变条件可以此类推。

图 7.1.5（a）～（d）分别展示了围压 σ_3、弹性模量 E_{ptc} 和配位数的统计量 $\text{CN}^2_{\text{mean}}$、$\text{CN}^2_{\text{var}}$ 的特征依赖图，每个样本点的 SHAP 值反映了相应特征值对预测结果的贡献度。分析表明，较高的 σ_3 值对最大剪切模量有正向贡献，反之则有负向贡献；较高的 E_{ptc} 值

对最大剪切模量有正向贡献，反之则有负向贡献；较高的 CN^2_{mean}、CN^2_{var} 值对最大剪切模量有正向贡献，反之则有负向贡献。这意味着，随着颗粒体系平均接触数的增大，以及接触数方差的增大，预测的最大剪切模量通常会升高。

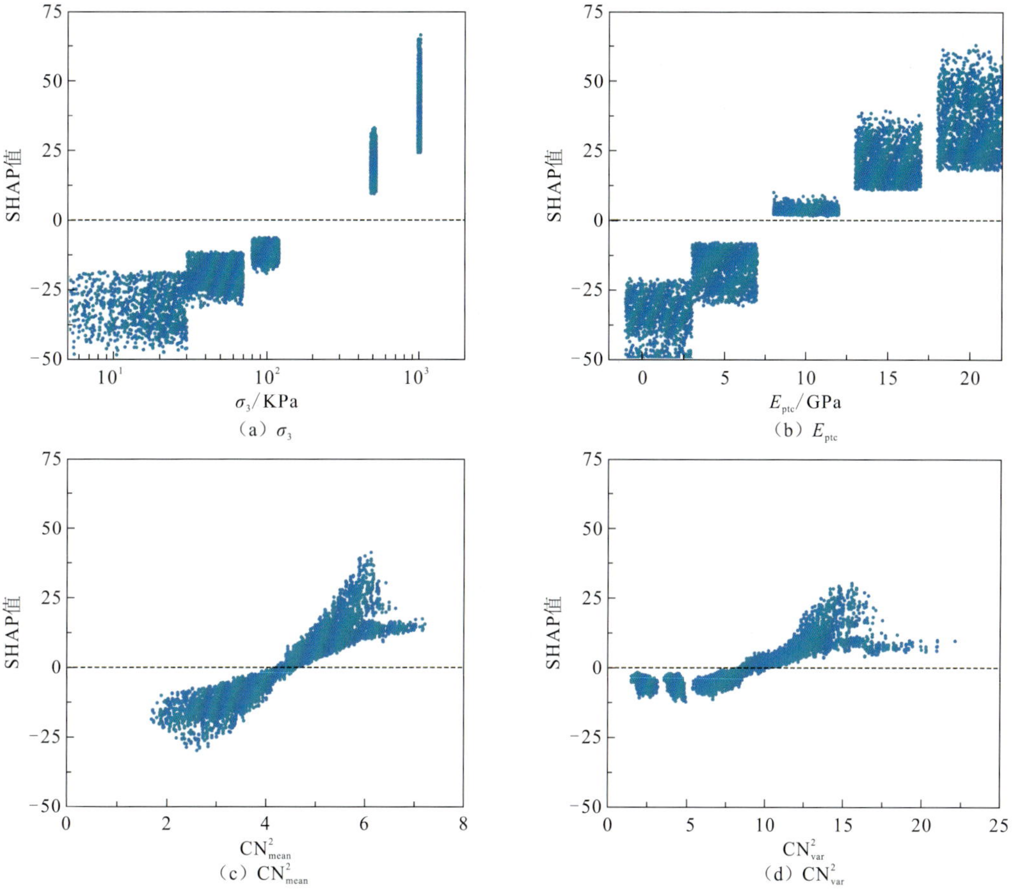

图 7.1.5　预测最大剪切模量下不同特征的特征依赖图

7.2　局部结构建模的扩展验证

本节通过使用局部结构建模方法预测颗粒材料的峰值应力和峰值应变，验证该方法的可行性。使用 15 000 个球形颗粒组成数值试样，进行常规三轴试验以研究颗粒材料的小应变刚度。选取 10 种颗粒级配（particle size distributions，PSDs）方案，包括钟形（bell-shaped）分布、均一粒径（monosized）、二元（binary）分布、均匀（uniform）分布及参数不同的 6 种分形分布（fractal distribution），以研究颗粒材料的级配分布特征对其小应变刚度的影响。颗粒粒径分别以不同的方式分布在 d_{min} 至 d_{max} 范围内。各颗粒级配分布详细信息如表 7.2.1 所示。为使不同级配的试样有接近的尺寸，以均一颗粒粒径

0.01 m 为标准对其他颗粒级配进行缩放。图 7.2.1 展示了颗粒级配分布曲线，纵坐标表示小于某粒径的颗粒占整个颗粒体系的质量分数。由图可知，本节所选的颗粒级配涵盖范围较广，能够反映自然界堆石料或土体的级配分布特征（吴莹 等，2016）。不同级配的颗粒试样如图 7.2.2 所示。

表 7.2.1　颗粒级配分布表

PSDs	d_{max}/m	d_{min}/m	d_{max}/d_{min}
钟形分布	0.053	0.159	3.0
均一粒径	0.100	0.100	1.0
二元分布	0.076	0.150	3.0
均匀分布	0.030	0.148	5.0
分形分布	—	—	—
$\beta=-5.0$	0.024	0.119	5.0
$\beta=-2.5$	0.054	0.271	5.0
$\beta=1.0$	0.041	0.203	5.0
$\beta=2.0$	0.049	0.247	5.0
$\beta=2.5$	0.054	0.271	5.0
$\beta=2.9$	0.058	0.290	5.0

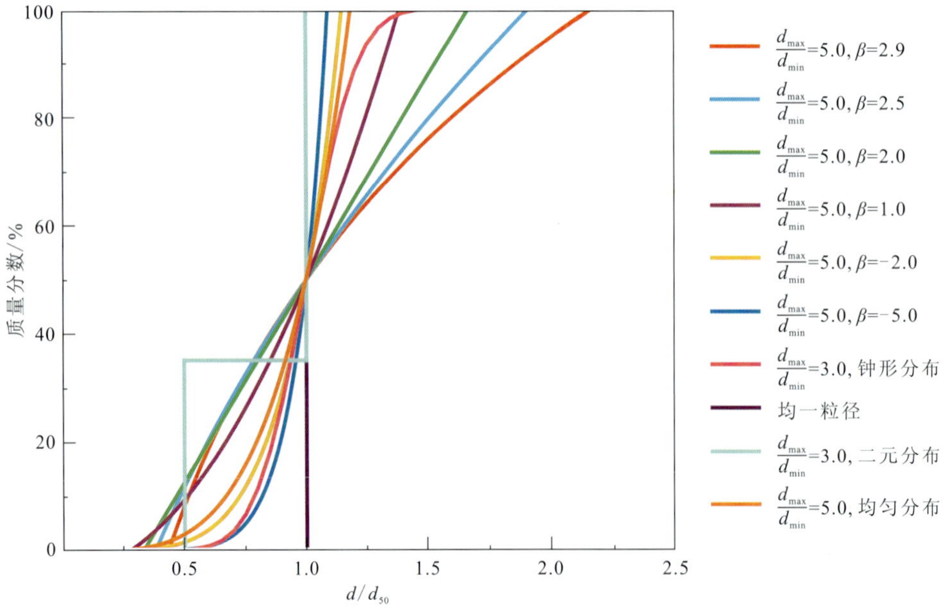

图 7.2.1　颗粒级配分布曲线

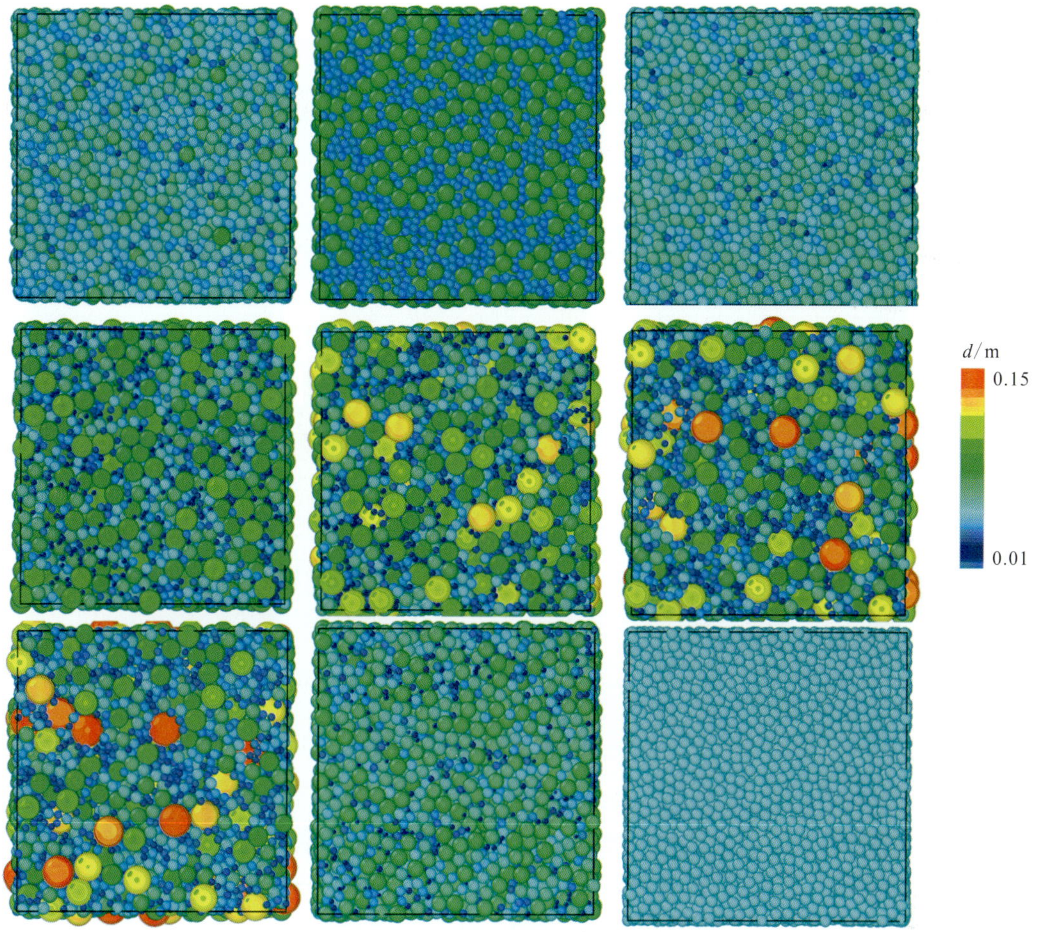

图 7.2.2　不同级配的颗粒试样示意图

设置弹性模量分别为 1 GPa、5 GPa、10 GPa、15 GPa 和 20 GPa，颗粒间滑动摩擦系数分别为 0.1、0.2、0.3、0.4 和 0.5，固结阶段颗粒间滑动摩擦系数比分别为 0.2、0.4、0.6、0.8 和 1.0，围压分别为 0.5 MPa、2.5 MPa、5.0 MPa、7.5 MPa 和 10.0 MPa，其余参数如表 7.2.2 所示。共进行了 6 250 组试验，峰值应力和峰值应变的概率密度分布如图 7.2.3 所示。

表 7.2.2　常规三轴数值试验参数表

参数	符号	值	单位
弹性模量	Y	1，5，10，15，20	GPa
泊松比	ν	0.22	—
恢复系数	r_e	0.95	—
颗粒间滑动摩擦系数	μ	0.1，0.2，0.3，0.4，0.5	—

续表

参数	符号	值	单位
颗粒密度	ρ	2 600	kg/m^3
固结阶段颗粒间滑动摩擦系数比	μ_{ini}/μ	0.2，0.4，0.6，0.8，1.0	—
围压	σ_3	0.5，2.5，5.0，7.5，10.0	MPa

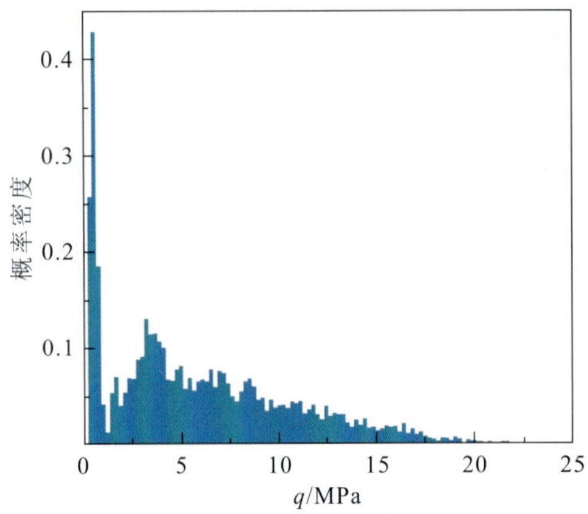

（a）峰值应力

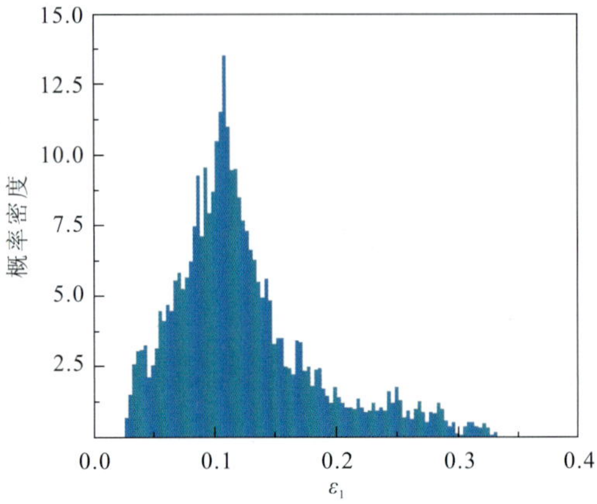

（b）峰值应变

图 7.2.3　峰值应力和峰值应变的概率密度分布

研究结果表明，结合局部结构特征、颗粒接触参数和颗粒体系所受围压为特征向量，可以使机器学习模型预测小应变刚度的能力达到最大。使用这种建模方法，峰值应力和应变的预测表现出高准确性，在测试集上的决定系数分别为 0.996 和 0.875，如图 7.2.4 所示。然而，尽管峰值应力的预测非常准确，峰值应变的预测误差相对较大（图 7.2.4 和图 7.2.5）。这表明峰值应变可能受到更多未包括在当前模型中的因素影响，需要进一步研究。

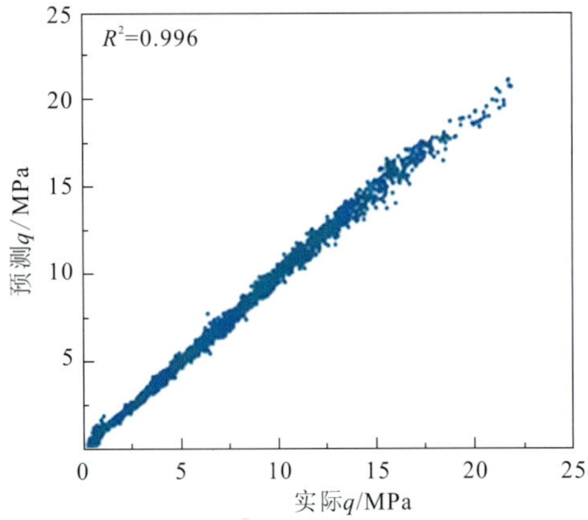

（a）峰值应力

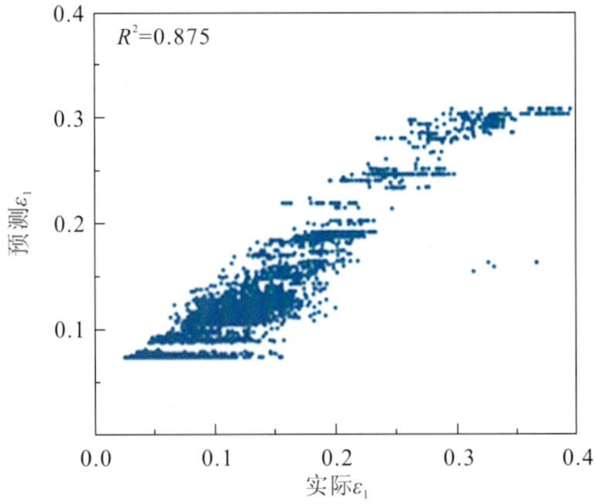

（b）峰值应变

图 7.2.4　模型预测值和实际值对比

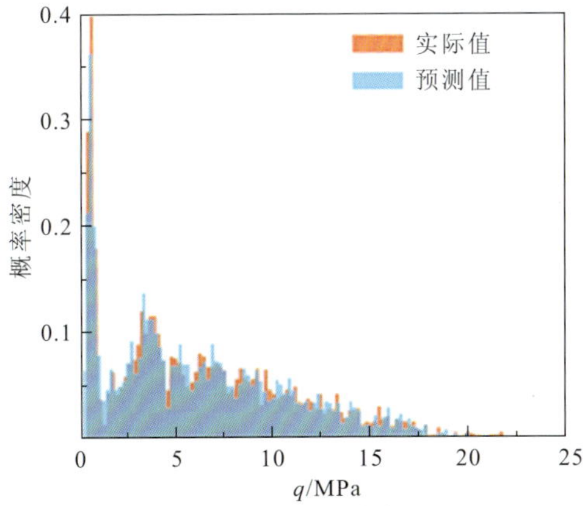

（a）峰值应力

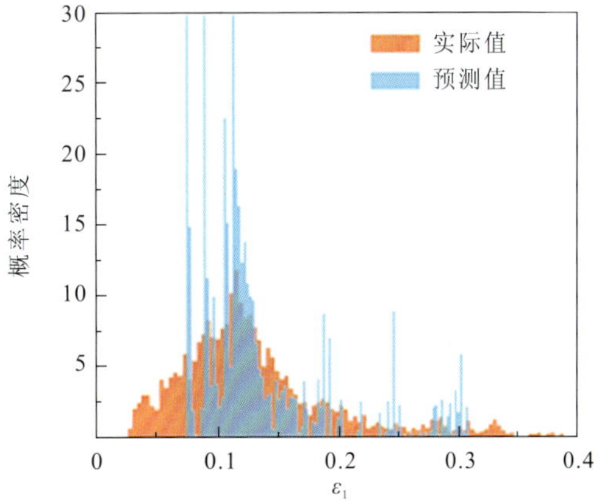

（b）峰值应变

图 7.2.5　模型预测值和实际值的概率密度分布对比

7.3 本章小结

本章通过提取颗粒体系的局部结构特征，并结合相关影响因素，成功构建了一个机器学习模型，用于预测颗粒材料的小应变刚度。主要结论如下。

（1）利用极端梯度提升机成功地建立了可有效预测颗粒材料小应变刚度的机器学习模型。以局部结构特征、颗粒接触参数和围压为特征向量的模型预测准确率可达 0.991，且模型预测能力随着剪应变的增大基本保持不变。由特征重要性分析可得，围压和弹性模量为最关键的影响因素，摩擦系数的重要性随着剪切模量的增大而上升。

（2）将使用局部结构的建模方法进行了扩展验证，证明了该方法在预测颗粒材料峰值应力和峰值应变上的可行性。尽管峰值应力的预测精确，峰值应变的预测存在较大误差，暗示需要考虑更多影响因素。

本章开发了结合局部结构特征、颗粒接触参数和颗粒体系所受围压为特征向量的机器学习模型，成功预测了颗粒材料的刚度退化曲线，并进一步证明了该建模方法在预测颗粒材料峰值应力和峰值应变上的可行性。本章加深了对颗粒材料小应变刚度变化规律的认识，所提出的机器学习建模方法提供了颗粒材料本构模型研究的新思路，并可通过数据扩充对所提出的模型进一步完善。

参考文献

吴莹, 马刚, 周伟, 等, 2016. 基于分形理论的堆石料级配优化研究. 岩土力学, 37(7): 1977-1985.

Chen T, Guestrin C, 2016. XGBoost: A scalable tree boosting system. 22nd ACM SIGKDD International Conference on Knowledge Discovery and Data Mining, San Francisco: 785-794.

Lundberg S M, Lee S I, 2017. A unified approach to interpreting model predictions: Advances in neural information processing systems. New York: Curran Associates Inc.

Wang Y H, Ma G, Mei J Z, et al., 2021. Machine learning reveals the influences of grain morphology on grain crushing strength. Acta Geotechnica, 16(11): 3617-3630.

第8章 总结与展望

机器学习在颗粒材料宏细观力学特性研究中展现出显著潜力。本书通过融合离散元模拟与机器学习算法，系统探索了颗粒材料的最密堆积演化、微观塑性行为、破碎强度关联性及小应变刚度预测等关键问题，揭示了局部构型特征（如接触数、键取向序系数）与力学响应的内在关联，并构建了高精度预测框架。研究证实，机器学习模型在捕捉颗粒体系时域依赖性、逾渗演化及形态敏感性方面具有独特优势，为传统力学分析提供了新视角。然而，现有方法仍受限于数值模拟与物理试验的差异、特征人为选择的局限性，以及颗粒形状表征的复杂性。未来研究需进一步结合X射线扫描等微观试验技术验证结论，引入深度学习算法突破特征工程瓶颈，并对比多种形态表征方法，以更全面揭示颗粒材料多尺度力学机制，推动数据驱动方法在颗粒体系研究中的深化与工程应用。

8.1 总　　结

机器学习是一门多领域交叉学科。在颗粒材料的宏细观力学特性研究中合理使用机器学习至关重要。本书重点介绍了机器学习在颗粒材料宏细观力学特性研究中的应用，包括预测颗粒材料的结晶演化、通过微观结构特征预测微观塑性变形、通过初始结构预测颗粒材料的薄弱位置、分析颗粒形态和单颗粒破碎强度之间的关系、颗粒材料宏观力学行为预测等，旨在为颗粒材料的相关研究提供新思路与新方法。主要结论如下。

（1）研究了单分散颗粒材料的最密堆积演化过程，提出了可预测单分散颗粒材料最密堆积演化过程的机器学习模型。使用离散单元法模拟了单分散颗粒材料的循环剪切试验。通过选择合适的摩擦系数和剪切振幅，观察到典型的颗粒材料最密堆积演化过程。提出了包含近程和中程的颗粒体系局部构型特征表征方法，具有优于对称性函数和间隙分布的预测能力。使用极端梯度提升机算法，建立了通用、可移植的预测单分散颗粒材料最密堆积演化的机器学习框架。发现了机器学习模型预测能力的时域依赖性，即模型的预测能力随着预测时域的增大而减小。推导出局部体积分数和键取向序系数 q_6 是影响最密堆积演化过程最重要的两类局部构型特征。

（2）阐述了颗粒局部构型与不同微观接触模式下颗粒体系内微观塑性行为之间的关系。采用离散单元法对多分散颗粒材料进行了常规三轴数值试验。数值模拟中，设置不同的颗粒间滑动摩擦系数以模拟不同的微观接触模式。不同摩擦系数条件下，颗粒体系产生不同的宏观应力应变响应。利用极端梯度提升机算法，从颗粒的局部构型信息出发，成功地建立了可有效预测颗粒材料内微观塑性行为的机器学习模型。所提出的机器学习模型可以预测颗粒体系从弹性阶段到软化阶段的塑性变形。观察到机器学习预测能力在不同微观接触模式下颗粒体系内的变化，并通过模型特征重要性分析和局部构型特征分析对其进行了解释。机器学习的预测能力随摩擦系数的增大而增大。通过模型特征重要性分析，推导出接触数是预测颗粒体系塑性变形最重要的局部构型特征。对预测能力变化的原因有如下推断：随着摩擦系数的增大，接触数在机器学习模型中的重要性比例随之增大，这使得机器学习模型能够更好地捕获接触数较小的颗粒并将其识别为塑性颗粒，这导致了相应的机器学习模型具有更强的预测能力。

（3）剪切颗粒材料的塑性区演化是一种由局部到整体的逾渗过程。在剪切初期，整个试样中产生一些弥散的塑性小团簇体。随应变增大这些团簇体的尺寸逐渐增大，并且在空间中出现一些新的团簇体。随后，这些团簇体逐渐合并，最终形成一个大的团簇体占据整个试样。在塑性逾渗过程中，颗粒体系存在一个动力学转变点，越过该点后颗粒的运动能力明显增强。该转变点对应切向力各向异性系数的峰值，同时也是接触法向各向异性的萌发点。

（4）在不考虑材料参数及尺寸效应对颗粒破碎影响的前提下，机器学习回归模型可以有效地分析颗粒形态和单颗粒破碎强度之间的关系。相较于其他回归模型，树形模型具有更优越的预测精度和泛化能力。为了从机器学习黑盒模型中挖掘更多的信息，可以通过机器学习解释模型分析各特征对预测结果的影响。通过引入置换特征重要性和 SHAP 值两种解释性机器学习模型，结果发现颗粒不稳定性对颗粒的破碎强度影响最大。颗粒的重心越低，颗粒所处状态越稳定，颗粒的破碎强度越大。机器学习训练结果表明，扁平率 S/I、球度 $9S_A/\pi(L+S+I)^2$、Domokos 形状参数 $(1/S+1/I+1/L)\sqrt{S^2+I^2+L^2}/\sqrt{3}$ 及凸度 V/V_{con} 四种整体形状参数对颗粒破碎强度的影响最大。具有更低 S/I 及更高 $9S_A/\pi(L+S+I)^2$、$(1/S+1/I+1/L)\sqrt{S^2+I^2+L^2}/\sqrt{3}$ 和 V/V_{con} 的颗粒具有较高的抗压缩破碎能力。即更加扁平、浑圆及凸体的颗粒在压缩试验中更不易发生破碎。颗粒与加载板接触处的局部圆度对颗粒的破碎强度也有一定的影响，接触处局部圆度越大，颗粒的破碎强度越大。

（5）利用极端梯度提升机算法，成功地建立了可有效预测颗粒材料小应变刚度的机器学习模型。所建立的结合局部构型特征、颗粒接触参数和颗粒体系所受围压为特征向量的机器学习模型预测能力最大，预测准确率可以达到 0.991。模型的预测能力随着剪应变的增大基本保持不变，因此，本书建立了可有效预测颗粒材料在整个刚度退化区间的剪切模量的机器学习模型。由特征重要性分析可知，围压的重要性最高，弹性模量次之；此外，接触数的系综均值和方差也有较高的重要性；摩擦系数对最大剪切模量影响较小；摩擦系数的重要性随着剪切模量的增大而增大。将使用局部构型的建模方法进行了扩展验证，证明了该方法在预测颗粒材料峰值应力和峰值应变上的可用性。模型在预测峰值应力时可以达到很好的效果，但是在预测峰值应变时却有较大误差。猜想峰值应变与更多的因素有关，后续可以对其展开研究。

8.2 展　望

本书通过机器学习方法对颗粒材料的多种性质进行了深入研究，虽然成果一定程度上丰富了对颗粒材料力学性质的认识，但是仍存在一些问题需要进一步研究和探索，简述如下。

（1）尽管诸多研究中已经证实以离散元为代表的非连续介质数值仿真方法可正确有效地反映颗粒材料的一般运动规律，在大量的理论研究和工程实践中发挥着重要作用，但是，数值模拟方法在涉及颗粒破碎、复杂颗粒形状等方面表现出局限性，目前的数值试验还很难对真实试验进行一比一还原。所以近年来较多学者通过 X 射线扫描仪获取物理试验过程中颗粒的破碎情况和应力状况。受限于物理试验的场地、仪器等因素，本书只对颗粒进行了数值模拟试验，数值模拟的参数均由物理试验进行率定。因此，将 X 射线扫描、光弹成像及核磁共振等先进的微观试验技术应用于颗粒材料研究，填补常规室内物理试验无法获得微观尺度信息的缺陷，补充数值模拟试验与物理试验结果的对比可以更准确地验证结论的有效性。

（2）常规机器学习模型的建立依赖人为选择的局部构型特征，这导致学者们需要在选择与表征局部构型特征上煞费苦心。深度学习算法如图神经网络或长短时记忆神经网络不依赖人为提取的特征，可从颗粒位置信息等原始数据中提取有效的信息来训练模型，且适用性更广。因此，有必要引入深度学习算法对颗粒材料的宏细观物理力学特性展开研究。此外，颗粒接触力信息也被认为对颗粒材料宏细观物理力学特性影响较大，有必要引入颗粒接触力的统计信息优化相关模型。

（3）扩充并对比颗粒形状的表征方式，颗粒形状的表征方式有许多种，包括球谐函数等其他几何方法。通过对比不同的颗粒形态表征方法可以探讨颗粒形态的多样性，从而更加准确高效地获取颗粒的形状特征，进一步研究颗粒形状特征对颗粒力学特性的影响。